H. Koch · Galoissche Theorie der p-Erweiterungen

Herausgegeben von W. Gröbner und H. Reichardt

Galoissche Theorie der p-Erweiterungen

von H. Koch

Mit einem Geleitwort von I. R. Šafarevič

Springer-Verlag Berlin · Heidelberg · New York 1970

Original erschien
im VEB Deutscher Verlag der Wissenschaften, Berlin
Vertrieb ausschließlich für Europa — Exclusive distribution rights for Europe

Lizenzausgabe
im Springer-Verlag, Berlin, Heidelberg, New York
Vertrieb nur für alle überseeischen Länder – Sales overseas only

ISBN-13: 978-3-540-04893-0 e-ISBN-13: 978-3-642-92997-7
DOI: 10.1007/978-3-642-92997-7

ES 19 B 2

Softcover reprint of the hardcover 1st edition 1970
Lizenz-Nr. 206 · 435/117/70

Titel-Nr. 1702

GELEITWORT

In diesem Buch wird ein ziemlich junges Gebiet der algebraischen Zahlentheorie behandelt. Es geht um die algebraische Theorie der p-Erweiterungen, die sich in den letzten 25 Jahren entwickelte und jetzt einen Vollkommenheitsgrad erreicht hat, welcher eine systematische Darstellung im höchsten Maße wünschenswert erscheinen läßt.

Diese Richtung in der Arithmetik beschäftigt sich mit der Theorie der endlichen Erweiterungen von Körpern arithmetischen Typs. Das sind die $\mathfrak{p}$-adischen Zahlkörper, die Körper der formalen Potenzreihen mit endlichen Konstantenkörpern, die algebraischen Zahlkörper und die algebraischen Funktionenkörper in einer Unbestimmten mit endlichem Konstantenkörper. Ihr Hauptziel besteht darin, über die Informationen hinauszugelangen, welche die klassische Klassenkörpertheorie liefert, die bekanntlich einen Überblick über die Erweiterungen mit kommutativer Galoisscher Gruppe gibt. Die Kommutativität der Galoisschen Gruppe ist dabei sehr wesentlich. Die Klassenkörpertheorie ist dadurch ideenmäßig eng verbunden mit einem weiten Kreis mathematischer Theorien: von der Theorie der Radikalerweiterungen (die jetzt als Kummersche Theorie bezeichnet wird) bis zu topologischen Dualitätssätzen, der Theorie der abelschen und harmonischen Integrale und den Picard-Mannigfaltigkeiten. Die gruppentheoretische Grundlage aller dieser Fragen ist die Pontrjagin-Dualität kommutativer Gruppen und ihrer Charaktergruppen. Es ist dies der Teil der Mathematik, den A. Weil als „abelsche Mathematik“ bezeichnet hat.

Bekanntlich ging Hilbert beim Aufbau der Klassenkörpertheorie von der Analogie zwischen algebraischen Zahl- und Funktionenkörpern, d. h. den Körpern der meromorphen Funktionen auf kompakten Riemannschen Flächen, aus. Von diesem Gesichtspunkt aus muß eine „nichtkommutative“ Verallgemeinerung der Klassenkörpertheorie der Untersuchung der Fundamentalgruppe einer Riemannschen Fläche entsprechen, die bekanntlich nichtkommutativ ist.

Der Aufbau einer Theorie, die über den Rahmen der Klassenkörpertheorie hinausgeht, erwies sich als möglich für Erweiterungen, deren Galoissche Gruppe nilpotent (oder, was auf gleiche das hinausläuft, eine p-Gruppe) ist. Wie bei der Untersuchung der Fundamentalgruppe in der Topologie zeigte es sich, daß die hier interessierenden Gruppen in natürlicher Weise durch Erzeugende und Relationen gegeben sind, wodurch ihre Struktur in wesentlichen Zügen aufgeklärt ist. Diese Untersuchungen sind in dem vorgelegten Buch enthalten. Obgleich die dargestellte Theorie bei weitem nicht den allgemeinen Typus einer endlichen Gruppe erfaßt, führt sie zur Lösung einer Reihe von zahlentheoretischen Problemen. Beispielsweise kann man ihr vieles über die Struktur *aller* Erweiterungen eines $\mathfrak{p}$-adischen Zahlkörpers oder des Körpers der formalen Potenzreihen über endlichem Konstantenkörper entnehmen. Aus dieser Theorie folgt auch die Lösung des Klassenkörperturmproblems und des damit zusammenhängenden Problems des Wachstums der minimalen Diskriminanten algebraischer Zahlkörper.

Gleichzeitig möchte ich darauf aufmerksam machen, daß wir es hier mit einer noch nicht abgeschlossenen Theorie zu tun haben. Im Gegenteil, eine Reihe äußerst interessanter Probleme bleibt ungelöst. Beispiele für derartige Fragen sind die folgenden: eine konkretere Beschreibung der Galoisschen Gruppe der algebraischen Abschließung eines $\mathfrak{p}$-adischen Zahlkörpers (z. B. unter Einbeziehung der Verzweigungsuntergruppen), die Existenz von Erweiterungen des Körpers der rationalen Zahlen mit gegebener (nichtauflösbarer) Galoisscher Gruppe, die Ganzheit der L-Reihen für Artinsche Nichteinheitscharaktere.

Ich bin überzeugt, daß dieses Buch für einen weiten Kreis von Mathematikern von Interesse ist. Einerseits ist es Nichtspezialisten des Gebietes zugänglich und führt den Leser schnell in einen neuen Fragenkreis ein, der viele Probleme enthält, die ihrer Lösung harren. Andererseits findet der Spezialist in ihm neben fast allem Grundlegenden, das auf diesem Gebiet geschaffen wurde, auch viele neue Ergebnisse vom Verfasser des Buches. Die Arbeiten des Verfassers gehören zu den interessantesten Errungenschaften in dieser Richtung und haben wesentlich dazu beigetragen, dem Gebiet das Aussehen zu geben, das es heute hat.

Ich hoffe, daß das Erscheinen des Buches von H. Koch die weitere Entwicklung dieser Richtung in der algebraischen Zahlentheorie stimulieren wird.

Moskau, Dezember 1969 I. R. Šafarevič

VORWORT

Das Hauptanliegen des vorliegenden Buches besteht in einer einheitlichen Darstellung von Ergebnissen I. R. Šafarevičs, A. Fröhlichs, A. Brumers und des Verfassers zur Galoisschen Theorie der p-Erweiterungen auf der Grundlage der Galois-Kohomologie. Um diese Ergebnisse auch einem weiteren Kreis algebraisch interessierter Mathematiker zugänglich zu machen, wird nur die Kenntnis von Grundtatsachen der Algebra, der Gruppentheorie und der algebraischen Zahlentheorie vorausgesetzt, die sich leicht Standardlehrbüchern entnehmen lassen.

Die ersten sieben Paragraphen des Buches beschäftigen sich mit der Kohomologie-Theorie der proendlichen Gruppen und speziell der Pro-p-Gruppen. Es versteht sich von selbst, daß hierbei das erste Kapitel von Serres Cohomologie Galoisienne Pate gestanden hat. Einige Paragraphen dieses Teils können als Kommentar zu Serres Vorlesungen verstanden werden. Der Rest des Buches beschäftigt sich mit Körpertheorie. Die dabei benötigten Sätze der Klassenkörpertheorie werden formuliert und können vom Leser axiomatisch hingenommen werden. Im übrigen liegen gegenwärtig mindestens zwei leicht zugängliche Darstellungen der Klassenkörpertheorie in dem von uns benötigten Stil und Umfang vor, nämlich J. W. S. Cassels und A. Fröhlich [1] sowie J. Neukirch [1].

Einen Teil der Ergebnisse dieses Buches habe ich während eines einjährigen Forschungsaufenthaltes 1967–68 am Steklov-Institut für Mathematik der Akademie der Wissenschaften der UdSSR in Moskau erzielt. Dem Steklov-Institut und insbesondere Herrn Professor I. R. Šafarevič möchte ich auch an dieser Stelle für die Einladung meinen herzlichsten Dank aussprechen. Der Einfluß von I. R. Šafarevič auf dieses Buch ist jedoch weit größer; er geht zurück auf meinen ersten Studienaufenthalt in Moskau 1960–61 und zahlreiche darauffolgende Anregungen von seiner Seite.

Den Herausgebern, insbesondere Herrn Prof. Dr. H. Reichardt, danke ich für die Aufnahme des Buches in die Reihe „Mathematische Monographien". Weiter möchte ich Herrn Prof. Dr. H. Reichartd sowie den Mitarbeitern der Forschungsgruppe Zahlentheorie des Instituts für Reine Mathematik der Deutschen Akademie der Wissenschaften zu Berlin, den Herren Dr. O. Neumann, W. Thor, H. Pieper und W. Zink danken, die Teile des Manuskripts gelesen und Verbesserungen sowie Berichtigungen angeregt haben. Dem VEB Deutscher Verlag der Wissenschaften und insbesondere Herrn Cheflektor L. Boll und Fräulein Dipl.-Math. E. Arndt danke ich für ihre vorbildliche und verständnisvolle Arbeit am Manuskript, die wesentlich zum Gelingen dieser Publikation beigetragen hat.

Berlin, Herbst 1969 H. Koch

INHALT

EINLEITUNG

Nachdem mit dem *Hauptsatz* das Gerüst der Galoisschen Theorie aufgebaut ist, ergibt sich als Hauptproblem der Theorie die Frage nach den möglichen normalen Erweiterungen eines gegebenen Grundkörpers k mit vorgegebener Galoisscher Gruppe G. Dieses Problem wird als *Umkehrproblem der Galoisschen Theorie* bezeichnet.

Die Lösung des Umkehrproblems hängt in stärkstem Maße von den Eigenschaften des Grundkörpers k ab. In dem einfachsten nichttrivialen Beispiel des Grundkörpers $k = \boldsymbol{R}$ der reellen Zahlen liefert der sogenannte Hauptsatz der Algebra die Lösung: Wenn G zyklisch von der Ordnung 2 ist, gibt es eine Erweiterung mit Galoisscher Gruppe G, den Körper $\boldsymbol{C}$ der komplexen Zahlen. Für Gruppen G von höherer Ordnung gibt es keine Darstellung als Galoissche Gruppe. Ein weiteres Beispiel für eine vollendete Lösung des Problems bieten die Funktionenkörper in einer Unbestimmten über algebraisch abgeschlossenem Konstantenkörper der Charakteristik 0 (siehe hierzu etwa I. R. Šafarevič [4]).

Ganz anders ist die Situation in dem klassischen Fall eines algebraischen Zahlkörpers als Grundkörper k. Für beliebige Gruppen G ist in diesem Fall nicht bekannt, ob eine Erweiterung mit Galoisscher Gruppe G existiert. Das weitestgehende Ergebnis in dieser Richtung ist der Satz von I. R. Šafarevič [3], der besagt, daß eine derartige Erweiterung existiert, wenn G auflösbar ist. Einen Überblick über alle möglichen Erweiterungen mit gegebener Galoisscher Gruppe hat man für abelsche Gruppen G, die Klassenkörpertheorie.

In dem vorliegenden Buch wird die größere Klasse der nilpotenten Gruppen G oder, was galoistheoretisch auf das gleiche hinausläuft, die Klasse der p-Gruppen für beliebige Primzahlen p betrachtet. Als Grundkörper kommen dabei alle Körper in Frage, die der Klassenkörpertheorie zugänglich sind, d. h. die globalen Körper – das sind außer den algebraischen Zahlkörpern noch die Funktionenkörper in einer Unbestimmten über endlichem Konstantenkörper – und die lokalen Körper – das sind die $\mathfrak{p}$-adischen Zahlkörper und die Potenzreihenkörper in einer Unbestimmten über endlichem Konstantenkörper.

Zunächst wollen wir die Problemstellung noch etwas präzisieren. Im Verlaufe der letzten zwanzig Jahre hat es sich gezeigt, daß es fruchtbar ist, in der Galoisschen Theorie Erweiterungen mit gewissen Maximaleigenschaften zu betrachten. Die Galoissche Gruppe einer solchen möglicherweise unendlichen Erweiterung ist dann im allgemeinen eine proendliche Gruppe und, wenn man sich auf p-Erweiterungen beschränkt, eine Pro-p-Gruppe, die „nicht sehr weit davon entfernt ist, frei zu sein“, so daß die Darstellung der Gruppe mit Hilfe von Erzeugenden und Relationen als adäquat erscheint. Genauer betrachten wir zu gegebenem Grundkörper k und einer Menge S von Primstellen von k das Kompositum k_S (in einer festen separablen Abschließung von k) aller normalen Erweiterungen von k von p-Potenzgrad, die nur für Primstellen in S verzweigt sind. k_S heißt maximale außerhalb S unverzweigte p-Erweiterung von k. Jede normale endliche Erweiterung von k, deren Galoissche Gruppe eine p-Gruppe ist, ist in einem Körper k_S für ein endliches S enthalten. Im Sinne der Galoisschen Theorie ist daher das Umkehrproblem für p-Gruppen äquivalent mit der Beschreibung der Galoisschen Gruppen G_S der Erweiterungen k_S/k für alle endlichen S.

Das Hauptinteresse gilt in diesem Buch den Gruppen G_S für globale Grundkörper k. Dagegen werden die p-Erweiterungen von $\mathfrak{p}$-adischen Zahlkörpern nur so weit behandelt, als das für den Übergang zu globalen Körpern notwendig ist. Das hat zweierlei Gründe. Einerseits läßt sich für diese Körper das Umkehrproblem für beliebige Gruppen G mit Erfolg angreifen (siehe hierzu K. Iwasawa [1], Z. I. Borevič [1], H. Koch [1], [3], A. V. Jakovlev [1]), und es ist zu erwarten, daß es in absehbarer Zeit eine endgültige Lösung finden wird. Andererseits gibt es eine zusammenfassende Darstellung der Galoistheorie der maximalen p-Erweiterungen von $\mathfrak{p}$-adischen Zahlkörpern bei J. Labute [1]. Die entsprechende Theorie für Potenzreihenkörper über endlichem Konstantenkörper ist wesentlich einfacher und wird hier vollständig behandelt.

Die Galoissche Gruppe der maximalen p-Erweiterung eines lokalen Körpers $k_\mathfrak{p}$ hat eine erzeugende Relation oder ist frei, je nachdem, ob die p-ten Einheitswurzeln in $k_\mathfrak{p}$ liegen oder nicht. Dieser einen Relation kann für $\mathfrak{p} \in S$ eine Relation von G_S zugeordnet werden. Die Frage, ob man auf diese Weise ein erzeugendes Relationensystem von G_S erhält, wurde in H. Koch [4] behandelt und ist auch der Hauptgesichtspunkt dieses Buches.

Für algebraische Zahlkörper steht die Beschreibung der Gruppen G_S in engem Zusammenhang mit dem Klassenkörperturmproblem. Dieses Problem bildete den Anlaß für I. R. Šafarevič [5] zur Betrachtung der Gruppen G_S.

Mit Hilfe von Struktursätzen über G_S ist es auch möglich, Aussagen über die p-Komponente der Klassengruppe abelscher Erweiterungen des Grundkörpers k zu erhalten. Die in § 12 dieses Buches dargestellten Ergebnisse in dieser Richtung sind Verallgemeinerungen von Sätzen von A. Fröhlich [2], [3].

Ein wesentliches Ergebnis der Galoisschen Theorie der p-Erweiterungen, der Satz von Scholz [1]–Reichardt [1]–Šafarevič [2] über die Existenz einer normalen Erweiterung eines algebraischen Zahlkörpers mit vorgegebener Galoisscher p-Gruppe wird in dem vorliegenden Buch nicht behandelt. Ein Beweis dieses Satzes im Rahmen der hier zugrunde gelegten Galois-Kohomologie ist bisher nicht erfolgt.

§1. PROENDLICHE GRUPPEN

Die Galoisschen Gruppen unendlicher normaler Erweiterungen sind proendliche Gruppen. Wir beschäftigen uns daher zunächst mit den allgemeinen Eigenschaften dieser Gruppen. Bezüglich der Grundlagen der Theorie der topologischen Gruppen verweisen wir auf L. S. PONTRJAGIN [1]. Unter einer Untergruppe einer topologischen Gruppe verstehen wir immer eine abgeschlossene Untergruppe.

1.1. Projektiver Limes von Gruppen und Ringen

Es sei I eine filtrierende Menge, d. h. eine Menge mit einer Halbordnungsrelation $\leqq$, wobei für alle $i, j \in I$ ein $k \in I$ mit $i \leqq k, j \leqq k$ existiert. I ist eine Kategorie, deren Objekte die Elemente von I sind und deren Morphismenmengen $\mathrm{Hom}(i,j)$, $i, j \in I$, aus einem Element bestehen oder leer sind, je nachdem, ob $i \leqq j$ gilt oder nicht.

Definition 1.1. Ein *projektives System* $P = \{I, G_i, \varphi_i^j\}$ kompakter Gruppen (Ringe) ist ein kontravarianter Funktor von I in die Kategorie $\mathfrak{K}$ der kompakten Gruppen (Ringe), wobei $i \in I$ die Gruppe (der Ring) G_i zugeordnet ist und φ_i^j für $i \leqq j$ der zugeordnete Morphismus von G_j in G_i ist. $\{I, G_i, \varphi_i^j\}$ wird abgekürzt auch mit $\{G_i | i \in I\}$ bezeichnet.

Beispiel 1.2. Es sei $I = N$ die Menge der natürlichen Zahlen (in der natürlichen Anordnung), $\{G_i | i \in N\}$ eine Familie von kompakten Gruppen, und es seien φ_i^{i+1} beliebige Morphismen von G_{i+1} in G_i. Für $i \leqq j$ definieren wir

$$\varphi_i^j = \varphi_i^{i+1} \varphi_{i+1}^{i+2} \cdots \varphi_{j-1}^j.$$

Dann ist $\{N, G_i, \varphi_i^j\}$ ein projektives System.

Definition 1.3. Zu jedem $G \in \mathfrak{K}$ definieren wir das triviale projektive System P_G, das jedem $i \in I$ die Gruppe (den Ring) G und jedem $i \leqq j$ die Identität von G zuordnet.

Jedem Morphismus φ von einem $G' \in \mathfrak{K}$ in G ist in offensichtlicher Weise ein Funktormorphismus von $P_{G'}$ in P_G zugeordnet, den wir ebenfalls mit φ bezeichnen.

Definition 1.4. Eine Gruppe (ein Ring) $G \in \mathfrak{K}$, zusammen mit einem Funktormorphismus Φ von P_G in das projektive System $P = \{I, G_i, \varphi_i^j\}$ heißt *projektiver Limes* von P, wenn für jedes $G' \in \mathfrak{K}$ und jeden Funktormorphismus Φ' von $P_{G'}$ in

P genau ein Morphismus φ von G' in G existiert, so daß das Diagramm

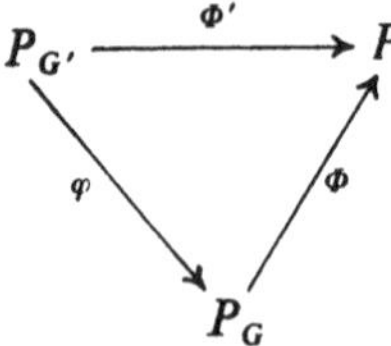

kommutativ ist.

Ein Funktormorphismus von P_G in P ist gegeben durch eine Familie $\{\varphi_i | i \in I\}$ von Morphismen φ_i von G in G_i, so daß für alle $i \leqq j$ das Diagramm

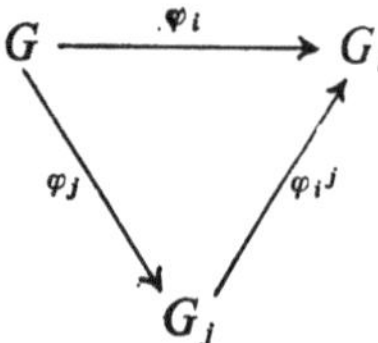

kommutativ ist.

Satz 1.5. *Für jedes projektive System $\{I, G_i, \varphi_i^j\}$ existiert der projektive Limes in $\mathfrak{K}$ und ist bis auf Isomorphie in $\mathfrak{K}$ eindeutig bestimmt.*

Beweis. Die Eindeutigkeit folgt unmittelbar aus der Definition. Der projektive Limes $[G, \{\varphi_i | i \in I\}]$ kann folgendermaßen konstruiert werden: G ist die Menge aller Elemente $\prod_{i \in I} g_i$ aus dem direkten Produkt $\prod_{i \in I} G_i$, die der Bedingung

$$g_i = \varphi_i^j g_j$$

für alle $i, j \in I$ mit $i \leqq j$ genügen. Die Topologie in G wird durch die kompakte Topologie in $\prod_{i \in I} G_i$ induziert. G ist in $\prod_{i \in I} G_i$ abgeschlossen und daher kompakt. Den Morphismus φ_j von G in G_j erhält man durch Beschränkung der Projektion $\prod_{i \in I} G_i \to G_j$ auf G. Es ist leicht zu verifizieren, daß man auf diese Weise den projektiven Limes erhält. □

Der projektive Limes des Systems $\{I, G_i, \varphi_i^j\}$ wird kurz mit $\varprojlim_{i \in I} G_i$ oder $\varprojlim G_i$ bezeichnet.

Beispiel 1.6. Es sei G eine beliebige topologische Gruppe (ein beliebiger topologischer Ring) und I eine Menge von Normalteilern (Idealen) von G von endlichem Index, die in bezug auf endliche Durchschnittsbildung abgeschlossen ist. In I definieren wir eine filtrierende Ordnungsrelation durch

$$i \leqq j \leftrightarrow i \supset j \quad \text{für} \quad i, j \in I.$$

Für $i \supset j$ sei φ_i^j die Projektion

$$G/j \to G/i.$$

$\{I, G/i, \varphi_i^j\}$ ist offenbar ein projektives System, dessen Limes mit G^I bezeichnet werde. Durch die Zuordnung

$$g \to \prod_{i \in I} gi \quad \left(g \to \prod_{i \in I} (g+i)\right)$$

wird ein Morphismus φ_I von G in G_I definiert, dessen Kern der Durchschnitt von I ist. φ_I vermittelt einen Ordnungsisomorphismus von I mit der Ordnung der offenen Normalteiler (Ideale) von G^I.

Besteht I aus allen Normalteilern (Idealen) von endlichem Index, so heißt G^I *totale Vervollständigung* von G. Wir werden sie im folgenden auch mit $\hat{G}$ bezeichnen.

Es sei p eine Primzahl. Besteht I aus allen Normalteilern (Idealen) von p-Potenz-Index, so heißt G^I *p-Vervollständigung* von G.

Beispiel 1.7. Die p-Vervollständigung des Ringes $\boldsymbol{Z}$ der ganzen rationalen Zahlen ist isomorph zum Ring $\boldsymbol{Z}_p$ der ganzen p-adischen Zahlen. Die totale Vervollständigung von $\boldsymbol{Z}$ ist isomorph zum direkten Produkt $\prod \boldsymbol{Z}_p$, erstreckt über alle Primzahlen p.

Allgemeiner sei O ein Dedekindscher Ring und $\mathfrak{p}$ ein Primideal in O mit endlichem Restklassenkörper. Dann ist die Vervollständigung von O bezüglich der Menge I aller Potenzen von $\mathfrak{p}$ isomorph zum Ring $O_{\mathfrak{p}}$ der ganzen Elemente in der Vervollständigung des Quotientenkörpers K von O bezüglich der zu $\mathfrak{p}$ gehörigen Bewertung von K.

Es sei der Restklassenkörper für alle Primideale $\mathfrak{p}$ von O endlich. Dann ist die totale Vervollständigung von O isomorph zum direkten Produkt $\prod O_{\mathfrak{p}}$, erstreckt über alle Primideale $\mathfrak{p}$ von O.

Es seien $P = \{I, G_i, \varphi_i^j\}$ und $Q = \{J, H_i, \psi_i^j\}$ projektive Systeme. Ein Morphismus φ von P in Q besteht aus einem Morphismus Φ der Halbordnung J in die Halbordnung I und aus Morphismen ψ_i für jedes $i \in J$ von $G_{\Phi(i)}$ in H_i, so daß für alle $i \leqq j$ das Diagramm

$$\begin{array}{ccc} G_{\Phi(i)} & \xrightarrow{\psi_i} & H_i \\ \uparrow \varphi_{\Phi(i)}^{\Phi(j)} & & \uparrow \psi_i^j \\ G_{\Phi(j)} & \xrightarrow{\psi_j} & H_j \end{array}$$

kommutativ ist.

Der Abbildung φ ist ein Morphismus φ' von $\varprojlim G_i$ in $\varprojlim H_i$ in folgender Weise zugeordnet:

$$\varphi'\left(\prod_{i \in I} g_i\right) = \prod_{j \in J} \psi_j(g_{\Phi(j)}).$$

Definition 1.8. Es sei I eine filtrierende Menge. Eine Teilmenge J von I heißt *kofinal* in I, wenn zu jedem $i \in I$ ein $j \in J$ mit $i \leqq j$ existiert.

Zum Beispiel ist jede unendliche Teilmenge von $\boldsymbol{N}$ kofinal in $\boldsymbol{N}$.

Es sei nun $P = \{I, G_i, \varphi_i^j\}$ ein projektives System. Durch Einschränkung auf J erhält man das projektive System $Q = \{J, G_i, \varphi_i^j\}$. Die Inklusion $J \to I$ liefert zusammen mit den Identitäten $G_i \to G_i$ einen Morphismus φ von P in Q. Der zugehörige Morphismus φ' von $\varprojlim_{i \in I} G_i$ in $\varprojlim_{i \in J} G_i$ ist ein Isomorphismus. Im allgemeinen wird $\varprojlim_{i \in I} G_i$ mit $\varprojlim_{i \in J} G_i$ identifiziert.

Nach dem Vorhergehenden ist es klar, was unter der Kategorie $\mathfrak{K}_I$ der projektiven Systeme über I zu verstehen ist. $\varprojlim_{i\in I}$ ist ein exakter Funktor von $\mathfrak{K}_I$ in $\mathfrak{K}$. Mit anderen Worten:

Satz 1.9. *Es seien* $P = \{I, F_i, \theta_i^j\}$, $Q = \{I, G_i, \varphi_i^j\}$, $R = \{I, H_i, \psi_i^j\}$ *projektive Systeme,* $\theta = \{\theta_i\}$ *sei ein Morphismus von* P *in* Q *und* $\psi = \{\psi_i\}$ *ein Morphismus von* Q *in* R. *Für alle* $i \in I$ *sei*

$$1 \to F_i \to G_i \to H_i \to 1$$

exakt.

Dann ist auch

$$1 \to \varprojlim F_i \xrightarrow{\theta'} \varprojlim G_i \xrightarrow{\psi'} \varprojlim H_i \to 1$$

exakt.

Beweis. ψ' ist surjektiv: Es sei $\prod_{i\in I} h_i$ ein Element aus $\varprojlim H_i$. Die Mengen

$$A_j = \left\{\prod_{i\in I} g_i \,\middle|\, \prod_{i\in I} g_i \in \prod_{i\in I} G_i,\ \varphi_j g_j = h_j,\ \varphi_i^j g_j = g_i \text{ für alle } i \leqq j\right\}$$

sind abgeschlossen und nicht leer. Wegen der Kompaktheit von $\prod_{i\in I} G_i$ ist der Durchschnitt des zentrierten Mengensystems $\{A_j | j \in I\}$ nicht leer. (Zum Begriff eines zentrierten Mengensystems siehe L. S. Pontrjagin [1], § 13.) Jedes Element aus $\bigcap_{j\in I} A_j$ gehört zu $\varprojlim G_i$ und wird durch ψ' auf $\prod_{i\in I} h_i$ abgebildet.

Entsprechend beweist man $\operatorname{Ker}\psi' \subseteq \operatorname{Im}\theta'$. Die übrigen Behauptungen folgen unmittelbar aus den Definitionen. □

In analoger Weise beweist man

Satz 1.10. *Es sei* $\{I, G_i, \varphi_i^j\}$ *ein projektives System mit dem Limes* G, $\{\varphi_i | i \in I\}$, j *ein Index aus* I, $g_j \in G_j$ *und für alle* $i \in I$ *mit* $j \leqq i$ *sei* $g_j \in \operatorname{Im}\varphi_j^i$. *Dann ist* $g_j \in \operatorname{Im}\varphi_j$.

1.2. Proendliche Gruppen

Definition 1.11. Eine proendliche Gruppe ist eine topologische Gruppe, die sich als projektiver Limes von endlichen Gruppen darstellen läßt.

Beispiel 1.12. Die in Beispiel 1.5 betrachteten Gruppen G^I sind proendliche Gruppen, insbesondere ist $\boldsymbol{Z}_p$ eine proendliche Gruppe.

Satz 1.13. *Es sei* G, $\{\varphi_i | i \in I\}$ *projektiver Limes des projektiven Systems* $\{I, G_i, \varphi_i^j\}$ *endlicher Gruppen* G_i. *Dann ist* $\{\operatorname{Ker}\varphi_i | i \in I\}$ *ein volles Umgebungssystem der Einheit von* G.

Beweis. Satz 1.13 ergibt sich unmittelbar aus der Definition der Topologie in G. □

Der folgende Satz gibt eine innere Charakterisierung der proendlichen Gruppen.

Satz 1.14. *Die folgenden Eigenschaften einer kompakten Gruppe G sind gleichwertig:*

(I) *G ist proendlich.*

(II) *G ist total unzusammenhängend.*

(III) *Es gibt eine Menge $\mathfrak{U}$ von offenen Normalteilern von G, die ein volles Umgebungssystem der Einheit von G bilden.*

Beweis. Nach Satz 1.13 folgt (III) aus (I). Es sei umgekehrt (III) erfüllt. Dann bildet $\{G/U | U \in \mathfrak{U}\}$ ein projektives System endlicher Gruppen (siehe Beispiel 1.6). Auf die projektiven Systeme $\{U | U \in \mathfrak{U}\}$, $\{G | U \in \mathfrak{U}\}$, $\{G/U | U \in \mathfrak{U}\}$ und die Morphismen $\varphi_U\colon U \to G$, $\psi_U\colon G \to G/U$, $U \in \mathfrak{U}$, können wir Satz 1.9 anwenden. Wegen

$$\varprojlim_{U \in \mathfrak{U}} U = \{1\}$$

ergibt sich

$$G = \varprojlim_{U \in \mathfrak{U}} G/U,$$

d. h., aus (III) folgt (I).

Die Bedingung (II) ist gleichbedeutend mit der Forderung, daß der Durchschnitt aller offenen und abgeschlossenen Umgebungen der Einheit gleich $\{1\}$ ist. Danach folgt (II) unmittelbar aus (III). Nach L. S. Pontrjagin [1], Satz 3.17, folgt (III) aus (II).□

Im folgenden bezeichnen wir das System aller Normalteiler von endlichem Index in G mit $\mathfrak{U}_G$.

Aus dem Vorhergehenden ergibt sich leicht der folgende

Satz 1.15. *Direktes Produkt und projektiver Limes von proendlichen Gruppen sind proendlich.*

Allgemeiner kann man zeigen, daß in der Kategorie der proendlichen Gruppen (Morphismen sind alle stetigen Gruppenhomomorphismen) die projektiven Limites für beliebige kleine Kategorien I als Indexsysteme existieren, Satz 1.9 gilt jedoch im allgemeinen nicht. Wir erwähnen hier noch den Begriff des gefaserten Produktes: Zu jedem Diagramm

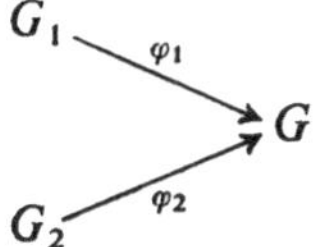

proendlicher Gruppen gibt es eine bis auf Isomorphie eindeutig bestimmte proendliche Gruppe $G_1 \times_G G_2$ mit Morphismen in G_1, G_2, so daß das Diagramm

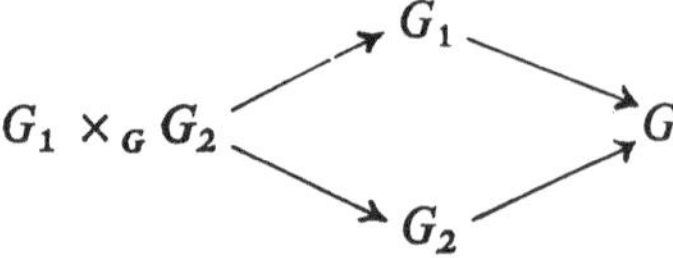

kommutativ ist und zu jedem kommutativen Diagramm

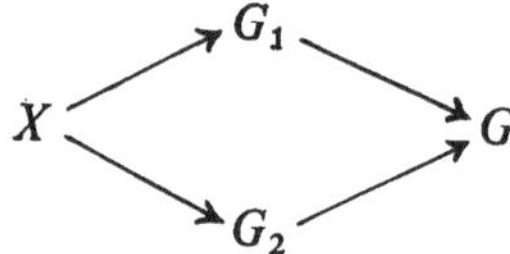

genau ein Morphismus von X in $G_1 \times_G G_2$ existiert, der das Diagramm

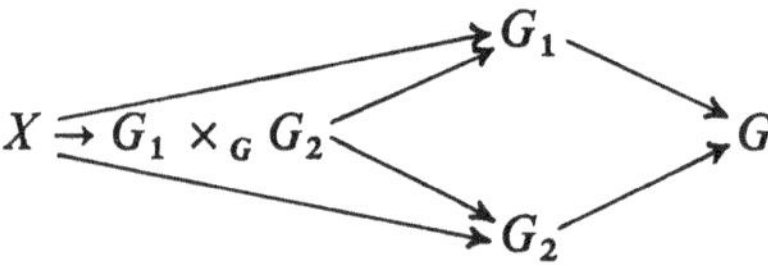

kommutativ macht.

Die Gruppe $G_1 \times_G G_2$ besteht aus allen Paaren $[g_1, g_2]$ mit $g_1 \in G_1$, $g_2 \in G_2$, $\varphi_1 g_1 = \varphi_2 g_2$.

1.3. Untergruppen und Faktorgruppen

Eine Untergruppe V einer proendlichen Gruppe G hat als volles Umgebungssystem der Einheit das System $\{V \cap U | U \in \mathfrak{U}_G\}$ und ist daher nach Satz 1.14 und dem ersten Isomorphiesatz proendlich.

Eine Faktorgruppe von G nach einem Normalteiler N hat als volles Umgebungssystem der Einheit das System $\{UN/N | U \in \mathfrak{U}_G\}$ und ist daher nach Satz 1.14 und dem zweiten Isomorphiesatz proendlich.

Der folgende Satz garantiert die Existenz eines stetigen Repräsentantensystems für die Nebenklassen bezüglich einer Untergruppe.

Satz 1.16. *Es sei H eine Untergruppe der proendlichen Gruppe G. Dann gibt es einen stetigen Schnitt σ von G/H in G mit $\sigma(H) = 1$, d. h. eine stetige Abbildung σ topologischer Räume von G/H in G, so daß die zusammengesetzte Abbildung*

$$G/H \underset{\sigma}{\to} G \to G/H$$

die Identität ist.

Dem Beweis von Satz 1.16 schicken wir einige Hilfsbetrachtungen voraus.

Es sei $\mathfrak{V}$ ein System filtrierender Untergruppen von G und $\bigcap \mathfrak{V} = S$. Dann ist $\{G/V \mid V \in \mathfrak{V}\}$ ein projektives System topologischer Räume. Die Überlegungen in § 1.1 und § 1.2 übertragen sich fast wörtlich. Insbesondere existiert der projektive Limes von $\{G/V \mid V \in \mathfrak{V}\}$, und die natürliche stetige Abbildung von G/S in $\varprojlim_{V \in \mathfrak{V}} G/V$ ist ein Homöomorphismus.

Hilfssatz 1.17. *Es seien K, H Untergruppen von G mit $K \subset H$ und H/K endlich. Dann gibt es einen stetigen Schnitt σ von G/H in G/K mit $\sigma(H) = K$.*

Beweis. $\{UK/K \mid U \in \mathfrak{U}_G\}$ ist ein volles Umgebungssystem der Einheit von G/K. Da H/K endlich ist, gibt es ein $U \in \mathfrak{U}_G$ mit $UK/K \cap H/K = \{1\}$. Die natürliche Abbildung

$$\varphi\colon UK/K \to UH/H$$

ist daher ein Homöomorphismus. Es sei $g_1 = 1, \ldots, g_k$ ein Restsystem von G nach U. Dann setzen wir

$$\sigma(g_\nu uH) = g_\nu \varphi^{-1}(uH), \quad \nu = 1, \ldots, k; \quad u \in U.$$

σ leistet offenbar das Verlangte. □

Wir kommen nun zum Beweis von Satz 1.16. Es sei $\mathfrak{X}$ die Menge aller Paare $[S, \sigma]$, wobei S eine Untergruppe von H und σ ein stetiger Schnitt von G/H in G/S ist. $\mathfrak{X}$ wird zu einer Ordnung durch die Festsetzung $[S, \sigma] \leqq [S', \sigma']$, wenn $S' \subset S$ und σ durch σ' induziert ist. $\mathfrak{X}$ ist eine induktive Menge: Es sei nämlich $\{[S_i, \sigma_i] \mid i \in I\}$ eine Kette und $\bigcap_{i \in I} S_i = S$. Die Schnitte $\sigma_i\colon G/H \to G/S_i$ induzieren eine stetige Abbildung σ' von G/H in $\varprojlim G/S_i$ und damit einen stetigen Schnitt σ von G/H in G/S. Daher ist $[S, \sigma]$ obere Schranke von $\{[S_i, \sigma_i] \mid i \in I\}$. Nach dem Zornschen Lemma gibt es also ein maximales Element $[S, \sigma]$ in $\mathfrak{X}$. Dabei ist $S = \{1\}$. Denn wäre $S \neq \{1\}$, so gäbe es eine echte Untergruppe von endlichem Index in S, und $[S, \sigma]$ wäre nach Hilfssatz 1.17 nicht maximal. Daraus folgt die Behauptung. □

Beispiel 1.18. Alle Untergruppen der additiven Gruppe Z_p^+ von Z_p haben endlichen Index und sind isomorph zu Z_p^+. Zu jeder Potenz p^n gibt es genau eine Untergruppe vom Index p^n.

1.4. Abelsche proendliche Gruppen, Pontrjaginsche Dualitätstheorie

Es sei G eine abelsche proendliche Gruppe und χ ein Morphismus von G in $\boldsymbol{R}/\boldsymbol{Z}$. Mit G ist auch $\operatorname{Im}\chi$ kompakt, und $\operatorname{Im}\chi$ ist isomorph zu $G/\operatorname{Ker}\chi$. Daraus folgt, daß $\operatorname{Im}\chi$ endlich, folglich zyklisch und in $\boldsymbol{Q}/\boldsymbol{Z}$ enthalten ist. Daher ist die im Sinne der Pontrjaginschen Theorie (siehe L. S. Pontrjagin [1], Kap. VI) zu G duale Gruppe $\operatorname{Char}(G) = \operatorname{Hom}(G, \boldsymbol{Q}/\boldsymbol{Z})$. $\operatorname{Char}(G)$ ist diskrete Torsionsgruppe.

Genauer ist Char ein exakter kontravarianter Funktor aus der Kategorie der abelschen proendlichen Gruppen auf die Kategorie der abelschen diskreten Torsionsgruppen und umgekehrt. Dem direkten Produkt proendlicher Gruppen entspricht dabei die direkte Summe diskreter Torsionsgruppen.

Beispiel 1.19. Die duale Gruppe der totalen Vervollständigung (siehe Beispiel 1.6) von $\mathbf{Z}$ ist $\mathbf{Q}/\mathbf{Z}$.

Beispiel 1.20. Der duale Begriff zum projektiven Limes kompakter abelscher Gruppen ist der injektive Limes diskreter abelscher Gruppen (siehe auch § 1.7). Es sei $\{G_i | i \in I\}$ ein projektives System abelscher proendlicher Gruppen. Dann ist

$$\operatorname{Char}(\varprojlim G_i) = \varinjlim (\operatorname{Char}(G_i)).$$

1.5. Diskrete Moduln

Es sei G eine proendliche Gruppe und A ein unitärer G-Modul. Wir betrachten A als topologischen Raum mit der diskreten Topologie.

Definition 1.21. A heißt *diskreter G-Modul*, wenn die durch die Operation von G auf A gegebene Abbildung $G \times A \to A$ stetig ist.

Satz 1.22. *Es sei G eine proendliche Gruppe, A ein unitärer G-Modul. Folgende Bedingungen sind äquivalent:*

(I) *A ist diskreter G-Modul.*

(II) *Für alle $a \in A$ ist $G_a = \{g | g \in G, ga = a\}$ eine offene Untergruppe von G.*

(III) *Es sei $\mathfrak{U}$ ein Umgebungssystem der Einheit von G aus offenen Normalteilern von G. Dann gilt*

$$A = \bigcup_{U \in \mathfrak{U}} A^U \quad \textit{mit} \quad A^U = \{a \in A | ua = a \textit{ für } u \in U\}.$$

Beweis. Aus (I) folgt (II): Es sei $a \in A$. Bei der Einschränkung von $G \times A \to A$ auf $G \times \{a\}$ hat $\{a\}$ das Urbild $G_a \times \{a\}$. Daher ist G_a offen.

Aus (II) folgt (III): Es sei $a \in A$. In G_a liegt ein $U \in \mathfrak{U}$. Also gilt $a \in A^{G_a} \subset A^U$.

Aus (III) folgt (I): Es sei $a, b \in A, g \in G$ und $ga = b$. Nach (III) ist b invariant bei einem $U \in \mathfrak{U}$. Dann ist $Ug \times \{a\}$ eine offene Umgebung von $[g, a]$, die bei $G \times A \to A$ auf $\{b\}$ abgebildet wird. □

Aus Satz 1.22 folgt unmittelbar, daß jeder Teilmodul und jeder Faktormodul eines diskreten G-Moduls wieder diskreter G-Modul ist.

Beispiel 1.23. Ist A eine abelsche Gruppe und G eine proendliche Gruppe, die auf A trivial wirkt, dann ist A offensichtlich diskreter G-Modul.

Beispiel 1.24. Es sei $\mathbf{Q}_p$ der Körper der rationalen p-adischen Zahlen. Durch

$$a(b + \mathbf{Z}_p) = ab + \mathbf{Z}_p \quad \text{für} \quad a \in \mathbf{Z}_p, b \in \mathbf{Q}_p$$

wird $\mathbf{Q}_p/\mathbf{Z}_p$ zu einem diskreten $\mathbf{Z}_p$-Modul.

Es sei G eine proendliche Gruppe, H eine Untergruppe von G und A ein diskreter H-Modul.

Wir bezeichnen mit $M_G^H(A)$ die Menge aller stetigen Abbildungen f von G in A mit

$$hf(x) = f(hx) \quad \text{für alle} \quad h \in H, x \in G.$$

Die Abbildung f ist genau dann stetig, wenn es einen offenen Normalteiler U von G gibt, so daß f nur von den Nebenklassen von G nach U abhängt. In der Tat ist $\{f^{-1}(a) | a \in A\}$ eine offene Überdeckung von G. Es gibt daher eine endliche Teilüberdeckung $\{f^{-1}(a_\nu) | \nu = 1, \ldots, s\}$. $f^{-1}(a_\nu)$ ist Vereinigung von offenen Mengen der Form gV, $g \in G$, V offener Normalteiler von G. Da $f^{-1}(a_\nu)$ auch abgeschlossen ist, genügen endlich viele gV zur Überdeckung von $f^{-1}(a_\nu)$. Es sei dann U ein offener Normalteiler von G, der in allen V, die bei den endlichen Überdeckungen von $f^{-1}(a_1), \ldots, f^{-1}(a_s)$ auftreten, enthalten ist. U leistet das Verlangte.

Wir übertragen die Addition von A auf $M_G^H(A)$ und erklären in $M_G^H(A)$ eine Multiplikation mit Elementen g aus G:

$$(gf)(x) = f(xg) \quad \text{für} \quad x \in G. \tag{1.1}$$

Mit f hängt auch gf nur von den Nebenklassen von G nach U ab und ist daher stetig. Man überzeugt sich unmittelbar, daß $M_G^H(A)$ durch (1.1) zu einem diskreten G-Modul wird.

Wir setzen $M_G^{\{1\}}(A) = M_G(A)$. $M_G(A)$ wird als induzierter Modul bezeichnet.

Es sei A ein diskreter G-Modul. A kann auch als H-Modul aufgefaßt werden. Für $a \in A$ definieren wir durch

$$f_a(x) = xa, \quad x \in G,$$

ein Element f_a aus $M_G^H(A)$. Die Zuordnung $a \to f_a$ definiert eine G-Modulinjektion von A in $M_G^H(A)$.

Beispiel 1.25. $X[G] = Z[G] \otimes_Z X$ werde durch die Festsetzung

$$h(g \otimes x) = hg \otimes x \quad \text{für} \quad g, h \in G, x \in X,$$

als G-Modul erklärt. Für eine endliche Gruppe G ist dann $X[G]$ isomorph zu $M_G(X)$. Man erhält einen Isomorphismus durch die Zuordnung

$$f \to \sum_{g \in G} g \otimes f(g^{-1}).$$

1.6. Die Kategorie $\mathscr{C}$

Im folgenden verstehen wir unter einem G-Modul stets einen diskreten G-Modul. Neben der Kategorie $\mathscr{C}_G$ aller G-Moduln ist die folgende Kategorie $\mathscr{C}$ von Bedeutung.

Die Objekte von $\mathscr{C}$ sind die Paare $[G, A]$, wobei G eine proendliche Gruppe und A ein G-Modul ist. Ein Morphismus von $[G, A]$ in $[H, B]$ ist ein Paar $[\varphi, \psi]$, wobei φ

ein Morphismus von H in G und ψ ein Homomorphismus abelscher Gruppen von A in B ist. Dabei muß folgende Verträglichkeitsbedingung erfüllt sein: Für alle $h \in H$, $a \in A$ gilt

$$\psi(\varphi(h)\,a) = h\psi(a). \tag{1.2}$$

Beispiel 1.26. Es sei A ein G-Modul und H eine Untergruppe von G. Die Injektion φ von H in G bildet zusammen mit der Identität ψ von A einen Morphismus von $[G, A]$ in $[H, A]$, die *Restriktion.*

Es sei jetzt H Normalteiler von G. Der Modul A^H der bei H elementweise invarianten Elemente von A kann als G/H-Modul betrachtet werden. Die Abbildung φ: $G \to G/H$ liefert zusammen mit der Injektion ψ: $A^H \to A$ einen Morphismus von $[G/H, A^H]$ in $[G, A]$, die *Inflation.*

Beispiel 1.27. Es sei H eine beliebige Untergruppe von G und A ein H-Modul. Die Injektion φ: $H \to G$ liefert zusammen mit dem Homomorphismus ψ, der jedem $f \in M_G^H(A)$ seinen Wert an der Stelle 1 zuordnet, einen Morphismus von $[G, M_G^H(A)]$ in $[H, A]$.

1.7. Induktiver Limes in $\mathscr{C}$

Es sei I eine filtrierende Menge.

Definition 1.28. Ein *induktives System* $\{I, [G_i, A_i], [\varphi_i^j, \psi_i^j]\}$ in $\mathscr{C}$ ist ein kovarianter Funktor der Kategorie I in $\mathscr{C}$, wobei $i \in I$ das Objekt $[G_i, A_i]$ zugeordnet ist und $[\varphi_i^j, \psi_i^j]$ für $i \leqq j$ der zugeordnete Morphismus von $[G_i, A_i]$ in $[G_j, A_j]$ ist. $\{I, G_i, \varphi_i^j\}$ ist dabei ein projektives System in der Kategorie der proendlichen Gruppen.

Wenn alle $G_i = \{1\}$ sind, erhält man ein induktives System $\{I, A_i, \psi_i^j\}$ abelscher Gruppen.

Beispiel 1.29. Es sei A ein G-Modul und $\{A_i | i \in N\}$ eine aufsteigende Folge von Teilmoduln. Für $i \leqq j$ sei φ_i^j die identische Abbildung von G und ψ_i^j die Injektion von A_i in A_j. Dann ist $\{N, [G, A_i], [\varphi_i^j, \psi_i^j]\}$ ein induktives System.

Beispiel 1.30. Es sei $\{K_i | i \in N\}$ eine aufsteigende Folge von endlichen normalen Erweiterungen K_i eines Körpers k, φ_i^j für $i \leqq j$ die Projektion der Galoisschen Gruppen $G(K_j/k) \to G(K_i/k)$ und ψ_i^j die Injektion $K_i^+ \to K_j^+$. Dann ist $\{N, [G(K_i/k), K_i^+], [\varphi_i^j, \psi_i^j]\}$ ein induktives System.

Definition 1.31 Es sei I eine filtrierende Menge. Jedem G-Modul A wird das triviale induktive System $D_{[G,A]} = \{I, [G, A], \varphi_i^j, \psi_i^j]\}$ zugeordnet, wobei φ_i^j, ψ_i^j die identischen Abbildungen sind. Einem Morphismus $[\varphi, \psi]$ von $[G, A]$ in $[G', A']$ entspricht in offensichtlicher Weise ein Funktormorphismus von $D_{[G,A]}$ in $D_{[G',A']}$, der ebenfalls mit $[\varphi, \psi]$ bezeichnet werde.

Definition 1.32. Ein G-Modul A zusammen mit einem Funktormorphismus Φ von einem induktiven System $D = \{I, [G_i, A_i], [\varphi_i^j, \psi_i^j]\}$ heißt *induktiver Limes* von D, wenn für jeden G'-Modul A' und jeden Funktormorphismus Φ' von D in

$D_{[G',A']}$ genau ein Morphismus $[\varphi, \psi]$ von $[G, A]$ in $[G', A']$ existiert, so daß das Diagramm

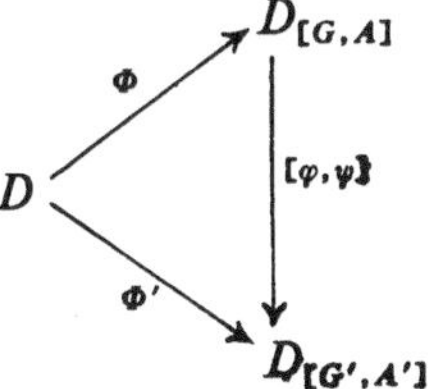

kommutativ ist.

Ein Funktormorphismus von D in $D_{[G,A]}$ ist gegeben durch eine Familie $\{[\varphi_i, \psi_i] | i \in I\}$ von Morphismen von $[G_i, A_i]$ in $[G, A]$, so daß für alle $i \leqq j$ die Diagramme

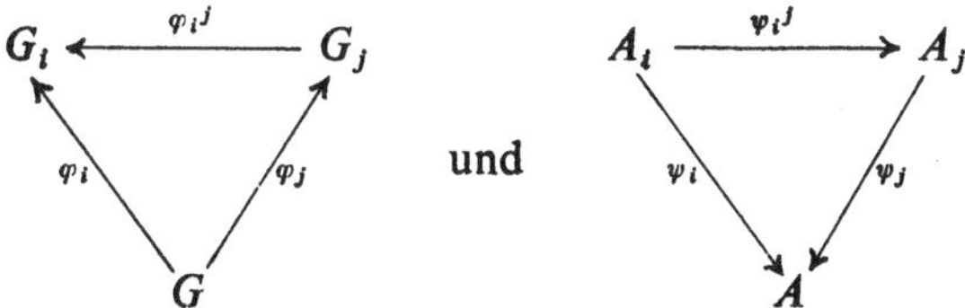

kommutativ sind.

Der induktive Limes ist bis auf Isomorphie eindeutig bestimmt, und es gilt

Satz 1.33. *In der Kategorie $\mathscr{C}$ existieren induktive Limites.*

Beweis. Es sei $D = \{I, [G_i, H_i], [\varphi_i^j, \psi_i^j]\}$ ein induktives System. Dann ist $\{G, G_i, \varphi_i\}$ ein projektives System proendlicher Gruppen. Wir benutzen im folgenden die Konstruktion von $\varprojlim G_i = G$ im Beweis von Satz 1.5.

Das Tripel $\{I, A_i, \varphi_i^j\}$ ist ein induktives System abelscher Gruppen. Der induktive Limes $\varinjlim A_i = A$ dieses Systems kann folgendermaßen konstruiert werden. Zwei Elemente $a_i \in A_i$, $a_j \in A_j$ heißen äquivalent, $a_i \sim a_j$, wenn ein Index k mit $i \leqq k$, $j \leqq k$ und

$$\psi_i^k(a_i) = \psi_j^k(a_j)$$

existiert. Man erhält eine Äquivalenzrelation in der disjunkten Vereinigung der A_i, $i \in I$. Die Klassen bezüglich dieser Äquivalenzrelation bilden in offensichtlicher Weise eine abelsche Gruppe A, den induktiven Limes von $\{I, A_i, \psi_i^j\}$. Die zugehörigen Abbildungen ψ_i von A_i in A ordnen jedem Element $a_i \in A_i$ seine Klasse $\bar{a}_i$ in A zu.

Wir erklären nun eine Multiplikation der Elemente $\prod_{i \in I} g_i$ aus G mit $\bar{a}_j \in A$ durch

$$\prod_{i \in I} g_i \bar{a}_j = \bar{g}_j \bar{a}_j. \tag{1.3}$$

Diese Definition ist unabhängig von der Wahl von a_j in seiner Klasse. Ist nämlich $\bar{a}_j = \bar{a}_{j'}$, dann gibt es einen Index k mit $j \leqq k, j' \leqq k$ und

$$\psi_j^k(a_j) = \psi_{j'}^k(a_{j'}).$$

Für $g_{j'}a_{j'}$ findet man wegen (1.2) und $g_j = \varphi_j^k g_k$, $g_{j'} = \varphi_{j'}^k g_k$

$$\psi_{j'}^k(g_{j'}a_{j'}) = g_k\psi_{j'}^k(a_{j'}) = g_k\varphi_j^k(a_j) = \psi_j^k(g_ja_j).$$

Man überzeugt sich unmittelbar, daß A durch (1.3) zu einem diskreten G-Modul wird. $[G, A]$ ist daher der gesuchte induktive Limes, und die zugehörigen Morphismen von $[G_i, A_i]$ in $[G, A]$ sind durch die verträglichen Paare $[\varphi_i, \psi_i]$ gegeben.□

Wir merken noch folgenden leicht zu beweisenden Satz an.

Satz 1.34. *Es seien* $D_\nu = \{[G_i^{(\nu)}, A_i^{(\nu)}], i \in I\}$, $\nu = 1, 2, 3$, *induktive Systeme über* $\mathscr{C}$, *und*

$$0 \to D_1 \to D_2 \to D_3 \to 0$$

sei eine exakte Sequenz. Dann ist die induzierte Sequenz

$$0 \to \varinjlim A_i^{(1)} \to \varinjlim A_i^{(2)} \to \varinjlim A_i^{(3)} \to 0$$

exakt.

§2. GALOISSCHE THEORIE UNENDLICHER ALGEBRAISCHER ERWEITERUNGEN

Eine Galoissche Theorie einer Kategorie $\mathfrak{K}$ ist ein kontravarianter Funktor von $\mathfrak{K}$ in eine „einfachere" Kategorie $\mathfrak{K}'$, wobei gewisse Eigenschaften der Objekte und Morphismen von $\mathfrak{K}$ in $\mathfrak{K}'$ widergespiegelt werden.

In der klassischen Galoisschen Theorie sind die Objekte von $\mathfrak{K}$ normale endliche Erweiterungen K/k (unter einer normalen Erweiterung verstehen wir im folgenden immer eine normale algebraische separable Körpererweiterung), und die Morphismen K/k in K'/k' sind die Isomorphismen von K in K', die k in k' abbilden. Die Kategorie $\mathfrak{K}'$ ist die Kategorie der endlichen Gruppen, und der kontravariante Funktor ordnet jedem K/k die Gruppe $G(K/k)$ der Automorphismen von K, die k elementweise festlassen, und jedem Morphismus $K/k \to K'/k'$ die entsprechende Projektion von $G(K'/k')$ in $G(K/k)$ zu.

Beim Übergang von der klassischen Galoisschen Theorie zur Galoisschen Theorie der unendlichen Erweiterungen tritt an die Stelle der Kategorie der endlichen Gruppen die Kategorie der proendlichen Gruppen. Die meisten Sätze der klassischen Galoisschen Theorie lassen sich ohne Schwierigkeiten übertragen.

2.1. Die Galoissche Gruppe einer unendlichen Erweiterung

Es sei K/k eine (endliche oder unendliche) normale Erweiterung.

Definition 2.1. Wir definieren die *Galoissche Gruppe* $G(K/k)$ von K/k wie im endlichen Fall als Gruppe aller Automorphismen von K, die k elementweise festlassen. Wir erklären in $G(K/k)$ eine Topologie mit Hilfe eines Systems $\mathfrak{U}(K/k)$ von Umgebungen der Einheit:

$$\mathfrak{U}(K/k) = \{G(K/N) \mid N \in \mathfrak{N}\},$$

wobei $\mathfrak{N}$ die Menge aller über k endlichen normalen Zwischenkörper von K/k ist.

Satz 2.2. *$G(K/k)$ ist eine proendliche Gruppe.*

Genauer ist $G(K/k)$ isomorph zum projektiven Limes des Systems $\{G(N/k) \mid N \in \mathfrak{N}\}$.

Beweis. Die Einschränkung $G(K/k) \to G(N/k)$ liefert einen Homomorphismus φ von $G(K/k)$ in $\varprojlim_{N \in \mathfrak{N}} G(N/k)$. Für jedes $\alpha \in K$ gibt es ein $M \in \mathfrak{N}$ mit $\alpha \in M$. Wir setzen

$$\psi\Big(\prod_{N \in \mathfrak{N}} g_N\Big)(\alpha) = g_M(\alpha) \quad \text{für} \quad \prod_{N \in \mathfrak{N}} g_N \in \varprojlim_{N \in \mathfrak{N}} G(N/k).$$

Diese Definition ist unabhängig von der Wahl von M. Wie man leicht sieht, ist ψ die Umkehrabbildung von φ. Daher ist φ ein Isomorphismus abstrakter Gruppen. Da φ das Umgebungssystem $\{G(K/N)|N \in \mathfrak{N}\}$ auf das entsprechend Satz 1.13 zu dem projektiven Limes $\varprojlim_{N \in \mathfrak{N}} G(N/k)$ gehörige Umgebungssystem abbildet, ist φ sogar ein Isomorphismus topologischer Gruppen. □

Satz 2.3. *Es sei* $K = \bigcup_{i \in I} K_i$, *wobei* $\{K_i | i \in I\}$ *eine Familie von normalen Erweiterungen von* k *ist. Für alle* i, j *existiere ein* n *mit* $K_i \subset K_n$, $K_j \subset K_n$. *Dann ist* $\{G(K_i/k)|i \in I\}$ *ein projektives System, und* $G(K/k)$ *ist isomorph zu* $\varprojlim_{i \in I} G(K_i/k)$.

Der Beweis von Satz 2.3 verläuft analog zum Beweis von Satz 2.2. □

Beispiel 2.4. Es sei $k = \mathbf{Q}(\zeta_p)$, $K = \bigcup_{\nu=1}^{\infty} \mathbf{Q}(\zeta_{p^\nu})$, wobei ζ_{p^ν} eine primitive p^ν-te Einheitswurzel bezeichnet. Dann ist $G(K/k) \cong \mathbf{Z}/2\mathbf{Z} \times \mathbf{Z}_p$ für $p = 2$ und $G(K/k) \cong \mathbf{Z}_p$ für $p \neq 2$.

Satz 2.5 (Fortsetzungssatz für Isomorphismen). *Es sei* K/k *eine normale Erweiterung mit den Zwischenkörpern* K_1, K_2 *und* γ *ein Isomorphismus von* K_1 *auf* K_2, *der* k *elementweise festläßt. Dann läßt sich* γ *auf einen Automorphismus von* K/k *fortsetzen.*

Beweis. Für jedes $M \in \mathfrak{N}$ definieren wir die Teilmengen

$$B_M = \left\{\prod_{N \in \mathfrak{N}} g_N \,|\, g_M \text{ Fortsetzung von } \gamma|K_1 \cap M \text{ auf } M,\ g_N = g_M|N \text{ für } N \subset M\right\}$$

von $\prod_{N \in \mathfrak{N}} G(N/k)$. Nach dem Fortsetzungssatz für endliche Erweiterungen ist $\{B_M | M \in \mathfrak{N}\}$ ein zentriertes System abgeschlossener Teilmengen der kompakten Menge $\prod_{N \in \mathfrak{N}} G(N/k)$. Der Durchschnitt B von $\{B_M | M \in \mathfrak{N}\}$ ist daher nicht leer, und jedes Element aus B liefert nach Satz 2.2 eine Fortsetzung von γ auf K. □

Satz 2.6. *Ist* K/k *eine normale Erweiterung und* M *ein über* k *endlicher Zwischenkörper, dann ist der Index von* $G(K/M)$ *in* $G(K/k)$ *gleich* $[M:k]$.

Beweis. Es sei $[M:k] = n$, und $\gamma_1, \ldots, \gamma_n$ seien die Isomorphismen von M in K. Nach Satz 2.5 kann man γ_ν auf K fortsetzen. Ist $\bar{\gamma}_\nu$ eine Fortsetzung von γ_ν, dann ist $\bar{\gamma}_1, \ldots, \bar{\gamma}_n$ ein Repräsentantensystem für die Restklassen von $G(K/k)$ nach $G(K/M)$. □

Satz 2.7. *Es sei* K/k *eine normale Erweiterung und* $K = \bigcup_{i \in I} K_i$, *wobei die* K_i *endliche Erweiterungen von* k *sind. Dann ist* $\{G(K/K_i)|i \in I\}$ *ein volles, offenes und abgeschlossenes Umgebungssystem von* $G(K/k)$.

Beweis. Es sei $i \in I$ und N/k eine endliche normale Teilerweiterung von K/k, die K_i enthält. $G(K/N)$ hat nach Satz 2.6 endlichen Index in $G(K/K_i)$. Daher ist mit $G(K/N)$ auch $G(K/K_i)$ offen und abgeschlossen. Ist andererseits N/k eine beliebige endliche normale Teilerweiterung von K/k, so gibt es nach dem Satz vom primitiven

Element ein i mit $N \subset K_i$, d. h. $G(K/K_i) \subset G(K/N)$. Daher ist $\{G(K/K_i) | i \in I\}$ ein volles Umgebungssystem der Einheit. □

Satz 2.8. *Es sei K/k eine normale Erweiterung und M ein Zwischenkörper. Die Topologie von $G(K/M)$ wird durch die Topologie von $G(K/k)$ induziert, und $G(K/M)$ ist in $G(K/k)$ abgeschlossen. $G(K/M)$ ist offen genau dann, wenn M/k eine endliche Erweiterung ist.*

Beweis. Für zwei Zwischenkörper M und N von K/k gilt

$$G(K/M) \cap G(K/N) = G(K/MN).$$

Daher ist $\{G(K/MN) | N/k \text{ endlich, normal}\}$ nach Satz 2.8 volles Umgebungssystem der Einheit sowohl für die durch $G(K/k)$ induzierte Topologie als auch für die Topologie von $G(K/M)$ als Galoissche Gruppe von K/M. Als kompakte Gruppe ist $G(K/M)$ in $G(K/k)$ abgeschlossen. Wenn $G(K/M)$ offen ist, hat $G(K/M)$ endlichen Index in $G(K/k)$. Aus Satz 2.6 folgt nun leicht, daß M/k endlich ist. □

2.2. Der Hauptsatz der Galoisschen Theorie

Satz 2.9. *Es sei K/k eine normale Erweiterung. Durch $\Phi(M) = G(K/M)$ wird eine eineindeutige Abbildung Φ der Menge aller Zwischenkörper M von K/k auf die Menge aller (abgeschlossenen) Untergruppen von $G(K/k)$ definiert.*

Die Umkehrung von Φ ist die Abbildung Ψ, die jeder Untergruppe U von $G(K/k)$ den Fixkörper $K(U)$ von U zuordnet.

Beweis. Aus der endlichen Galoisschen Theorie und Satz 2.5 folgt, daß für einen Zwischenkörper M der Fixkörper von $G(K/M)$ gleich M ist. Es bleibt daher nur $U = G(K/K(U))$ für jede Untergruppe U von $G(K/k)$ zu zeigen. Offenbar ist $U \subset G(K/K(U))$.

Es sei $\{K_i | i \in I\}$ die Menge aller endlichen normalen Teilerweiterungen von $K/K(U)$. Wir haben ein natürliches kommutatives Diagramm

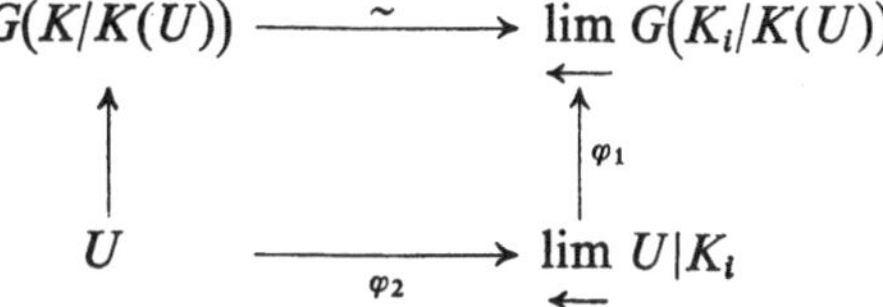

$$\begin{array}{ccc} G(K/K(U)) & \xrightarrow{\sim} & \varprojlim G(K_i/K(U)) \\ \uparrow & & \uparrow \varphi_1 \\ U & \xrightarrow{\varphi_2} & \varprojlim U|K_i \end{array}$$

Offenbar ist $K(U)$ der Fixkörper von $U|_{K_i}$ in K_i. Nach der endlichen Galoisschen Theorie ist daher $G(K_i/K(U)) = U|_{K_i}$ und φ_1 die Identität. φ_2 bildet auf eine dichte Teilmenge und, da U abgeschlossen ist, auf ganz $\varprojlim U|_{K_i}$ ab, d. h., φ_2 ist ein Isomorphismus, und folglich ist $U = G(K/K(U))$. □

Wir merken noch einige Sätze an, die unmittelbar aus der endlichen Galoisschen Theorie und dem Vorhergehenden folgen.

Satz 2.10. *Ist K/k eine normale Erweiterung und N ein über k normaler Zwischenkörper, dann ist die natürliche Sequenz*

$$1 \to G(K/N) \to G(K/k) \to G(N/k) \to 1$$

eine exakte Sequenz von Morphismen proendlicher Gruppen.

Satz 2.11. *Es sei Ω/k eine normale Erweiterung und seien K_1, K_2 Zwischenkörper. Mit K_1/k ist auch K_1K_2/K_2 normal, und der natürliche Morphismus*

$$G(K_1K_2/K_2) \to G(K_1/K_1 \cap K_2)$$

ist ein Isomorphismus.

Wenn auch K_2/k normal ist, haben wir einen natürlichen Isomorphismus

$$G(K_1K_2/k) \to G(K_1/k) \times_G G(K_2/k),$$

wobei $G = G(K_1 \cap K_2/k)$ gesetzt ist.

Beispiel 2.12. Ist k ein endlicher Körper und K die algebraische Abschließung von k, dann ist $G(K/k)$ die totale Vervollständigung von $\boldsymbol{Z}$ (siehe Beispiel 1.7).

§ 3. KOHOMOLOGIE PROENDLICHER GRUPPEN

Die Grundlage der Klassenkörpertheorie und der Galois-Kohomologie, mit deren Hilfe fast alle in diesem Buch abzuleitenden Ergebnisse über p-Erweiterungen gewonnen werden, ist der Kalkül der Kohomologiegruppen von diskreten Moduln proendlicher Gruppen. Diesen Kalkül haben wir also zunächst aufzubauen. Dabei berücksichtigen wir vor allem die Bedürfnisse der Galois-Kohomologie, während die in der Klassenkörpertheorie erforderliche Kohomologie endlicher Gruppen nur so weit entwickelt wird, wie es zur Formulierung der für uns wichtigen Sätze der Klassenkörpertheorie notwendig ist. Im übrigen verweisen wir auf J. P. SERRE [1], chap. VI–XI.

3.1. Definition der Kohomologiegruppen

Es sei G eine proendliche Gruppe und A ein G-Modul. Wir definieren die Kohomologiegruppen von G und A mit Hilfe eines speziellen Komplexes.

Es sei $K^n(G, A)$ für $n \geqq 1$ die Menge aller stetigen Abbildungen des n-fachen Produktes von G in A und $K^0(G, A) = A$. Wir übertragen die Addition von A auf $K^n(G, A)$.

Wie bei den Elementen von $M_G(X)$ (siehe auch § 1.5) bedeutet die Stetigkeit von $f \in K^n(G, A)$, daß die Funktion $f(x_1, \ldots, x_n)$ nur von den Nebenklassen von x_ν bezüglich eines offenen Normalteilers von G abhängt.

Durch

$$(d_n f)(x_1, \ldots, x_{n+1}) = x_1 f(x_2, \ldots, x_{n+1}) + \sum_{\nu=1}^{n} (-1)^\nu f(x_1, \ldots, x_\nu x_{\nu+1}, \ldots, x_{n+1}) + (-1)^{n+1} f(x_1, \ldots, x_n)$$

wird ein Homomorphismus d_n von $K^n(G, A)$ in $K^{n+1}(G, A)$ definiert. Wir wollen nun zeigen, daß $K(G, A) = \sum_{n=0}^{\infty} K^n(G, A)$ mit der Abbildung $d = \{d_n | n = 0, \ldots\}$ ein Komplex ist.

Satz 3.1. *Für $n \geqq 1$ ist $d_n d_{n-1} = 0$.*

Beweis. Wir beweisen Satz 3.1 zunächst für induzierte Moduln $A = M_G(X)$. Dazu definieren wir für alle $g \in G$ einen Homomorphismus $s_n(g)$ von $K^n(G, M_G(X))$ in $K^{n-1}(G, M_G(X))$ durch

$$((s_n(g) f)(x_1, \ldots, x_{n-1}, x) = f(g^{-1}x, x_1, \ldots, x_{n-1}, g) \tag{3.1}$$

für $f \in K^n(G, M_G(X))$. Dabei ist f als stetige Funktion von $n+1$ Argumenten $x_1, \ldots, x_n, x$ aus G mit Werten in X zu verstehen. Die ersten n Argumente beziehen sich auf die Komplexbildung und das letzte Argument x auf die Bildung des induzierten Moduls. Wie man unmittelbar nachrechnet, wird

$$d_{n-1}s_n(g)f + s_{n+1}(g)\,d_nf = f \quad \text{für alle} \quad n \geqq 1, \quad g \in G, \quad f \in K^n(G, M_G(X)). \tag{3.2}$$

Wir beweisen nun $d_nd_{n-1} = 0$ durch Induktion. Für $n = 1$ rechnet man $d_1d_0 = 0$ direkt nach. Es sei bereits d_md_{m-1} für ein $m \geqq 1$ bewiesen. In (3.2) ersetzen wir n durch $m+1$ und f durch d_mf. Dann wird

$$s_{m+2}(g)\,d_{m+1}d_mf = d_mf - d_ms_{m+1}(g)\,d_mf,$$

und durch nochmalige Anwendung von (3.2) erhält man

$$s_{m+2}(g)\,d_{m+1}d_mf = d_md_{m-1}s_m(g)f = 0 \quad \text{für alle} \quad g \in G,$$

woraus nach (3.1) unmittelbar $d_{m+1}d_m = 0$ folgt.

Um Satz 3.1 für einen beliebigen G-Modul A zu beweisen, bemerken wir zunächst, daß durch

$$(\bar{\psi}f)(h_1, \ldots, h_n) = \psi f(\varphi h_1, \ldots, \varphi h_n), \quad h_1, \ldots, h_n \in H, \tag{3.3}$$

jedem Morphismus $[\varphi, \psi]$ von $[G, A]$ in $[H, B]$ ein Homomorphismus $\bar{\psi}$ des Komplexes $K(G, A)$ in den Komplex $K(H, B)$ zugeordnet wird.

Die Zuordnung

$$[G, A] \rightsquigarrow K(G, A)$$

$$[\varphi, \psi] \rightsquigarrow \bar{\psi}$$

ist ein Funktor von $\mathscr{C}$ in die Kategorie der graduierten Gruppen, dessen Beschränkung auf $\mathscr{C}_G$ exakt ist.

Es folgt, daß der Injektion $A \to M_G(A)$ (siehe Beispiel 1.24) ein kommutatives Diagramm

$$\begin{array}{ccccc} K^{n-1}(G, A) & \xrightarrow{d_{n-1}} & K^n(G, A) & \xrightarrow{d_n} & K^{n+1}(G, A) \\ \downarrow & & \downarrow & & \downarrow \\ K^{n-1}(G, M_G(A)) & \xrightarrow{d_{n-1}} & K^n(G, M_G(A)) & \xrightarrow{d_n} & K^{n+1}(G, M_G(A)) \end{array}$$

entspricht, wobei die senkrechten Pfeile Injektionen bezeichnen. Hieraus ergibt sich unmittelbar Satz 3.1. □

Aus den vorstehenden Überlegungen folgt noch

Satz 3.2. *Durch die Zuordnung*

$$[G, A] \rightsquigarrow K(G, A)$$

und durch (3.3) *ist ein Funktor von* $\mathscr{C}$ *in die Kategorie der Komplexe definiert, dessen Beschränkung auf* $\mathscr{C}_G$ *exakt ist.*

Definition 3.3. Wir definieren nun die *Kohomologiegruppen* $H^n(G, A)$ von G und A als Kohomologiegruppen des Komplexes $K(G, A)$:

$$H^n(G, A) = H^n(K(G, A)) = \begin{cases} \operatorname{Ker} d_n/\operatorname{Im} d_{n-1} & \text{für} \quad n \geqq 1, \\ \operatorname{Ker} d_n & \text{für} \quad n = 0. \end{cases}$$

Dem Komplexmorphismus $\bar{\psi}$ entspricht für jedes $n \geqq 0$ ein Homomorphismus $\psi^*: H^n(G, A) \to H^n(H, B)$.

Aus Satz 3.2 ergibt sich auf Grund der Kohomologietheorie der Komplexe

Satz 3.4. *Die Zuordnung*

$$[G, A] \rightsquigarrow H^n(G, A)$$

$$[\varphi, \psi] \rightsquigarrow \psi^*$$

ist ein Funktor aus $\mathscr{C}$ *in die Kategorie der abelschen Gruppen.*

Satz 3.5. *Es seien G und H proendliche Gruppen, und*

$$\begin{array}{ccccccccc} 0 & \longrightarrow & A & \longrightarrow & B & \longrightarrow & C & \longrightarrow & 0 \\ & & \downarrow & & \downarrow & & \downarrow & & \\ 0 & \longrightarrow & A' & \longrightarrow & B' & \longrightarrow & C' & \longrightarrow & 0 \end{array}$$

sei ein kommutatives Diagramm über $\mathscr{C}$, *wobei die erste bzw. zweite Zeile eine exakte Sequenz von G-Moduln bzw. H-Moduln ist.*

Dann ist das Diagramm

$$\begin{array}{ccccccccccccc} 0 \to & H^0(G, A) & \to \cdots \to & H^{n-1}(G, C) & \xrightarrow[\Delta_{n-1}]{} & H^n(G, A) & \to & H^n(G, B) & \to & H^n(G, C) & \to \cdots \\ & \downarrow & & \downarrow & & \downarrow & & \downarrow & & \downarrow & \\ 0 \to & H^0(H, A) & \to \cdots \to & H^{n-1}(H, C') & \xrightarrow[\Delta_{n-1}]{} & H^n(H, A') & \to & H^n(H, B') & \to & H^n(H, C') & \to \cdots \end{array}$$

in dem Δ_{n-1} *den Verbindungshomomorphismus bezeichnet, exakt und kommutativ.*

Satz 3.6. *Es sei der G-Modul A direkte Summe der G-Moduln* A_i, $i \in I$. *Dann ist* $H^n(G, A)$ *direkte Summe der abelschen Gruppen* $H^n(G, A_i)$, $i \in I$.

Aus dem Beweis von Satz 3.1 folgt noch

Satz 3.7. *Es sei G eine proendliche Gruppe und X eine abelsche Gruppe. Dann ist*

$$H^n(G, M_G(X)) = 0 \quad \textit{für} \quad n \geqq 1.$$

Beweis. Es sei $f \in K^n(G, M_G(X))$ und $d_n f = 0$. Dann folgt aus (3.2)

$$f = d_{n-1} s_n(g) f. \square$$

Es sei jetzt A ein beliebiger G-Modul.

Für $n = 0$ haben wir

$$H^0(G, A) = A^G = \{a \in A \mid ga = a \text{ für } g \in G\}.$$

Diese Tatsache zusammen mit Satz 3.5 und Satz 3.7 kennzeichnet die Kohomologiegruppen von G bis auf Isomorphie. Das ergibt sich aus der Methode der Dimensionsverschiebung, die wir in § 3.3 behandeln.

Hier betrachten wir noch den Fall $n = 1$.

Eine stetige Abbildung von G in A heißt *verschränkter Homomorphismus*, wenn für alle $g_1, g_2 \in G$ gilt

$$f(g_1 g_2) = f(g_1) + g_1 f(g_2).$$

Ein verschränkter Homomorphismus f zerfällt, wenn er sich in der Form

$$f(g) = ga - a$$

für ein gewisses $a \in A$ darstellen läßt.

Die Gruppe $H^1(G, A)$ ist gleich der Faktorgruppe der Gruppe aller verschränkten Homomorphismen von G in A nach der Gruppe aller zerfallenden verschränkten Homomorphismen. Wenn G trivial auf A wirkt, ist $H^1(G, A)$ einfach die Gruppe der gewöhnlichen stetigen Homomorphismen.

3.2. Gruppenerweiterungen

Es sei A eine endliche abelsche Gruppe und

$$0 \to A \to \tilde{G} \to G \to 1$$

eine exakte Sequenz proendlicher Gruppen. Die gewöhnliche Theorie der Gruppenerweiterungen überträgt sich ohne weiteres auf den Fall proendlicher Gruppen, wobei nur zu beachten ist, daß alle auftretenden Operationen stetig sind. Insbesondere entsprechen die Elemente von $H^2(G, A)$ eineindeutig den Äquivalenzklassen von Gruppenerweiterungen von G mit A.

3.3. Dimensionsverschiebung

Nach Beispiel 1.24 läßt sich jeder G-Modul A in einen induzierten Modul $M_G(X)$ einbetten, d. h., es gibt eine exakte Sequenz

$$0 \to A \to M_G(X) \to C \to 0$$

von G-Moduln. Nach Satz 3.5 und Satz 3.7 folgt daraus die exakte Sequenz

$$H^n(G, M_G(X)) \to H^n(G, C) \to H^{n+1}(G, A) \to 0$$

und für $n \geqq 1$

$$H^n(G, C) \cong H^{n+1}(G, A).$$

Danach ist es möglich, induktiv eine n-te Kohomologiegruppe auf die besonders einfache nullte zurückzuführen. Mit dieser Methode, die als Dimensionsverschiebung bezeichnet wird, ist es möglich, viele Sätze der Kohomologietheorie bequem zu beweisen.

Allgemein gilt folgendes Prinzip.

Satz 3.8. *Es seien G und H proendliche Gruppen und F ein exakter kovarianter Funktor aus der Kategorie C_H in die Kategorie C_G, der induzierte Moduln in induzierte Moduln überführt. Weiter sei λ_m ein funktorieller Morphismus, der für alle $A \in C_H$ definiert ist, wobei $\lambda_m(A)$ ein Homomorphismus von $H^m(G, FA)$ in $H^m(H, A)$ ist.*

Dann gibt es genau eine Familie $\{\lambda_n | n = m, m+1, \dots\}$ von funktoriellen Morphismen, so daß für alle exakten Sequenzen

$$0 \to A \to B \to C \to 0$$

über C_H und alle $n \geqq m$ das Diagramm

$$\begin{array}{ccc} H^n(G, FC) & \xrightarrow[\lambda_n(C)]{} & H^n(H, C) \\ \downarrow{\scriptstyle \Delta_n} & & \downarrow{\scriptstyle \Delta_n} \\ H^{n+1}(G, FA) & \xrightarrow[\lambda_{n+1}(A)]{} & H^{n+1}(H, A) \end{array} \tag{3.4}$$

kommutativ ist.

Mit λ_m ist auch λ_n für $n \geqq m$ ein Isomorphismus.

Beweis. Wir beweisen zunächst die Eindeutigkeit von λ_n durch Induktion über n. Es sei

$$0 \to A \xrightarrow[\psi]{} M(X) \to C \to 0$$

eine exakte Sequenz von H-Moduln. Dann haben wir nach den Voraussetzungen von Satz 3.8 ein exaktes und kommutatives Diagramm

$$\begin{array}{ccc} H^n(G, FM_H(X)) & \xrightarrow[\lambda_n(M_H(X))]{} & H^n(H, M_H(X)) \\ \downarrow & & \downarrow \\ H^n(G, FC) & \xrightarrow[\lambda_n(C)]{} & H^n(H, C) \\ \downarrow{\scriptstyle \Delta_n} & & \downarrow{\scriptstyle \Delta_n} \\ H^{n+1}(G, FA) & \xrightarrow[\lambda_{n+1}(A)]{} & H^{n+1}(H, A) \\ \downarrow & & \downarrow \\ 0 & & 0 \end{array} \tag{3.5}$$

woraus folgt, daß λ_{n+1} für alle $n \geqq m$ eindeutig durch λ_n bestimmt ist.

Mit λ_n ist auch λ_{n+1} ein Isomorphismus, womit auch die letzte Behauptung von Satz 3.8 bewiesen ist.

Wir zeigen die Existenz von λ_n ebenfalls induktiv. Wenn λ_n für ein gewisses $n \geqq m$ bereits bestimmt ist, definieren wir $\lambda_{n+1}(A)$ mit Hilfe des Diagramms (3.5).

Diese Definition ist unabhängig von der Wahl des induzierten Moduls $M_H(X)$. Ist nämlich

$$0 \to A \underset{\varphi'}{\to} M_H(X') \to C' \to 0$$

eine weitere exakte Sequenz von H-Moduln, dann betten wir A in

$$M_H(X \dotplus X') \cong M_H(X) \dotplus M_H(X')$$

ein mit Hilfe der Abbildung $\varphi'' = \varphi + \varphi'$ und erhalten das exakte und kommutative Diagramm

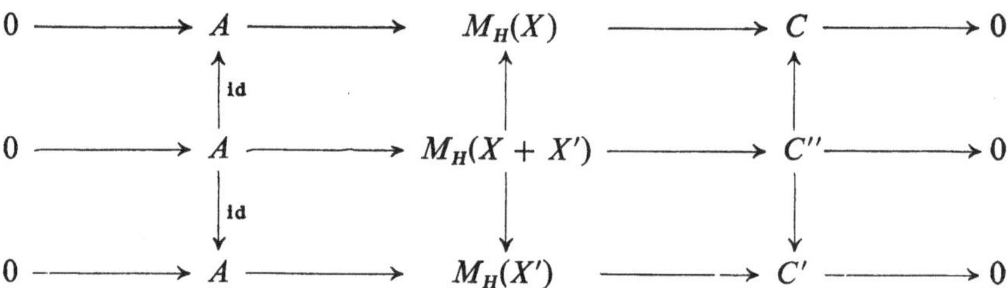

Aus der Kommutativität des zugehörigen Diagramms

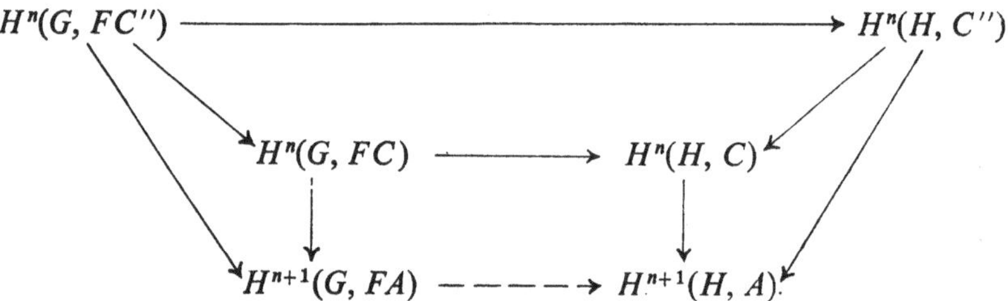

und des entsprechenden Diagramms für C' folgt dann die Behauptung.

Es sei nun

$$0 \to A \to B \to C \to 0$$

eine exakte Sequenz von H-Moduln. Wir betten B in $M_H(X)$ ein und erhalten ein exaktes und kommutatives Diagramm

$$\begin{array}{ccccccccc}
0 & \longrightarrow & A & \longrightarrow & B & \longrightarrow & C & \longrightarrow & 0 \\
 & & \Big\downarrow{\scriptstyle \mathrm{id}} & & \Big\downarrow & & \Big\downarrow & & \\
0 & \longrightarrow & A & \longrightarrow & M_H(X) & \longrightarrow & C' & \longrightarrow & 0
\end{array}$$

Aus dem zugehörigen kommutativen Diagramm

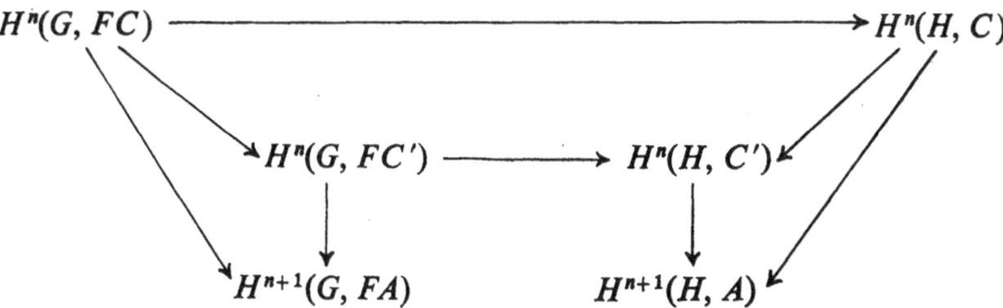

kann man (3.4) ablesen.

Entsprechend zeigt man, ausgehend von dem Diagramm

$$\begin{array}{ccccccccc}
0 & \longrightarrow & A & \longrightarrow & M_H(A) & \longrightarrow & C & \longrightarrow & 0 \\
 & & \downarrow & & \downarrow & & \downarrow & & \\
0 & \longrightarrow & B & \longrightarrow & M_H(B) & \longrightarrow & C' & \longrightarrow & 0
\end{array}$$

daß λ_n funktoriell ist, d. h., das Diagramm

$$\begin{array}{ccc}
H^n(G, FA) & \xrightarrow[\lambda_n(A)]{} & H^n(H, A) \\
\downarrow & & \downarrow \\
H^n(G, FB) & \xrightarrow[\lambda_n(B)]{} & H^n(H, B)
\end{array}$$

ist kommutativ.□

Wir machen nun einige Anwendungen von Satz 3.8.

3.4. Der sogenannte Satz von Shapiro

Es sei G eine proendliche Gruppe, H eine Untergruppe von G und A ein H-Modul. In Beispiel 1.27 haben wir einen Morphismus von $[G, M_G^H(A)]$ in $[H, A]$ konstruiert. Dieser induziert für $n = 0,1, \ldots$ einen Homomorphismus $\varphi_n^*(A)$ von $H^n(G, M_G^H(A))$ in $H^n(H, A)$.

Satz 3.9. *$\varphi_n^*(A)$ ist ein Isomorphismus.*

Beweis. M_G^H ist ein exakter Funktor von $\mathscr{C}_H$ in $\mathscr{C}_G$, und $M_G^H(M_H(X))$ ist isomorph zu $M_G(X)$. Wir können daher Satz 3.8 auf φ_n^* anwenden. Wie man leicht sieht, ist φ_0^* ein Isomorphismus, woraus die Behauptung folgt.□

Satz 3.9 gestattet, die Kohomologie einer Untergruppe auf die Kohomologie der Gruppe selbst zurückzuführen.

3.5. Restriktion und Korestriktion

Es sei H eine proendliche Gruppe, G eine Untergruppe von H und A ein H-Modul. Die in Beispiel 1.26 betrachtete Restriktion induziert einen Homomorphismus Res von $H^n(H, A)$ in $H^n(G, A)$, der ebenfalls als *Restriktion* bezeichnet wird.

Es sei jetzt der Index von G in H endlich. Wir wollen mit Hilfe von Satz 3.8 eine Abbildung definieren, die umgekehrt $H^n(G, A)$ in $H^n(H, A)$ abbildet.

Als Funktor F nehmen wir die Zuordnung, die jedem H-Modul A den entsprechenden G-Modul zuordnet. F führt $M_H(X)$ in $M_G(M_{H/G}(X))$ über, wobei unter $M_{H/G}(X)$ die Gruppe aller Abbildungen von H/G in X zu verstehen ist. Wir definieren eine Abbildung $\lambda_0(A)$ von A^H in A^G durch

$$\lambda_0(A)\, a = \sum_{r \in H/G} ra \quad \text{für alle} \quad a \in A^H.$$

λ_0 ist offensichtlich ein funktorieller Morphismus und kann daher auf höhere Dimensionen fortgesetzt werden. Die so entstehende Abbildung Cor von $H^n(G, A)$ in $H^n(H, A)$ wird als *Korestriktion* bezeichnet.

Es sei m eine ganze Zahl und X eine abelsche Gruppe. Der durch $x \to mx$ gegebene Endomorphismus von X werde ebenfalls mit m bezeichnet. Es gilt

Satz 3.10. *Es ist*

$$\text{Cor} \cdot \text{Res} = [H : G].$$

Beweis. Wir wenden Satz 3.8 an, wobei wir für F die identische Abbildung von C_H nehmen. Man prüft unmittelbar nach, daß (3.6) für die nullten Kohomologiegruppen richtig ist. Nach der Eindeutigkeitsaussage von Satz 3.8 gilt (3.6) daher für alle Dimensionen. □

Aus Satz 3.10 folgt noch

Satz 3.11. *Ist H eine endliche Gruppe, A ein beliebiger H-Modul, dann wird $H^n(H, A)$ für $n \geqq 1$ von der Ordnung von H annuliert.*

Beweis. Wir wenden Satz 3.10 im Fall $G = \{1\}$ an. Dann ist für alle $\alpha \in H^n(H, A)$, $n \geqq 1$, die Restriktion Res α gleich 0 und daher

$$[H : \{1\}]\, \alpha = \text{Cor} \cdot \text{Res}\, \alpha = 0. \square$$

3.6. Die Verlagerung

Es sei H eine endliche Gruppe und G eine Untergruppe von H. Von besonderer Bedeutung für die algebraische Zahlentheorie ist die Korestriktion

$$H^1(G, \boldsymbol{Q}/\boldsymbol{Z}) \to H^1(H, \boldsymbol{Q}/\boldsymbol{Z}), \tag{3.7}$$

wobei H auf $\boldsymbol{Q}/\boldsymbol{Z}$ trivial operiert.

Nach der Dualitätstheorie für endliche kommutative Gruppen entspricht (3.7) ein Homomorphismus Ver von $H/[H, H]$ in $G/[G, G]$, der als *Verlagerung* von H in G bezeichnet wird.

Satz 3.12. *Die Verlagerung von H in G ist explizit durch*

$$\bar{g} \to \prod_{r \in R} h(g, r)$$

gegeben, wobei r ein Linksrestsystem R von G nach H durchläuft und $h(g, r) \in H$ durch $gr = \widetilde{gr}\, h(g, r)$ gegeben ist. $\widetilde{gr}$ bezeichnet den Vertreter von gr in R.

Beweis. Aus der exakten Sequenz

$$0 \to \mathbf{Q}/\mathbf{Z} \to M_G(\mathbf{Q}/\mathbf{Z}) \to C \to 0$$

ergibt sich das exakte und kommutative Diagramm

$$\begin{array}{ccccc} H^0(H, C) & \xrightarrow{\Delta_0} & H^1(H, \mathbf{Q}/\mathbf{Z}) & \longrightarrow & 0 \\ \downarrow & & \downarrow & & \\ H^0(G, C) & \xrightarrow{\Delta_0} & H^1(G, \mathbf{Q}/\mathbf{Z}) & \longrightarrow & 0 \end{array}$$

Es sei $\chi \in H^1(H, \mathbf{Q}/\mathbf{Z})$ und $\bar{f}$ ein Urbild von χ bei Δ_0 mit $f \in M_G(\mathbf{Q}/\mathbf{Z})$. Dann gilt für alle $x \in G$

$$f(xh) - f(x) = \chi(h).$$

Das Bild von $\bar{f}$ bei der Korestriktion ist $\sum_{r \in R} r\bar{f}$, und der zugeordnete Charakter $\operatorname{Cor} \chi = \chi'$ ist gegeben durch

$$\chi'(g) = \sum_{r \in R} rf(g) - rf(1) = \sum_{r \in R} f(gr) - f(r) = \sum_{r \in R} \chi(h(g, r))$$

und daher

$$\chi'(g) = \chi\left(\prod_{r \in R} h(g, r)\right).$$

Daraus folgt die Behauptung. □

Aus den funktoriellen Eigenschaften von Cor ergeben sich entsprechende Eigenschaften der Verlagerung.

3.7. Inflation und Transgression

Es sei G eine proendliche Gruppe, H ein Normalteiler von G und A ein G-Modul. Der in Beispiel 1.26 betrachtete Morphismus von $[G/H, A^H]$ in $[G, A]$ induziert einen Homomorphismus Inf der entsprechenden Kohomologiegruppen, der als *Inflation* bezeichnet wird.

Wir definieren weiter für jedes $g \in G$ einen Automorphismus von $H^n(H, A)$: Die Morphismen $\psi\colon a \to ga$, $a \in A$, und $\varphi\colon h \to g^{-1}hg$, $h \in H$, sind verträglich und induzieren daher einen Endomorphismus $\tilde{g}^H = \tilde{g}$ von $H^n(H, A)$. Für alle g_1, $g_2 \in G$ gilt

$$\tilde{g}_1 \cdot \tilde{g}_2 = \widetilde{g_1 g_2},$$

woraus folgt, daß $\tilde{g}$ auf $H^n(H, A)$ abbildet.

Für $g \in H$ oder, wenn g auf A trivial wirkt, ist g in der nullten Dimension die identische Abbildung. Nach Satz 3.8 gilt das gleiche daher für alle Dimensionen. Hieraus folgt, daß $H^n(H, A)$ als diskreter G/H-Modul betrachtet werden kann. Es gilt der folgende

Satz 3.14. *Die Bildelemente der Restriktion von $H^n(G, A)$ in $H^n(H, A)$ sind invariant bei G/H.*

Beweis. Wir haben für jedes $g \in G$ ein kommutatives Diagramm

$$\begin{array}{ccc} H^n(G, A) & \xrightarrow[\text{Res}]{} & H^n(H, A) \\ \big\downarrow{\scriptstyle \tilde{g}^G} & & \big\downarrow{\scriptstyle \tilde{g}^H} \\ H^n(G, A) & \xrightarrow[\text{Res}]{} & H^n(H, A) \end{array}$$

$\tilde{g}^G$ ist der identische Automorphismus. Daraus folgt die Behauptung. □

Wir definieren nun einen funktoriellen Morphismus, die *Transgression*, von $H^n(H, A)^{G/H}$ in $H^{n+1}(G/H, A^H)$ für $n \geqq 1$ unter der Voraussetzung, daß

$$H^\nu(H, A) = \{0\} \quad \text{für} \quad \nu = 1, \ldots, n-1$$

ist.

Es sei zunächst $n = 1$ und $\bar{a} \in H^1(H, A)^{G/H}$, wobei a ein verschränkter Homomorphismus ist. Wir wollen eine Fortsetzung b von a auf G mit folgenden Eigenschaften konstruieren:

(I) b ist stetige Abbildung von G in A.

(II) $gb(g^{-1}hg) - b(h) = hb(g) - b(g)$ für alle $g \in G, h \in H$.

(III) $b(hg) = b(h) + hb(g)$ für alle $g \in G, h \in H$.

In G gibt es einen offenen Normalteiler U, so daß $a(h)$ nur von den Klassen von $H \bmod H \cap U$ abhängt und für alle $h \in H$ bei U invariant ist. Weiter gibt es nach Satz 1.16 einen stetigen Schnitt s von G/H in G. Da $\bar{a}$ invariant bei G ist, gibt es für $\gamma \in G/H$ Elemente $b(s\gamma)$ mit

$$s\gamma a((s\gamma)^{-1}hs\gamma) - a(h) = hb(s\gamma) - b(s\gamma) \quad \text{für alle} \quad h \in H. \tag{3.11}$$

Die linke Seite von (3.11) nimmt wegen der Wahl von U für alle Elemente $s\gamma$ aus einer Nebenklasse mod U den gleichen Wert an. Für $b(s\gamma)$ kann daher innerhalb einer Nebenklasse von G nach U das gleiche Element gewählt werden, wodurch die Stetigkeit von $b(s\gamma)$ als Funktion von γ gewährleistet ist. Für beliebiges $g = hs\gamma$ aus G setzen wir

$$b(g) = a(h) + hb(s\gamma).$$

Dann ist $b(g)$ stetig nach Konstruktion und genügt den Bedingungen (II) und (III), wie man leicht nachrechnet.

Wir setzen nun

$$f(g_1, g_2) = b(g_1) + g_1 b(g_2) - b(g_1 g_2). \tag{3.12}$$

$f(g_1, g_2)$ ist invariant bei der Anwendung von $h \in H$. In der Tat gilt wegen (II)

$$\begin{aligned} &hf(g_1, g_2) - f(g_1, g_2) \\ &= g_1 b(g_1^{-1} h g_1) - b(h) + g_1(g_2 b(g_2^{-1} g_1^{-1} h g_1 g_2) - b(g_1^{-1} h g_1)) \\ &\quad - (g_1 g_2 b((g_1 g_2)^{-1} h g_1 g_2) - b(h)) = 0. \end{aligned}$$

Unter Berücksichtigung der Invarianz von $f(g_1, g_2)$ bei $h \in H$ rechnet man weiter leicht nach, daß für alle $h_1, h_2 \in H$, $g_1, g_2 \in G$

$$f(h_1 g_1, h_2 g_2) = f(g_1, g_2) \tag{3.13}$$

ist. Auf Grund der Struktur von $f(g_1, g_2)$ ist daher klar, daß durch

$$\varphi(\gamma_1, \gamma_2) = f(s\gamma_1, s\gamma_2) \tag{3.14}$$

ein Faktorensystem φ mit $\bar{\varphi} \in H^2(G/H, A^H)$ definiert ist.

Die Klasse $\bar{\varphi}$ ist unabhängig von der Wahl von s, $b(s\gamma)$. In der Tat hat $b'(s'\gamma)$ für

$$s'\gamma = h\gamma s\gamma$$

die Form

$$b'(s'\gamma) = b(s'\gamma) + c(\gamma), \quad c(\gamma) \in A^H.$$

Daraus folgt

$$b'(g) = b(g) + c(\bar{g})$$

für alle $g \in G$ (g bezeichnet die Klasse von g in G/H). Dann ist

$$\begin{aligned} \varphi'(\gamma_1, \gamma_2) &= f'(s'\gamma_1, s'\gamma_2) \\ &= b(s'\gamma_1) + s'\gamma_1 b(s'\gamma_2) - b(s'\gamma_1 s'\gamma_2) + c(\gamma_1) + s'\gamma_1 b(\gamma_2) - b(\gamma_1\gamma_2). \end{aligned}$$

φ und φ' unterscheiden sich also um ein zerfallendes Faktorensystem, wie zu zeigen war.

Wir definieren nun die Transgression in der ersten Dimension durch

$$\operatorname{Tra} \bar{a} = \bar{\varphi}. \tag{3.15}$$

Es ist klar, daß Tra ein Homomorphismus von $H^1(H, A)^{G/H}$ in $H^2(G/H, A^H)$ ist. Wir zeigen jetzt, daß die Sequenz

$$0 \longrightarrow H^1(G/H, A^H) \xrightarrow[\text{Inf}]{} H^1(G, A) \xrightarrow[\text{Res}]{} H^1(H, A)^{G/H} \xrightarrow[\text{Tra}]{} H^2(G/H, A^H) \xrightarrow[\text{Inf}]{} H^2(G, A)$$

exakt ist.

Exaktheit in $H^1(G/H, A)$: Ist $\bar{a} \in$ Ker Inf, dann existiert ein $c \in A$ mit $a(\bar{g}) = gc - c$ für $g \in G$. Wegen $a(\bar{g}) = a(\overline{gh}) = ghc - c$ für alle $h \in H$ ist $c \in A^H$, d. h., a zerfällt selbst.

Exaktheit in $H^1(G, A)$: Ist $\bar{a} \in$ Ker Res, dann existiert ein $c \in A$ mit $a(h) = hc - c$ für alle $h \in H$. Dann wird durch $a'(g) = a(g) - gc + c$ ein zu a homologer verschränkter Homomorphismus definiert, der auf H verschwindet. Es folgt, daß a' nur von den Klassen von G nach H abhängt und bei H invariante Werte hat, d. h., $\bar{a} = \bar{a}'$ liegt im Bild der Inflation.

Exaktheit in $H^1(H, A)^{G/H}$: Ist $\bar{a} \in$ Im Res, d. h., ist a Einschränkung eines verschränkten Homomorphismus b auf H, dann genügt b den Forderungen (I) bis (III), und das entsprechend (3.14) zugeordnete Faktorensystem verschwindet, d. h. Tra $\bar{a} = 0$.

Ist andererseits $a \in$ Ker Tra, dann zerfällt (3.12):

$$b(g_1) + g_1 b(g_2) - b(g_1 g_2) = c(\bar{g}_1) + g_1 c(\bar{g}_2) - c(\bar{g}_1 \bar{g}_2).$$

$b' = b - c$ ist daher ein verschränkter Homomorphismus auf G mit Res $\bar{b}' = \bar{a}$.

Exaktheit in $H^2(G/H, A^H)$: Ist $\bar{\varphi} \in$ Im Tra, also φ von der Form (3.14), dann ist offensichtlich Inf $\bar{\varphi} = 0$.

Ist $\bar{\varphi} \in$ Ker Inf, dann gilt

$$\varphi(\bar{g}_1, \bar{g}_2) = c(g_1) + g_1 c(g_2) - c(g_1 g_2).$$

Ohne Beschränkung der Allgemeinheit sei $\varphi(1, \bar{g}) = \varphi(\bar{g}, 1) = 0$ für alle $\bar{g} \in G/H$. Wie man leicht nachrechnet, genügen die Zerfallsgrößen $c(g)$ dann den Bedingungen (I) bis (III), und die Einschränkung von c auf H ist ein bei G/H invarianter verschränkter Homomorphismus a, d. h. Tra $\bar{a} = \bar{\varphi}$.

Es sei jetzt

$$H^i(H, A) = \{0\} \quad \text{für} \quad 1 \leqq i \leqq n - 1, \tag{3.16}$$

und die Sequenz

$$0 \to A \to M_G(A) \to C \to 0$$

sei exakt. $M_G(A)$ ist auch H-induziert. Für $n \geqq 2$ ist wegen $H^1(H, A) = \{0\}$ die Sequenz

$$0 \to A^H \to M_G(A)^H \to C^H \to 0$$

exakt, und $M_G(A)^H$ ist G/H-induziert.

Wir definieren die Transgression für die Dimension n induktiv als die Abbildung Tra, die das Diagramm

$$\begin{array}{ccc} H^{n-1}(H, C) & \xrightarrow[\text{Tra}]{} & H^n(G/H, C^H) \\ \downarrow{\scriptstyle \Delta_{n-1}} & & \downarrow{\scriptstyle \Delta_n} \\ H^n(H, A) & \xrightarrow[\text{Tra}]{} & H^{n+1}(G/H, A^H) \end{array}$$

in dem die Verbindungshomomorphismen Δ_{n-1}, Δ_n Isomorphismen sind, kommutativ macht. C genügt wegen (3.16) der Induktionsvoraussetzung.

Aus der Kommutativität des Diagramms

$$\begin{array}{cccccccccc} 0 \to H^{n-1}(G/H, C^H) & \xrightarrow[\text{Inf}]{} & H^{n-1}(G, C) & \xrightarrow[\text{Res}]{} & H^{n-1}(H, C)^{G/H} & \xrightarrow[\text{Tra}]{} & H^n(G/H, C^H) & \xrightarrow[\text{Inf}]{} & H^n(G, C) \\ \downarrow & & \downarrow & & \downarrow & & \downarrow & & \downarrow \\ H^n(G/H, A) & \xrightarrow[\text{Inf}]{} & H^n(G, A) & \xrightarrow[\text{Res}]{} & H^n(H, A) & \xrightarrow[\text{Tra}]{} & H^{n+1}(G/H, A) & \xrightarrow[\text{Inf}]{} & H^{n+1}(G, A) \end{array}$$

ergibt sich nun der Satz von HOCHSCHILD–SERRE:

Satz 3.15. *Ist* $H^i(H, A) = \{0\}$ *für* $1 \leqq i \leqq n-1$, *dann ist die Sequenz*

$$0 \to H^n(G/H, A^H) \xrightarrow[\text{Inf}]{} H^n(G, A) \xrightarrow[\text{Res}]{} H^n(H, A) \xrightarrow[\text{Tra}]{} H^{n+1}(G/H, A^H) \xrightarrow[\text{Inf}]{} H^{n+1}(G, A)$$

exakt.

Wie man leicht sieht, ist die Transgression ein funktorieller Morphismus.

Wir ziehen noch eine Folgerung aus Satz 3.15:

Satz 3.16. *Es sei G eine proendliche Gruppe, H ein Normalteiler von endlichem Index in G und A ein G-Modul, dessen Elemente endliche, zu* $[G:H]$ *prime Ordnung haben.*

Dann gilt für alle $n \geqq 1$

$$H^n(G/H, A^H) = \{0\},$$

und die Restriktion

$$H^n(G, A) \xrightarrow{\sim} H^n(H, A)^{G/H}$$

ist ein Isomorphismus.

Beweis. Nach Satz 3.11 wird $H^n(G/H, A^H)$ von $[G:H]$ annulliert. Nach Voraussetzung hat jedes Element von A und damit auch jedes Element von $H^n(G/H, A^H)$ zu $[G:H]$ prime Ordnung. Daraus folgt die erste Behauptung.

Für den Fall $n = 1$ folgt die zweite Behauptung unmittelbar aus Satz 3.15; für $n > 1$ beweisen wir die zweite Behauptung durch Dimensionsverschiebung.

Ist die Sequenz

$$0 \to A \to M_G(A) \to C \to 0$$

exakt, dann haben wir für $n \geqq 1$ ein kommutatives Diagramm

$$\begin{array}{ccc} H^n(G, C) & \longrightarrow & H^n(H, C)^{G/H} \\ \downarrow{\scriptstyle \Delta_n} & & \downarrow{\scriptstyle \Delta_n} \\ H^{n+1}(G, A) & \longrightarrow & H^{n+1}(H, A)^{G/H} \end{array}$$

wobei die Verbindungshomomorphismen Δ_n Isomorphismen sind. Da C ebenfalls die Voraussetzungen von Satz 3.16 erfüllt, folgt die Behauptung durch Induktion.□

3.8. Induktiver Limes von Kohomologiegruppen

Als weitere Anwendung der Methode der Dimensionsverschiebung beweisen wir einen Satz, der von grundlegender Bedeutung für die Berechnung von Kohomologiegruppen proendlicher Gruppen ist.

Satz 3.17. *Ist* $\{[G_i, A_i], i \in I, [\varphi_i^j, \psi_i^j]\}$ *ein induktives System über der Kategorie* $\mathscr{C}$ *mit dem Limes* $[G, A]$, *dann ist* $\{H^n(G_i, A_i), i \in I, \psi_i^{j*}\}$ *für alle* $n \geqq 0$ *ein induktives System abelscher Gruppen, und die natürliche Abbildung*

$$\varinjlim H^n(G_i, A_i) \to H^n(G, A)$$

ist ein Isomorphismus.

Beweis. Wir beweisen Satz 3.17 induktiv. Zunächst sei $n = 0$. Offenbar ist die Abbildung

$$\varinjlim A_i^{G_i} \to A^G$$

injektiv.

Es sei andererseits $\bar{a}_j \in A^G$ und U_j die Menge aller Elemente von G_j, die a_j fest lassen. U_j ist eine Untergruppe von G_j von endlichem Index. Es sei $g_j^{(1)}, \ldots, g_j^{(s)}$ ein Vertretersystem für die Linksnebenklassen von G_j nach U_j. Da $\bar{a}_j$ bei G invariant ist, gibt es ein $k \geqq j$ mit

$$\psi_j^k g_j^{(\nu)} a_j = \psi_j^k a_j \quad \text{für} \quad \nu = 1, \ldots, s.$$

$\psi_j^k a_j$ ist invariant bei G_k. Ist nämlich $g_k \in G_k$ und $\varphi_j^k g_k = g_j^{(\nu)} u$, $u \in U_j$, dann ist

$$g_k \psi_j^k a_j = \psi_j^k g_j^{(\nu)} u a_j = \psi_j^k a_j.$$

Daher liegt $\bar{a}_j = \overline{\psi_j^k a_j}$ in $\varinjlim A_i^{G_i}$.

Der Satz 3.17 sei bereits für ein $n \geqq 0$ bewiesen.

Aus dem kommutativen Diagramm mit exakten Zeilen

$$\begin{array}{ccccccccc}
0 & \longrightarrow & A_i & \longrightarrow & M_{G_i}(A_i) & \longrightarrow & C_i & \longrightarrow & 0 \\
 & & \downarrow{\scriptstyle \varphi_i{}^j} & & \downarrow & & \downarrow & & \\
0 & \longrightarrow & A_j & \longrightarrow & M_{G_j}(A_j) & \longrightarrow & C_j & \longrightarrow & 0 \\
 & & \downarrow{\scriptstyle \varphi_j} & & \downarrow & & \downarrow & & \\
0 & \longrightarrow & A & \longrightarrow & M_G(A) & \longrightarrow & C & \longrightarrow & 0
\end{array}$$

erhält man das exakte kommutative Diagramm

$$\begin{array}{ccccccc}
\varinjlim H^n(G_t, M_{G_i}(A_i)) & \longrightarrow & \varinjlim H^n(G_i, C_i) & \longrightarrow & \varinjlim H^{n+1}(G_i, A_i) & \longrightarrow & 0 \\
\downarrow & & \downarrow & & \downarrow & & \\
H^n(G, M_G(A)) & \longrightarrow & H^n(G, C) & \longrightarrow & H^{n+1}(G, A) & \longrightarrow & 0
\end{array}$$

Hieraus folgt wegen Satz 1.34 die Behauptung für $n + 1$.□

Wir geben nun zwei Beispiele für die Berechnung von Kohomologiegruppen mit Hilfe von Satz 3.17 an.

Satz 3.18. *Ist K/k eine normale Erweiterung, dann ist*

$$H^n(G(K/k), K^+) = \{0\}$$

für $n \geqq 1$.

Beweis. Ist zunächst K/k eine endliche Erweiterung, dann ist K^+ nach dem Satz von der Existenz einer Normalbasis ein induzierter $G(K/k)$-Modul (siehe die Bemerkung am Schluß von Beispiel 1.25). Die Behauptung folgt daher aus Satz 3.7.

Ist nun K/k eine beliebige normale Erweiterung, so ist der $G(K/k)$-Modul K^+ induktiver Limes des Systems $\{[G(N/k), N^+], N \in \mathfrak{N}\}$ (siehe Satz 2.2). Die Behauptung folgt nun aus Satz 3.17.□

Satz 3.19 (Hilberts Satz 90). *Ist K/k eine normale Erweiterung, dann ist*

$$H^1(G(K/k), K^\times) = \{0\}. \tag{3.12}$$

Beweis. Wir setzen $G(K/k) = G$. Es sei zunächst wieder K/k endlich, und f sei ein verschränkter Homomorphismus mit $\bar{f} \in H^1(G, K^\times)$. Wir betrachten die Elemente

$$b(a) = \sum_{g \in G} f(g)\, ga \quad \text{für} \quad a \in K^\times .$$

Dann gilt, wie man unmittelbar nachrechnet, für alle $h \in G$

$$hb(a)\, f(h) = b(a).$$

Zum Beweis von (3.12) genügt es daher, die Existenz eines $a \in K^\times$ mit $b(a) \neq 0$ zu zeigen.

Es sei $1, a, \ldots, a^{n-1}$ Basis von K/k. Das Gleichungssystem

$$\sum_{g \in G} x_g g a^\nu = 0, \quad \nu = 0, \ldots, n-1,$$

hat eine von 0 verschiedene Vandermondesche Determinante $|ga^\nu|_{g\nu}$. Daraus folgt die Behauptung für endliche K/k.

Für beliebige normale Erweiterungen folgt die Behauptung wieder aus Satz 3.17.□

Satz 3.20. *Ist m eine natürliche Zahl und $G = \varprojlim_{\iota \in I} G_\iota$, wobei die Gruppen G_ι von endlicher zu m primer Ordnung sind, und ist A ein beliebiger G-Modul, dann haben die Elemente von $H^n(G, A)$ für $n \geqq 1$ endliche zu m prime Ordnung.*

Beweis. Ist U_ι der Kern des natürlichen Morphismus $G \to G_\iota$, dann ist der G-Modul A induktiver Limes des Systems $\{[G_\iota, A^{U_\iota}] | \iota \in I\}$.

Satz 3.20 folgt daher unmittelbar aus Satz 3.11 und Satz 3.17.□

3.9. Cup-Produkt

Es sei G eine proendliche Gruppe und A, B, C seien G-Moduln. Weiter sei eine bilineare Abbildung $\circ$ von $A \times B$ in C gegeben, wobei für alle $g \in G$, $a \in A$, $b \in B$

$$g(a \circ b) = ga \circ gb$$

gilt. Eine solche Abbildung wird als *Paarung* von A und B in C bezeichnet. Für C schreiben wir im folgenden, wenn kein Mißverständnis zu befürchten ist, auch $A \circ B$.

Beispiel 3.21. Es sei $A = B$ ein Ring, auf dem G trivial operiert. Dann ist die Multiplikation in A eine Paarung.

Beispiel 3.22. Es seien A und B beliebige G-Moduln. Das Tensorprodukt $A \otimes_Z B$ wird zu einem G-Modul durch die Festsetzung

$$g(a \otimes b) = ga \otimes gb \quad \text{für} \quad a \in A, b \in B.$$

Dann ist $\otimes$ eine Paarung von A und B in $A \otimes_Z B$.

Jeder Paarung von A und B in C entspricht für $n \geqq 0$, $m \geqq 0$ eine bilinieare Abbildung von $H^n(G, A) \times H^m(G, B)$ in $H^{n+m}(G, C)$, die als *Cup-Produkt* bezeichnet wird und die wir jetzt definieren wollen.

Wir setzen für $f \in K^n(G, A)$, $f' \in K^m(G, B)$

$$(f \circ f')(x_1, \ldots, x_{n+m}) = f(x_1, \ldots, x_n) \circ x_1 \cdots x_n f'(x_{n+1}, \ldots, x_{n+m}).$$

$f \circ f'$ liegt in $K^{n+m}(G, C)$, und es gilt, wie man leicht nachrechnet,

$$d_{n+m}(f \circ f') = d_n f \circ f' + (-1)^n f \circ d_m f'.$$

Daher wird durch

$$\bar{f} \cup \bar{f}' = \overline{f \circ f'}$$

in eindeutiger Weise eine bilineare Abbildung von $H^n(G, A) \times H^m(G, B)$ in $H^{n+m}(G, C)$ erklärt, das *Cup-Produkt*. Aus der Definition folgen unmittelbar folgende Eigenschaften des Cup-Produktes.

Satz 3.23. *Es sei G eine proendliche Gruppe und* $\circ$ *eine Paarung der G-Moduln A und B in C. Dann gilt für* $\alpha \in H^0(G, A)$, $\beta \in H^0(G, B)$

$$\alpha \cup \beta = \alpha \circ \beta .$$

Satz 3.24. *Es sei G eine proendliche Gruppe,*

$$0 \to A \to A' \to A'' \to 0$$

eine exakte Sequenz von G-Moduln und B ein G-Modul, so daß die Sequenz

$$0 \to A \otimes_Z B \to A' \otimes_Z B \to A'' \otimes_Z B \to 0$$

exakt ist.

Dann gilt für $\alpha \in H^n(G, A'')$, $\beta \in H^m(G, B)$

$$(\Delta_n \alpha) \cup \beta = \Delta_{n+m}(\alpha \cup \beta),$$

wobei Δ_n *und* Δ_{n+m} *die Verbindungshomomorphismen bezeichnen.*

Satz 3.25. *Es sei G eine proendliche Gruppe,*

$$0 \to B \to B' \to B'' \to 0$$

eine exakte Sequenz von G-Moduln und A ein G-Modul, so daß die Sequenz

$$0 \to A \otimes_Z B \to A \otimes_Z B' \to A \otimes_Z B'' \to 0$$

exakt ist.

Dann ist für $\alpha \in H^n(G, A)$, $\beta \in H^m(G, B'')$

$$\alpha \cup \Delta_m \beta - (-1)^n \Delta_{n+m}(\alpha \cup \beta).$$

Das funktorielle Verhalten des Cup-Produktes wird durch den folgenden Satz beschrieben.

Satz 3.26. *Es seien G, H proendliche Gruppen.* $\circ$ *bzw.* $\cdot$ *sei eine Paarung der G-Moduln A, B in C bzw. der H-Moduln A', B' in C'.* $[\varphi, \psi_A]$, $[\varphi, \psi_B]$, $[\varphi, \psi_C]$ *seien Morphismen von* $[G, A]$ *in* $[H, A']$, *von* $[G, B]$ *in* $[H, B']$, *von* $[G, C]$ *in* $[H, C']$ *mit*

$$\psi_C(a \cdot b) = \psi_A a \cdot \psi_B b \quad \textit{für alle } a \in A,\ b \in B.$$

Dann gilt für $\alpha \in H^n(G, A)$, $\beta \in H^m(G, B)$

$$\psi_C^*(\alpha \cup \beta) = \psi_A^* \alpha \cup \psi_B^* \beta .$$

Durch die Sätze 3.23 bis 3.26 ist das Cup-Produkt für die durch das Tensorprodukt gegebene Paarung eindeutig bestimmt.

Das ergibt sich wieder mit Hilfe der Methode der Dimensionsverschiebung, die anwendbar ist, weil mit

$$0 \to A \to M_G(A) \to C \to 0$$

auch

$$0 \to A \otimes_Z B \to M_G(A) \otimes_Z B \to C \otimes_Z B \to 0$$

exakt ist. Da das Tensorprodukt ein rechtsexakter Funktor ist, hat man hierzu nur zu zeigen, daß $A \otimes_Z B \to M_G(A) \otimes_Z B$ injektiv ist. Die Abbildung $M_G(A) \to A$, die in Beispiel 1.27 betrachtet wurde, ergibt mit $A \to M_G(A)$ kombiniert die identische Abbildung. Daraus folgt die Behauptung.

Satz 3.27. *Es sei G eine proendliche Gruppe, und A, B, C seien G-Moduln. Die Paarungen $(A \circ B) \circ C = A \circ (B \circ C)$ seien definiert, und es sei*

$$(a \circ b) \circ c = a \circ (b \circ c) \quad \textit{für alle } a \in A,\ b \in B,\ c \in C.$$

Dann gilt

$$(\alpha \cup \beta) \cup \gamma = \alpha \cup (\beta \cup \gamma)$$

für alle $\alpha \in H^n(G, A)$, $\beta \in H^m(G, B)$, $\gamma \in H^l(G, C)$.

Satz 3.28. *Es sei G eine proendliche Gruppe, und A, B seien G-Moduln. Die Produkte $A \circ B = B \circ A$ seien definiert, und es sei*

$$a \circ b = b \circ a \quad \textit{für alle } a \in A,\ b \in B.$$

Dann ist

$$\alpha \cup \beta = (-1)^{nm}\, \beta \cup \alpha$$

für alle $\alpha \in H^n(G, A)$, $\beta \in H^m(G, B)$.

Wegen der funktoriellen Grundeigenschaft des Tensorproduktes genügt es, die Sätze 3.27 und 3.28 für das Tensorprodukt mit entsprechenden Identifizierungen zu beweisen. In diesem Fall ergeben sie sich ohne weiteres mit Hilfe der Methode der Dimensionsverschiebung.

Beispiel 3.29. Die Voraussetzungen von Satz 3.27 und Satz 3.28 sind offenbar erfüllt, wenn $A = B = C$ ein kommutativer Ring ist, auf den G trivial wirkt.

§ 4. FREIE PRO-p-GRUPPEN

Im folgenden bedeutet p immer eine Primzahl. Wir spezialisieren unsere Betrachtungen jetzt auf die proendlichen Gruppen, die uns als Galoissche Gruppen von p-Erweiterungen hier eigentlich interessieren, die *Pro-p-Gruppen*. Eine Pro-p-Gruppe ist eine proendliche Gruppe, die sich als projektiver Limes von endlichen p-Gruppen darstellen läßt. Wir beginnen mit einer ausführlichen Diskussion der freien Pro-p-Gruppen.

4.1. Konstruktion der freien Pro-p-Gruppen

Definition 4.1. Es sei G eine Pro-p-Gruppe. Unter einem *Erzeugendensystem* von G versteht man eine Teilmenge E von G mit folgenden Eigenschaften:

(I) G ist die kleinste (abgeschlossene) Untergruppe von G, die E umfaßt.

(II) In jeder Umgebung der Einheit von G liegen fast alle Elemente (d. h. alle außer endlich vielen) von E.

Wir werden im folgenden sehen, daß in jeder Pro-p-Gruppe ein Erzeugendensystem existiert.

Definition 4.2. Ein Erzeugendensystem E heißt *minimal*, wenn keine Teilmenge von E Erzeugendensystem ist.

Wir kommen jetzt zur Konstruktion der freien Pro-p-Gruppen.

Es sei I eine Indexmenge und F_I die gewöhnliche freie Gruppe mit dem Erzeugendensystem $\{s_i | i \in I\}$. Weiter sei $\mathfrak{U}$ die Menge der Normalteiler N von F_I mit folgenden Eigenschaften:

(I) $[F_I : N]$ ist eine Potenz von p.

(II) Fast alle Elemente aus $\{s_i | i \in I\}$ liegen in N.

$\{F_I/N | N \in \mathfrak{U}\}$ ist ein projektives System im Sinne von Beispiel 1.6, dessen projektiver Limes $F(I)$ eine Pro-p-Gruppe ist.

Die Gruppe $F(I)$ heißt *freie Pro-p-Gruppe mit dem Erzeugendensystem* $\{s_i | i \in I\}$. Die Rechtfertigung für diese Bezeichnung wird sich später ergeben.

Die Abbildung

$$\varphi: w \to \prod wN, \quad w \in F_I,$$

ist ein Homomorphismus von F_I in $F(I)$, dessen Bild in $F(I)$ dicht liegt. Um zu zeigen, daß φ injektiv ist, sind einige Hilfsbetrachtungen notwendig.

4.2. Die Magnussche Algebra

Definition 4.3. Es sei Λ ein Ring mit Einselement und I eine Indexmenge. Die *Magnussche Algebra* $\Lambda(I)$ in den Unbestimmten x_i, $i \in I$, über Λ ist die Algebra der formalen nichtkommutativen (assoziativen) Potenzreihen in den x_i, $i \in I$, mit Koeffizienten aus Λ.

Wir definieren einen Homomorphismus ψ der freien Gruppe F_I mit dem Erzeugendensystem $\{s_i | i \in I\}$ in die Einheitengruppe von $\Lambda(I)$, indem wir

$$\psi(s_i) = 1 + x_i$$

setzen. Dann wird insbesondere

$$\psi(s_i^{-1}) = \sum_{\nu=0}^{\infty} (-x_i)^\nu.$$

Hilfssatz 4.4. *Die Abbildung ψ ist injektiv.*

Beweis. Es sei

$$s_{i_1}^{a_1} \cdots s_{i_\varkappa}^{a_\varkappa} \neq 1$$

ein Element von F_I in unverkürzbarer Darstellung, d. h. $i_\nu \neq i_{\nu+1}$ für $\nu = 1, \ldots, \varkappa - 1$. Dann ist

$$\psi(s_{i_1}^{a_1} \cdots s_{i_\varkappa}^{a_\varkappa}) = (1 + x_{i_1})^{a_1} \cdots (1 + x_{i_\varkappa})^{a_\varkappa} \neq 1$$

zu zeigen.

Nach der binomischen Formel ist

$$(1 + x_{i_1})^{a_1} \cdots (1 + x_{i_\varkappa})^{a_\varkappa} = \sum x_{i_1}^{b_1} \cdots x_{i_\varkappa}^{b_\varkappa} \prod_{\nu=1}^{\varkappa} \binom{a_\nu}{b_\nu}, \tag{4.1}$$

wobei die Summe über alle $\varkappa$-tupel $[b_1, \ldots, b_\varkappa]$ von ganzen Zahlen zu erstrecken ist.

Die Charakteristik von Λ sei gleich n, und q sei ein Primteiler von n. Setzt man dann b_ν gleich der höchsten Potenz von q, die a_ν teilt, so wird $\binom{a_\nu}{b_\nu} \not\equiv 0 \pmod{q}$, und in (4.1) gibt es mindestens ein von 1 verschiedenes Glied, das nicht verschwindet. □

Satz 4.5. *Die in* § 4.1 *definierte Abbildung φ ist injektiv.*

Beweis. Die Behauptung ist gleichbedeutend mit

$$\bigcap \mathfrak{U} = \{1\}.$$

Es sei zunächst I endlich. Wir bezeichnen mit B das Ideal von $(Z/pZ)(I)$ aller Potenzreihen mit verschwindendem absolutem Glied, allgemeiner sei B^ν das Ideal aller Potenzreihen, deren sämtliche Glieder mindestens den Grad ν haben. Offensichtlich ist $(Z/pZ)(I)/B^\nu$ für alle $\nu \geqq 0$ eine Potenz von p und $\bigcap_{\nu=1}^{\infty} B^\nu = \{0\}$.

Es sei

$$N_\nu = \{w \in F_I | \psi(w) - 1 \in B^\nu\}. \tag{4.2}$$

N_ν ist Normalteiler von F_I, und wegen Hilfssatz 4.4 ist $\bigcap N_\nu = \{1\}$. Wir zeigen schließlich durch Induktion über ν, daß der Index von N_ν in F_I eine p-Potenz ist. Für $\nu = 1$ ist $N_1 = F_I$. Weiter induziert ψ einen Monomorphismus von $N_\nu/N_{\nu+1}$ in $B^\nu/B^{\nu+1}$. Daraus folgt die Behauptung.

Wenn I unendlich ist, betrachtet man die Menge aller Normalteiler $N_{\nu,J}$ von F_I, die von den Mengen

$$N_\nu(J), \quad \{s_i | i \in I - J\}$$

erzeugt werden, wobei J eine endliche Teilmenge von I und $N_\nu(J)$ die Gruppe (4.2) für die Indexmenge J ist. Offenbar gehört $N_{\nu,J}$ zu $\mathfrak{U}$, und es gilt

$$\bigcap_{\nu,J} N_{\nu,J} = \{1\}.$$

Daraus folgt die Behauptung.□

Wir haben also eine Einlagerung φ von F_I in $F(I)$ und identifizieren daher F_I mit $\varphi(F_I)$. Insbesondere ist $\{s_i | i \in I\}$ minimales Erzeugendensystem von $F(I)$.

4.3. Abelsche Pro-p-Gruppen

Nach der Pontrjaginschen Dualität zwischen kompakten und diskreten Gruppen entsprechen den abelschen Pro-p-Gruppen die diskreten abelschen p-primären Torsionsgruppen.

Es sei G eine abelsche Pro-p-Gruppe mit der Periode p. Dann ist die duale Gruppe ein diskreter Vektorraum V über Z/pZ. Weiter sei $\{\chi_i | i \in I\}$ eine Basis von V. Die Elemente $s_i \in G$, $i \in I$, mit

$$\langle s_i, \chi_j \rangle = \delta_{ij}$$

bilden ein minimales Erzeugendensystem von G, und G ist isomorph zu $\prod_I Z/pZ$.

Eine beliebige Pro-p-Gruppe G kann als Z_p-Operatorengruppe erklärt werden. Für $a = \lim_{\nu\to\infty} a_\nu \in Z_p$, $a_\nu \in Z$, und $g \in G$ setzt man

$$g^a = \lim_{\nu\to\infty} g^{a_\nu}.$$

Wie man leicht sieht, ist diese Definition unabhängig von der Wahl der Folge $\{a_\nu\}$, und es gelten die Regeln:

$$g^{a+b} = g^a g^b,$$

$$(g^a)^b = g^{ab} \quad \text{für} \quad g \in G, \quad a, b \in \boldsymbol{Z},$$

und wenn G kommutativ ist, gilt

$$(g_1 g_2)^a = g_1^a g_2^a \quad \text{für} \quad g_1, g_2 \in G, \quad a \in \boldsymbol{Z}_p.$$

4.4. Erste Charakterisierung der freien Pro-p-Gruppen

Wir beweisen zunächst einige im folgenden benötigte Sätze über Pro-p-Gruppen.

Satz 4.6. *Es sei $F(I)$ die freie Pro-p-Gruppe mit dem Erzeugendensystem $\{s_i | i \in I\}$, G eine Pro-p-Gruppe und $\{t_i | i \in I\}$ eine Teilmenge von G mit der Eigenschaft, daß in jeder Umgebung der Einheit von G fast alle Elemente aus $\{t_i | i \in I\}$ liegen.*

Dann gibt es genau einen Morphismus φ von $F(I)$ in G mit

$$\varphi(s_i) = t_i \quad \textit{für} \quad i \in I. \tag{4.3}$$

Beweis. Die Eindeutigkeit von φ ergibt sich daraus, daß φ durch (4.3) festgelegt ist.

Zum Beweis der Existenz von φ bemerken wir zunächst, daß die Zuordnung (4.3) eindeutig zu einem Homomorphismus von F_I in G fortgesetzt werden kann.

Weiter sei $\Phi(U)$ für $U \in \mathfrak{U}_G$ der Kern der induzierten Abbildung

$$F_I \to G/U.$$

$\Phi(U)$ liegt offenbar in $\mathfrak{U}$. Bezeichnet Φ_U den induzierten Morphismus

$$F_I/\Phi(U) \to G/U,$$

so ist $\{\Phi, \Phi_U | U \in \mathfrak{U}_G\}$ ein Morphismus der projektiven Systeme $\{F_I/V | V \in \mathfrak{U}\}$ und $\{G/U | U \in \mathfrak{U}_G\}$. Dem entspricht nach § 1.1 ein Morphismus

$$F(I) = \varprojlim F_I/V \to \varprojlim G/U \cong G,$$

der $\prod_{V \in \mathfrak{U}} wV$ auf $\prod_{U \in \mathfrak{U}_G} \varphi(w)\, U$ für $w \in F_I$ abbildet. Dieser Morphismus leistet das Verlangte. □

Für jede Pro-p-Gruppe G bezeichnen wir mit G^* den Normalteiler von G, der von allen p-ten Potenzen und Kommutatoren von Elementen aus G erzeugt wird. G^* ist der kleinste Normalteiler N von G, für den G/N abelsch mit der Periode p ist.

Satz 4.7. *Es seien G_1, G_2 Pro-p-Gruppen, und φ sei ein Morphismus von G_1 in G_2. φ ist genau dann surjektiv, wenn die durch φ induzierte Abbildung φ_* von G_1/G_1^* in G_2/G_2^* surjektiv ist.*

Beweis. Ist $\varphi(G_1) \neq G_2$, dann gibt es einen offenen Normalteiler U von G_2 mit

$$\varphi(G_1)\, U/U \neq G_2/U.$$

Nach einem Satz über endliche p-Gruppen (siehe etwa M. HALL [1], chap. 12) ist $\varphi(G_1)\, U/U$ dann in einem Normalteiler G'/U vom Index p in G_2/U enthalten. Es folgt $G_2^* \subset G'$ und

$$\varphi_*(G_1/G_1^*) \subset G'/G_2^*,$$

d. h., φ_* ist nicht surjektiv. Umgekehrt ist mit φ offenbar auch φ_* surjektiv.□

Wir kommen nun zu der gewünschten Charakterisierung der freien Pro-p-Gruppen.

Satz 4.8. *Es sei G eine Pro-p-Gruppe. Folgende Bedingungen sind äquivalent:*

(I) *G ist freie Pro-p-Gruppe,*

(II) *Jede Gruppenerweiterung von G mit einer Pro-p-Gruppe H zerfällt.*

(III) *G ist projektives Objekt in der Kategorie aller Pro-p-Gruppen.*

Beweis. Aus (I) folgt (II):
Es sei G freie Pro-p-Gruppe mit dem Erzeugendensystem $\{s_i | i \in I\}$,

$$1 \to H \to \bar{H} \underset{\varphi}{\to} G \to 1 \tag{4.4}$$

eine Gruppenerweiterung und σ ein stetiger Schnitt von G in $\bar{H}$. Auf die freie Gruppe G, auf $\bar{H}$ und die Teilmenge $\{\sigma s_i | i \in I\}$ können wir Satz 4.6 anwenden. Es gibt daher einen Morphismus σ' von G in $\bar{H}$ mit $\varphi\sigma' = 1$, d. h., (4.4) zerfällt.
Aus (II) folgt (III):
Es sei

$$\begin{array}{ccccc} & & G & & \\ & & \downarrow & & \\ G_2 & \longrightarrow & G_1 & \longrightarrow & 1 \end{array} \tag{4.5}$$

ein exaktes Diagramm von Pro-p-Gruppen. Nach § 1.1 können wir (4.5) ergänzen zu

$$\begin{array}{ccccc} G_2 \times_{G_1} G & \xrightarrow{\varphi} & G & & \\ \downarrow{\scriptstyle\varphi_2} & & \downarrow & & \\ G_2 & \longrightarrow & G_1 & \longrightarrow & 1 \end{array}$$

wobei φ surjektiv ist. Daher gibt es nach Voraussetzung einen Morphismus $\psi: G \to G_2 \times_{G_1} G$ mit $\varphi\psi = 1$. Dann ist $\varphi_2\psi$ der gesuchte Morphismus.
Aus (III) folgt (I):
G genüge der Bedingung (III). G/G^* ist nach § 4.3 für ein gewisses I isomorph zu $\prod_{i \in I} \boldsymbol{Z}/p\boldsymbol{Z}$, und nach Satz 4.6 gibt es einen Morphismus von $F(I)$ auf $\prod_{i \in I} \boldsymbol{Z}/p\boldsymbol{Z}$ mit

dem Kern $F(I)^*$. Nach Voraussetzung gibt es dann einen Morphismus φ von G in $F(I)$, der das Diagramm

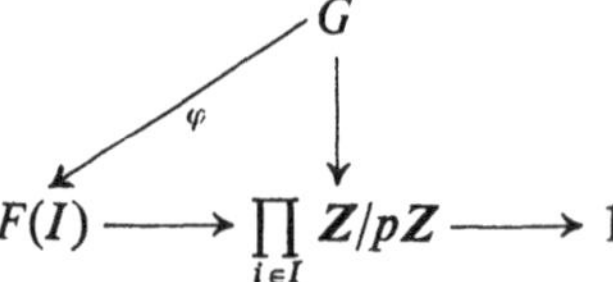

kommutativ macht.

Da

$$\varphi^*: G/G^* \to F(I)/F(I)^*$$

ein Isomorphismus ist, ist φ nach Satz 4.7 surjektiv. Da $F(I)$ frei ist, gibt es also einen Morphismus ψ von $F(I)$ in G mit $\varphi\psi = 1$. ψ ist ebenfalls surjektiv und daher ein Isomorphismus, d. h., G ist isomorph zu $F(I)$.□

Wir ziehen noch zwei Folgerungen aus Satz 4.8.

Satz 4.9. *Es sei G eine Pro-p-Gruppe und*

$$\theta: \prod_{i \in I} \boldsymbol{Z}/p\boldsymbol{Z} \to G/G^* \tag{4.6}$$

für eine gewisse Indexmenge I ein Epimorphismus. Dann gibt es einen Epimorphismus von $F(I)$ auf G, der θ induziert. Jedes Erzeugendensystem von G/G^* läßt sich auf ein Erzeugendensystem von G fortsetzen.

Beweis. Nach Bedingung (III) in Satz 4.8 gibt es einen Morphismus φ von $F(I)$ in G, der das Diagramm

das man mit Hilfe von (4.6) erhält, kommutativ macht. Nach Satz 4.7 ist φ surjektiv.

Es sei nun $\{t_i | i \in I\}$ ein Erzeugendensystem von G/G^*. Dann gibt es einen eindeutig bestimmten Epimorphismus von $F(I)$ auf G/G^*, der für alle $i \in I$ die Erzeugende s_i von $F(I)$ in t_i überführt. $\{\varphi s_i | i \in I\}$ ist daher ein Erzeugendensystem von G, das $\{t_i | i \in I\}$ fortsetzt.□

Satz 4.10 (Burnsidescher Basissatz). *Es sei G eine Pro-p-Gruppe und $E = \{s_i | i \in I\}$ eine Teilmenge von G mit der Eigenschaft, daß in jeder Umgebung der Einheit von G fast alle Elemente von E enthalten sind.*

E ist genau dann Erzeugendensystem von G, wenn $\{s_i G^* | i \in I\}$ Erzeugendensystem von G/G^* ist.

Beweis. Es sei $\{s_i G^* | i \in I\}$ Erzeugendensystem von G/G^*. Dem Erzeugendensystem E entspricht ein Morphismus φ von $F(I)$ in G, der einen Epimorphismus von $F(I)/F(I)^*$ auf G/G^* induziert. Daher ist φ nach Satz 4.7 surjektiv, d. h., $\{s_i | i \in I\}$ erzeugt G.□

4.5. Zweite Charakterisierung der freien Pro-p-Gruppen

Die abelsche Gruppe $\boldsymbol{Z}/p\boldsymbol{Z}$ hat nur Automorphismen von zu p primer Ordnung. Eine Pro-p-Gruppe G wirkt daher auf $\boldsymbol{Z}/p\boldsymbol{Z}$ immer trivial.

Für die im folgenden häufig auftretende Gruppe $H^n(G, \boldsymbol{Z}/p\boldsymbol{Z})$ führen wir die Abkürzung

$$H^n(G, \boldsymbol{Z}/p\boldsymbol{Z}) = H^n(G)$$

ein.

Für eine abelsche Pro-p-Gruppe G mit der Periode p ist $H^1(G)$ die duale Gruppe. Daher läßt sich Satz 4.7 auch folgendermaßen formulieren.

Satz 4.11. *Es seien G_1, G_2 Pro-p-Gruppen und φ ein Morphismus von G_1 in G_2. Die Abbildung φ ist genau dann surjektiv, wenn die induzierte Abbildung φ^* von $H^1(G_2)$ in $H^1(G_1)$ injektiv ist.*

Wir geben nun eine kohomologische Charakterisierung der freien Pro-p-Gruppen.

Satz 4.12. *Eine Pro-p-Gruppe G ist genau dann frei, wenn $H^2(G) = \{0\}$ ist.*

Zum Beweis von Satz 4.12 beweisen wir zunächst zwei Hilfssätze.

Hilfssatz 4.13. *Es sei $A \neq \{1\}$ eine endliche p-Gruppe, G eine Untergruppe der Automorphismengruppe von A von p-Potenzordnung. Dann ist $A^G \neq \{1\}$.*

Beweis. Wir zerlegen A in disjunkte Teilmengen der Form

$$Ga = \{ga | g \in G\}, \quad a \in A.$$

Die Anzahl der Elemente in Ga ist gleich 1, wenn a invariant ist, und ein Vielfaches von p, wenn a nicht invariant ist. Die Anzahl der invarianten Elemente ist daher durch p teilbar. Daraus folgt die Behauptung.□

Hilfssatz 4.14. *Es sei G eine Pro-p-Gruppe und $H \neq \{1\}$ ein Normalteiler von G. Dann gibt es einen Normalteiler H' von G mit $H' \subset H$, $[H : H'] = p$.*

Beweis. Wegen $H \neq \{1\}$ gibt es in H einen echten offenen Normalteiler H''. Da die Topologie in H durch die Topologie in G induziert wird, können wir ohne Beschränkung der Allgemeinheit annehmen, daß H'' Normalteiler von G ist. Es sei H' eine maximale Untergruppe von H, die Normalteiler von G ist. Dann ist $[H : H'] = p$. Angenommen, es wäre $[H : H'] > p$. Die Gruppe H/H' ist eine endliche p-Gruppe, auf die G durch Konjugation wirkt. Nach Hilfssatz 4.14 gibt es eine Untergruppe H_1/H' von H/H' der Ordnung p, die bei G invariant ist, im Widerspruch zur Maximalität von H'. □

Wir kommen nun zum Beweis von Satz 4.12.

Aus Satz 4.8, Bedingung (II), und § 3.2 folgt $H^2(G) = \{0\}$ für eine freie Pro-p-Gruppe G.

Ist umgekehrt G eine Pro-p-Gruppe mit $H^2(G) = \{0\}$ und

$$\theta: \prod_I \boldsymbol{Z}/p\boldsymbol{Z} \to G/G^*$$

für eine gewisse Indexmenge I ein Isomorphismus, dann gibt es nach Satz 4.9 einen Morphismus φ von $F(I)$ auf G, der θ induziert. Es sei Ker $\varphi = H$. Angenommen, es wäre $H \neq \{1\}$, dann gibt es nach Hilfssatz 4.14 einen Normalteiler H' von G mit $[H : H'] = p$.

Es sei $G' = F(I)/H'$. Wegen $H^2(G) = \{0\}$ zerfällt die durch φ induzierte Gruppenerweiterung

$$0 \to \boldsymbol{Z}/p\boldsymbol{Z} \to G' \to G \to 1,$$

d. h., es gilt

$$G' \cong \boldsymbol{Z}/p\boldsymbol{Z} \times G. \tag{4.7}$$

In dem kommutativen Diagramm

$$\begin{array}{ccccc} F(I) & \longrightarrow & G' & \longrightarrow & G \\ \downarrow & & \downarrow & & \downarrow \\ \prod_I \boldsymbol{Z}/p\boldsymbol{Z} & \longrightarrow & G'/G'^* & \longrightarrow & G/G^* \end{array}$$

sind die Morphismen der zweiten Zeile Isomorphismen, im Widerspruch zu (4.7). □

Beispiel 4.15. Die Faktorgruppe der freien Pro-p-Gruppe $F(I)$ nach ihrer Kommutatorgruppe ist isomorph zu $\prod_I \boldsymbol{Z}_p$.

§ 5. KOHOMOLOGISCHE DIMENSION

Die kohomologische Dimension einer Pro-p-Gruppe ist genau dann gleich 1, wenn G frei ist. Allgemein mißt die kohomologische Dimension, wie weit eine Pro-p-Gruppe davon entfernt ist, frei zu sein.

5.1. Definition der kohomologischen Dimension

Definition 5.1. Eine Pro-p-Gruppe G hat die kohomologische Dimension $\operatorname{cd} G = n$, wenn $n \geqq 0$ minimal mit $H^n(G) \neq \{0\}$ und $H^{n+1}(G) = \{0\}$ ist. Wenn $H^n(G) \neq \{0\}$ für alle natürlichen Zahlen n ist, setzen wir $\operatorname{cd} G = \infty$.

Diese Definition wird motiviert durch den folgenden

Satz 5.2. *Es sei G eine Pro-p-Gruppe mit* $\operatorname{cd} G \leqq n$. *Dann ist* $H^\nu(G, A) = \{0\}$ *für alle $\nu > n$ und alle Torsionsmoduln A.*

Beweis. Ein Torsionsmodul ist induktiver Limes seiner endlichen Teilmoduln; daher kann man sich nach Satz 3.17 auf endliche G-Moduln A beschränken.

Der Modul A zerfällt in die direkte Summe $A_p + \bar{A}_p$, wobei A_p bzw. $\bar{A}_p$ der Modul aller Elemente von p-Potenzordnung bzw. von zu p primer Ordnung ist. Daher ist nach Satz 3.6

$$H^m(G, A) = H^m(G, A_p) + H^m(G, \bar{A}_p).$$

Wegen Satz 3.20 ist $H(G, \bar{A}_p) = \{0\}$ für $m \geqq 1$. Man kann sich daher auf endliche p-primäre Moduln A beschränken.

Für diese gibt es eine Kompositionsreihe

$$\{0\} \subset A_1 \subset A_2 \subset \cdots \subset A_s = A,$$

deren Faktoren $A_{\nu+1}/A_\nu$ wegen Hilfssatz 4.13 isomorph zu $\mathbf{Z}/p\mathbf{Z}$ sind. Daraus folgt $H^{n+1}(G, A) = \{0\}$ induktiv auf Grund von Satz 3.5.

Durch Dimensionsverschiebung ergibt sich schließlich $H^\nu(G, A) = \{0\}$ für $\nu > n$. □

Als Folgerung erhält man

Satz 5.3. *Ist G eine Pro-p-Gruppe und H eine Untergruppe von G, dann gilt*

$$\operatorname{cd} H \leqq \operatorname{cd} G.$$

Beweis. Nach Satz 3.9 ist

$$H^m(H, \mathbf{Z}/p\mathbf{Z}) = H^m(G, M_G^H(\mathbf{Z}/p\mathbf{Z})) = \{0\}$$

für $m > \operatorname{cd} G$.□

5.2. Euler-Poincarésche Charakteristik

Für eine endliche Gruppe A der Ordnung p^ν setzen wir $\dim A = \nu$. Wir definieren die *Euler-Poincarésche Charakteristik* $\chi(G)$ für eine Pro-p-Gruppe G endlicher kohomologischer Dimension mit $\dim H^n(G) < \infty$ für alle $n \geqq 1$ durch

$$\chi(G) = \sum_{n=0}^{\infty} (-1)^n \dim H^n(G).$$

Für einen G-Modul A von p-Potenz-Ordnung setzen wir entsprechend

$$\chi(G, A) = \sum_{n=0}^{\infty} (-1)^n \dim H^n(G, A).$$

Es sei

$$0 \to A_1 \to A_2 \to A_3 \to 0$$

eine exakte Sequenz von G-Moduln mit p-Potenz-Ordnung. Die zugehörige Kohomologiesequenz liefert

$$\chi(G, A_2) = \chi(G, A_1) + \chi(G, A_3).$$

Für einen G-Modul der Ordnung p^s folgt daraus analog zum Beweis von Satz 5.2

$$\chi(G, A) = s\chi(G). \tag{5.1}$$

Satz 5.4. *Ist G eine Pro-p-Gruppe mit Euler-Poincaréscher Charakteristik und H eine Untergruppe von G von endlichem Index, dann ist*

$$\chi(H) = [G : H]\,\chi(G).$$

Beweis. Aus Satz 3.9 und (5.1) folgt

$$\chi(H) = \chi(G, M_G(\mathbf{Z}/p\mathbf{Z})) = [G : H]\,\chi(G).$$□

Wir wollen jetzt eine Umkehrung von Satz 5.4 beweisen und definieren dazu die *partielle Euler-Poincarésche Charakteristik* $\chi_n(G, A)$.

Ist G eine Pro-p-Gruppe, für die

$$\dim H^\nu(G) < \infty \quad \text{für} \quad 0 \leqq \nu \leqq n$$

gilt, dann setzen wir

$$\chi_n(G) = \sum_{\nu=0}^{n} (-1)^\nu \dim H^\nu(G)$$

und für einen G-Modul A von p-Potenzordnung

$$\chi_n(G, A) = \sum_{\nu=0}^{n} (-1)^\nu \dim H^\nu(G, A).$$

Induktion über die Kompositionsreihe von A zusammen mit der Kohomologiesequenz liefert

$$(-1)^n \chi_n(G, A) \leqq (-1)^n \dim A \cdot \chi_n(G). \tag{5.2}$$

Satz 5.5. *Es sei G eine Pro-p-Gruppe mit partieller Euler-Poincaréscher Charakteristik $\chi_n(G)$, $\mathfrak{U}$ eine Menge von offenen Untergruppen von G, die ein volles Umgebungssystem der Einheit von G bilden, und*

$$\chi_n(U) = [G: U]\, \chi_n(G) \tag{5.3}$$

für alle $U \in \mathfrak{U}$.

Dann ist cd $G \leqq n$.

Beweis. Wir haben $H^{n+1}(G) = \{0\}$ zu zeigen.

Es sei $\bar{a} \in H^{n+1}(G)$, $a \in K^{n+1}(G, \boldsymbol{Z}/p\boldsymbol{Z})$. Es gibt eine offene Untergruppe $U \in \mathfrak{U}$ von G, so daß a nur von den Nebenklassen von G nach U abhängt. Dem kommutativen Diagramm

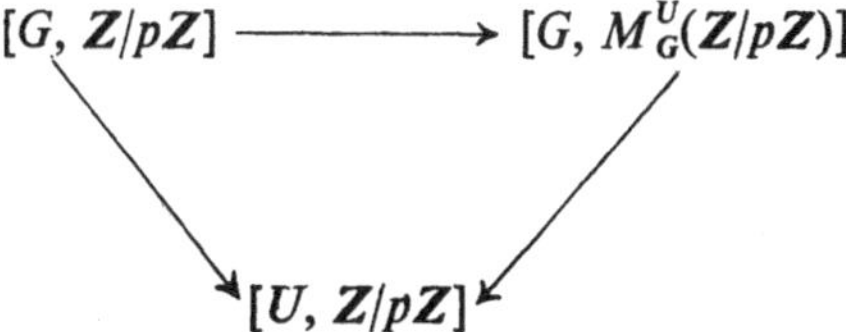

über der Kategorie $\mathscr{C}$ entspricht das kommutative Diagramm

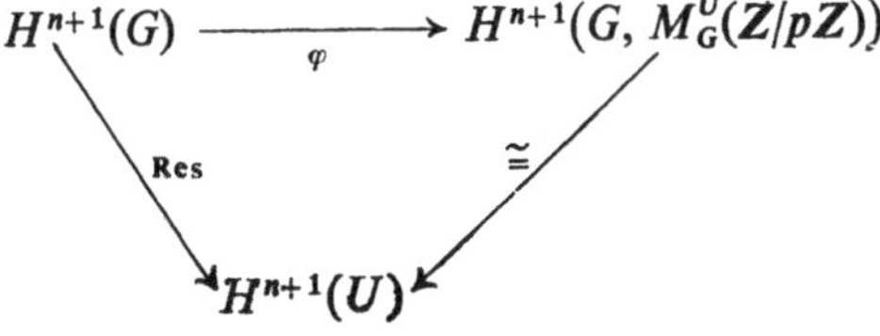

Wegen der Wahl von U ist Res $\bar{a} = 0$ und daher $\varphi\bar{a} = 0$.

Der exakten Sequenz

$$0 \to \boldsymbol{Z}/p\boldsymbol{Z} \to M_G^U(\boldsymbol{Z}/p\boldsymbol{Z}) \to A \to 0$$

entspricht die Kohomologiesequenz

$$0 \to H^0(G) \to \cdots \to H^n(G, A) \to \operatorname{Ker} \varphi \to 0.$$

Daraus folgt

$$\dim \operatorname{Ker} \varphi = (-1)^n (\chi_n(G) + \chi_n(G, A) - \chi_n(G, M_G^U(\mathbf{Z}/p\mathbf{Z})). \tag{5.4}$$

Nach Satz 3.9 und (5.3) ist

$$\chi_n(G, M_G^U(\mathbf{Z}/p\mathbf{Z})) = [G : U]\, \chi_n(G).$$

Zusammen mit der Abschätzung (5.2) erhält man daher $\dim \operatorname{Ker} \varphi \leqq 0$, d. h. $\operatorname{Ker} \varphi = 0$, woraus $\bar{a} = 0$ folgt.□

§6. DARSTELLUNG EINER PRO-p-GRUPPE MIT HILFE VON ERZEUGENDEN UND RELATIONEN

Eine der wichtigsten Methoden zur Konstruktion der Pro-p-Gruppen ist die Methode der Erzeugenden und Relationen. Insbesondere werden wir in dieser Form die Galoisschen Gruppen von p-Erweiterungen darstellen.

6.1. Der Erzeugendenrang

Definition 6.1. Der *Erzeugendenrang* $d(G)$ einer Pro-p-Gruppe G wird definiert als die Dimension von $H^1(G)$ als Vektorraum über $\mathbf{Z}/p\mathbf{Z}$.

Diese Definition wird motiviert durch den folgenden

Satz 6.2. *Es sei G eine Pro-p-Gruppe. Die Mächtigkeit eines beliebigen minimalen Erzeugendensystems von G ist gleich* $d(G)$.

Beweis. Es sei $\{s_i | i \in I\}$ ein minimales Erzeugendensystem von G. Nach Satz 4.11 ist $s_i G^*$ minimales Erzeugendensystem von G/G^*. Die Zuordnung

$$1_i \to s_i G^*, \quad i \in I,$$

induziert daher einen Isomorphismus von $\prod_I \mathbf{Z}/p\mathbf{Z}$ auf G/G^*. Durch Dualisierung erhält man

$$H^1(G) \cong \sum_I \mathbf{Z}/p\mathbf{Z}$$

und damit $\dim H^1(G) = \operatorname{card} I$.□

Beispiel 6.3. Für eine freie Gruppe F mit endlich vielen Erzeugenden wird

$$\chi(F) = 1 - d(F).$$

Für eine Untergruppe U von endlichem Index in F wird daher nach Satz 5.4

$$d(U) = [F:U]\,\big(d(F) - 1\big) + 1.$$

Das ist das Analogon zum Satz von Schreier über die Untergruppen einer diskreten freien Gruppe. Allgemein hat jede Untergruppe von endlichem Index in einer Pro-p-Gruppe von endlichem Erzeugendenrang wieder endlichen Erzeugendenrang.

Beispiel 6.4. Nach Satz 6.2 haben alle minimalen Erzeugendensysteme einer Pro-p-Gruppe gleiche Mächtigkeit. Ein entsprechender Satz für diskrete Gruppen gilt nicht, wie man sich leicht am Beispiel der unendlichen zyklischen Gruppe klar macht.

6.2. Relationensysteme

Definition 6.5. Es sei G eine Pro-p-Gruppe. Eine exakte Sequenz

$$1 \to R \to F \xrightarrow[\varphi]{} G \to 1, \tag{6.1}$$

wobei F eine freie Pro-p-Gruppe mit dem Erzeugendensystem $\{t_i | i \in I\}$ ist, heißt eine *Darstellung* von G mit Hilfe von F. Wenn $\{\varphi t_i | i \in I\}$ ein minimales Erzeugendensystem von G ist, heißt die Darstellung *minimal*.

Eine Teilmenge E von R heißt (*erzeugendes*) *Relationensystem* von G (bezüglich der Darstellung (6.1)), wenn

(I) R von E als Normalteiler von F erzeugt wird,

(II) in jedem offenen Normalteiler von R fast alle Elemente aus E enthalten sind.

E heißt *minimal*, wenn keine Teilmenge von E Relationensystem von G ist.

Es sei jetzt $\{G_i | i \in I\}$ eine Familie von Pro-p-Gruppen, $\{\varphi_i | i \in I\}$ eine Familie von Morphismen φ_i von G_i in eine Pro-p-Gruppe G, und für jedes i sei T_i ein Normalteiler von G_i, wobei G_i/T_i freie Pro-p-Gruppe ist. $\{\varphi_i | i \in I\}$ heißt *zulässig* bezüglich $\{T_i | i \in I\}$, wenn in jedem offenen Normalteiler von G fast alle $\varphi_i(T_i)$ liegen.

Beispiel 6.6. Ist I endlich und $T_i = G_i$, dann ist $\{\varphi_i | i \in I\}$ zulässig.

Satz 6.7. *Die Voraussetzungen seien die gleichen wie in Definition* 6.5. $\{\varphi_i | i \in I\}$ *sei zulässig bezüglich* $\{T_i | i \in I\}$. *Weiter sei für jedes* $i \in I$ *eine Darstellung*

$$1 \to R_i \to F_i \xrightarrow[\psi_i]{} G_i \to 1 \tag{6.2}$$

gegeben.

Dann gibt es Morphismen χ_i *von* F_i *in* F *mit den Einschränkungen* $\bar{\chi}_i$ *auf* R_i, *so daß die Diagramme*

$$\begin{array}{ccccc} R_i & \longrightarrow & F_i & \xrightarrow{\psi_i} & G_i \\ \downarrow{\scriptstyle \bar{\chi}_i} & & \downarrow{\scriptstyle \chi_i} & & \downarrow{\scriptstyle \varphi_i} \\ R & \longrightarrow & F & \longrightarrow & G \end{array} \tag{6.3}$$

kommutativ sind und $\{\bar{\chi}_i | i \in I\}$ *bezüglich* $\{R_i | i \in I\}$ *zulässig ist. Wir sprechen in diesem Fall von einer zulässigen Darstellung von* $\{\varphi_i | i \in I\}$.

Beweis. Ist σ ein stetiger Schnitt von G in F mit $\sigma(1) = 1$ und $\{t_k | k \in I_i\}$ Erzeugendensystem der freien Pro-p-Gruppe F_i, wobei die Bilder von t_k bei der Abbildung θ_i:

$F_i \to G_i/T_i$ für eine Teilmenge I_i^1 von I_i ein freies Erzeugendensystem von G_i/T_i bilden und für $k \in I_i^2 = I_i - I_i^1$ auf 1 abgebildet werden. Dann ist ein Morphismus χ_i von F_i in F gegeben durch

$$\chi_i(t_k) = \sigma\varphi_i\psi_i(t_k), \quad t_k \in I_i. \tag{6.4}$$

(6.3) ist für χ_i kommutativ.

Es sei weiter N ein offener Normalteiler von F. Die Mengen $\varphi(N)$ und $\sigma^{-1}(N)$ sind offene Umgebungen der Einheit von G. Ihr Durchschnitt enthält daher einen offenen Normalteiler U von G.

Nach Voraussetzung gilt für fast alle $i \in I$

$$\varphi_i(T_i) \subset U. \tag{6.5}$$

Es sei i ein Index mit (6.5). Wegen (6.4) ist

$$\chi_i(t_k) \in \sigma(U) \subset N$$

für alle $k \in I_i^2$. Daraus folgt $\chi_i(\operatorname{Ker}\theta_i) \subset N$, und wegen $R_i \subset \operatorname{Ker}\theta_i$ ist $\bar{\chi}_i(R_i) \subset R \cap N$. Da in jeder Umgebung der Einheit von R eine Gruppe $R \cap N$ enthalten ist, folgt hieraus die Behauptung. □

Es sei $\{\varphi_i | i \in I\}$ bezüglich $\{T_i | i \in I\}$ zulässig. Wir betrachten die induzierten Abbildungen $\varphi_i^*\colon H^\nu(G) \to H^\nu(G_i)$. Für $\alpha \in H^\nu(G)$, $\nu \geqq 2$, ist $\varphi_i^*\alpha = 0$ für fast alle i.

Es sei nämlich f ein Kozyklus aus α. f hängt nur von den Restklassen von G bezüglich eines offenen Normalteilers U von G ab. Ist i ein Index mit $\varphi_i T_i \subset U$, dann induziert f einen Kozyklus aus $K^\nu(G_i)$, der nur von den Restklassen von G_i bezüglich T_i abhängt und daher von einem Kozyklus aus $K^\nu(G_i/T_i)$ induziert wird. Da G_i/T_i frei ist, verschwindet $H^\nu(G_i/T_i)$ und daher auch $\varphi_i^*\alpha$.

Es sei $\{\chi_i | i \in I\}$ eine Familie von Morphismen, die (6.3) kommutativ macht, und $\{\bar{\chi}_i | i \in I\}$ sei bezüglich $\{R_i | i \in I\}$ zulässig. Für fast alle $i \in I$ ist das Bild eines $\bar{f} \in H^1(R)$ bei der induzierten Abbildung

$$H^1(R) \to H^1(R_i)$$

gleich 0. Es sei nämlich U ein offener Normalteiler von R, auf dem f konstant ist. Für fast alle $i \in I$ haben wir eine natürliche Faktorisierung

$$R_i \to U \to R$$

und dementsprechend

$$H^1(R) \to H^1(U) \to H^1(R_i).$$

Daraus folgt die Behauptung, weil das Bild von f in $H^1(U)$ verschwindet. Die Abbildung

$$\chi^*\colon H^1(R) \to \sum_{i \in I} H^1(R_i) \tag{6.6}$$

ist also wohldefiniert. Es gilt

Satz 6.8. *Die Gruppen* $\chi_i(R_i)$, $i \in I$, *erzeugen* R *als Normalteiler von* F *genau dann, wenn die Einschränkung von* χ^* *auf* $H^1(R)^G$ *injektiv ist.*

Zum Beweis von Satz 6.8 benötigen wir den folgenden

Hilfssatz 6.9. *Es sei* G *eine beliebige Pro-p-Gruppe und* A *ein p-primärer G-Modul. Aus* $A^G = \{0\}$ *folgt* $A = \{0\}$.

Beweis. Jedes $a \in A$ erzeugt einen endlichen G-Modul A_0. Wäre $A_0 \neq \{0\}$, so wäre nach Hilfssatz 4.14 auch $A_0^G \neq \{0\}$ im Widerspruch zur Voraussetzung.□

Wir kommen nun zum Beweis von Satz 6.8. Es sei f ein Homomorphismus aus $H^1(R)^G$, dessen Bild bei χ verschwindet. Wenn R als Normalteiler von F von den Gruppen $\chi_i(R_i)$ erzeugt wird, ist $f((\chi_i R_i)) = \{0\}$. Da f bei $h \in F$ invariant ist, gilt auch $f(h\chi_i(R)\,h^{-1}) = \{0\}$ und daher $f(R) = \{0\}$, d. h. $f = 0$.

Umgekehrt sei jetzt χ injektiv und R' der von $\chi_i(R_i)$, $i \in I$, erzeugte Normalteiler von F. Die Inklusion $R' \subset R$ induziert einen Homomorphismus $\varphi\colon H^1(R) \to H^1(R')$, der die Abbildung (6.6) faktorisiert:

$$H^1(R) \underset{\varphi}{\longrightarrow} H^1(R') \to \sum_{i \in I} H^1(R_i).$$

Nach Voraussetzung liegen daher in Ker φ keine von 0 verschiedenen Elemente, die bei G invariant sind. Aus Hilfssatz 6.9 folgt nun Ker $\varphi = \{0\}$, und wegen Satz 4.12 ist $R = R'$.□

Wir kommen nun zum Hauptergebnis dieses Abschnittes. Dazu definieren wir zunächst den Begriff der Ergänzungsmenge.

Definition 6.10. $E \subset R$ heißt *Ergänzungsmenge* von $\{\chi_i | i \in I\}$, wenn

(I) E zusammen mit $\bigcup_{i \in I} \chi_i(R_i)$ die Gruppe R als Normalteiler von F erzeugt,

(II) in jeder Umgebung der Einheit von R fast alle Elemente von E enthalten sind.

Die Menge E heißt minimal, wenn keine Teilmenge von E Ergänzungsmenge ist. Für leeres I ist eine Ergänzungsmenge das gleiche wie ein Relationensystem.

Satz 6.11. *Es sei* $\{\varphi_i | i \in I\}$ *eine zulässige Familie von Morphismen* φ_i *von* G_i *in* G *bezüglich* $\{T_i | i \in I\}$, *und es sei eine zulässige Darstellung von* $\{\varphi_i | i \in I\}$ *gegeben, wobei die Darstellungen von* G_i *und* G *minimal seien*:

$$\begin{array}{ccccccccc} 1 & \longrightarrow & R_i & \longrightarrow & F_i & \longrightarrow & G_i & \longrightarrow & 1 \\ & & \downarrow{\scriptstyle \bar{\chi}_i} & & \downarrow{\scriptstyle \chi_i} & & \downarrow{\scriptstyle \varphi_i} & & \\ 1 & \longrightarrow & R & \longrightarrow & F & \longrightarrow & G & \longrightarrow & 1 \end{array}$$

Weiter sei E *eine minimale Ergänzungsmenge von* $\{\chi_i | i \in I\}$ *und* φ^* *die induzierte Abbildung*

$$H^2(G) \to \sum_{i \in I} H^2(G_i).$$

Dann gilt

$$\dim \operatorname{Ker} \varphi^* = \operatorname{card} E.$$

Beweis. Ist $R_j = F_j$ für $j \in E$ die von j erzeugte Untergruppe von F und χ_j die Inklusion $F_j \subset F$, dann ist $\{\chi_j | j \in I \cup E\}$ zulässig, und $\bigcup\limits_{j \in I \cup E} \chi_j(R_j)$ erzeugt R als Normalteiler von F. Nach Satz 6.8 ist die induzierte Abbildung

$$H^1(R)^G \to \sum_{j \in I \cup E} H^1(R_j)$$

also injektiv. Wir betrachten nun das kommutative Diagramm

$$\begin{array}{ccc} H^1(R)^G & \longrightarrow & \sum\limits_{j \in I \cup E} H^1(R_j) \\ \uparrow & & \uparrow \\ \operatorname{Ker} \psi^* & \longrightarrow & \sum\limits_{j \in E} H^1(R_j) \end{array} \tag{6.7}$$

wobei ψ^* die induzierte Abbildung

$$H^1(R)^G \to \sum_{i \in I} H^1(R_i)^{G_i}$$

bezeichnet. Die zweite Zeile von (6.7) ist injektiv und, da E minimal ist nach Satz 6.8, sogar ein Isomorphismus.

Nach Satz 3.15 haben wir ein exaktes kommutatives Diagramm:

$$\begin{array}{ccccccc} & & & & H'(G) & \longrightarrow & \sum\limits_{i \in I} H^1(G_i) \\ & & & & \downarrow{\scriptstyle \mathrm{Inf}} & & \downarrow{\scriptstyle \mathrm{Inf}} \\ & & & & H^1(F) & \longrightarrow & \sum\limits_{i \in I} H^1(F_i) \\ & & & & \downarrow & & \downarrow \\ 0 & \longrightarrow & \operatorname{Ker} \psi^* & \longrightarrow & H^1(R)^G & \underset{\psi^*}{\longrightarrow} & \sum\limits_{i \in I} H^1(R_i) \\ & & & & \downarrow{\scriptstyle \mathrm{Tra}} & & \downarrow{\scriptstyle \mathrm{Tra}} \\ 0 & \longrightarrow & \operatorname{Ker} \varphi^* & \longrightarrow & H^2(G) & \underset{\varphi^*}{\longrightarrow} & \sum\limits_{i \in I} H^2(G) \\ & & & & \downarrow & & \downarrow \\ & & & & 0 & & 0 \end{array}$$

Da die Darstellungen von G_i und G minimal sind, sind die Inflationen und folglich auch die Transgressionen Isomorphismen. Daher ist auch die induzierte Abbildung von Ker ψ^* in Ker φ^* ein Isomorphismus. Wegen

$$\dim \sum_{j \in E} H^1(R_j) = \operatorname{card} E$$

folgt hieraus die Behauptung. □

Wir heben noch zwei Spezialfälle von Satz 6.11 hervor. Dazu definieren wir den Begriff des Relationenranges.

Definition 6.12. Unter dem *Relationenrang* der Pro-p-Gruppe G versteht man die $\boldsymbol{Z}/p\boldsymbol{Z}$-Dimension von $H^2(G)$.

Satz 6.13. *Der Relationenrang einer Pro-p-Gruppe ist gleich der Mächtigkeit eines beliebigen minimalen Relationensystems.*

Satz 6.14. *Die Voraussetzungen seien die gleichen wie in Satz* 6.11.
R wird genau dann von den Untergruppen $\chi_i(R_i)$, $i \in I$, erzeugt, wenn φ^* injektiv ist.

§ 7. DIE GRUPPENALGEBRA EINER PRO-p-GRUPPE

Die in diesem Abschnitt herzuleitenden Ergebnisse beziehen sich wiederum hauptsächlich auf die Darstellung einer Pro-p-Gruppe mit Hilfe von Erzeugenden und Relationen. Sie werden erzielt unter Heranziehung der vollständigen Gruppenalgebra einer Pro-p-Gruppe. In diesem Abschnitt bezeichnet Λ immer einen kompakten kommutativen Ring mit Einselement.

7.1. Definition und Grundeigenschaften der vollständigen Gruppenalgebra

Es sei G eine proendliche Gruppe. Sind N, N' offene Normalteiler von G mit $N \supset N'$, so können wir die natürliche Abbildung

$$G/N' \to G/N$$

linear zu einem Homomorphismus

$$\Lambda[G/N'] \to \Lambda[G/N]$$

der Gruppenalgebren fortsetzen. Auf diese Weise erhält man ein projektives System von kompakten Ringen $\{\Lambda[G/N] | N \in \mathfrak{U}_G\}$.

Definition 7.1. Die *vollständige Gruppenalgebra* $\Lambda[[G]]$ der proendlichen Gruppe G über dem kompakten Ring Λ ist der projektive Limes des Systems $\{\Lambda[G/N] | N \in \mathfrak{U}_G\}$.

Da die Algebren $\Lambda[G/N]$ kompakt sind, ist auch $\Lambda[[G]]$ kompakt. Durch

$$g \to \prod_{N \in \mathfrak{U}_G} gN$$

wird G in $\Lambda[[G]]$ eingelagert, $\Lambda[G]$ ist überall dicht in $\Lambda[[G]]$.

Die weiteren Grundeigenschaften von $\Lambda[[G]]$ werden in dem folgenden Satz ausgedrückt.

Satz 7.2.

(I) *Die Zuordnung*

$$G \to \Lambda[[G]]$$

ist ein kovarianter Funktor aus der Kategorie der proendlichen Gruppen in die Kategorie der kompakten Λ*-Algebren.*

(II) *Es sei A eine kompakte Λ-Algebra. Jeder Morphismus φ von G in die Einheitengruppe A^* von A läßt sich eindeutig fortsetzen auf einen Morphismus von* $\Lambda[[G]]$ *in A.*

(III) *Es sei*

$$\varphi: G \to G'$$

ein Morphismus proendlicher Gruppen mit dem Kern N. Der Kern des induzierten Morphismus

$$\Lambda[[G]] \to \Lambda[[G']]$$

ist das abgeschlossene Ideal $I(N)$, das von den Elementen $h - 1, h \in N$, erzeugt wird.

Beweis.

(II). Zunächst läßt sich φ eindeutig zu einem stetigen Homomorphismus φ' von $\Lambda[G]$ in A fortsetzen. Da $\Lambda[G]$ dicht in $\Lambda[[G]]$ ist, läßt sich φ' eindeutig auf $\Lambda[[G]]$ fortsetzen.

(I). Die Existenz des zugeordneten Morphismus ist ein Spezialfall von (II). $G_1 \to G_2$ wird auf $\Lambda[[G_1]] \to \Lambda[[G_2]]$ fortgesetzt.

(III). Ohne Beschränkung der Allgemeinheit sei φ surjektiv. Offensichtlich gilt $I(N) \subset \operatorname{Ker} \varphi'$. Daher induziert φ' einen Morphismus

$$\bar{\varphi}: \Lambda[[G]]/I(N) \to \Lambda[[G]].$$

Die Einschränkung

$$\psi: G + I(N)/I(N) \to G'$$

von $\bar{\varphi}$ ist ein Isomorphismus. ψ^{-1} läßt sich daher nach (II) zu einem Morphismus von $\Lambda[[G']]$ in $\Lambda[[G]]/I(N)$ fortsetzen, der offenbar die Umkehrung von $\bar{\varphi}$ ist. Daraus folgt $I(N) = \operatorname{Ker} \varphi'$.□

Satz 7.3. *Es sei G eine proendliche Gruppe. Das System $\{I(N) | N \in \mathfrak{U}_G\}$ ist ein volles Umgebungssystem der* 0 *in* $\Lambda[[G]]$.

Beweis. Das ergibt sich unmittelbar aus Satz 1.13 und Satz 7.2.□

7.2. Diskrete und kompakte G-Moduln

Definition 7.4. Ein kompakter $\Lambda[[G]]$-Modul A heißt *frei*, wenn A für ein gewisses Indexsystem I isomorph zu dem direkten Produkt

$$\prod_I \Lambda[[G]],$$

betrachtet als $\Lambda[[G]]$-Modul, ist.

Im folgenden beschränken wir uns auf den Spezialfall $\Lambda = \boldsymbol{Z}/p\boldsymbol{Z}$.

Es sei A ein diskreter G-Modul mit der Periode p. Dann ist Char A kompakter $\boldsymbol{Z}/p\boldsymbol{Z}[G]$-Rechtsmodul und läßt sich daher als $\boldsymbol{Z}/p\boldsymbol{Z}[[G]]$-Modul erklären. Ist umgekehrt A ein kompakter $\boldsymbol{Z}/p\boldsymbol{Z}[[G]]$-Rechtsmodul, so ist Char A diskreter G-Modul mit der Periode p.

Satz 7.5. *Freie kompakte $\boldsymbol{Z}/p\boldsymbol{Z}[[G]]$-Moduln und induzierte Moduln $M_G(X)$ für freie diskrete $\boldsymbol{Z}/p\boldsymbol{Z}$-Moduln X sind dual zueinander.*

Beweis. Nach § 1.4 genügt es, Satz 7.5 in dem Spezialfall $X = \boldsymbol{Z}/p\boldsymbol{Z}$ zu beweisen, d. h., wir haben zu zeigen, daß $M_G(\boldsymbol{Z}/p\boldsymbol{Z})$ isomorph zu Char $(\boldsymbol{Z}/p\boldsymbol{Z}[[G]])$ ist.

Es sei χ ein Charakter von $\boldsymbol{Z}/p\boldsymbol{Z}[[G]]$. Wir bezeichnen mit χ_g das Element von $\boldsymbol{Z}/p\boldsymbol{Z}$, das durch

$$x \to \chi(xg), \quad x \in \boldsymbol{Z}/p\boldsymbol{Z},$$

gegeben ist. Weiter sei $\varphi\chi$ die Abbildung von g in $\boldsymbol{Z}/p\boldsymbol{Z}$, die durch

$$\varphi\chi(g) = \chi_g$$

definiert ist.

Die Abbildung $\varphi\chi$ liegt in $M_G(\boldsymbol{Z}/p\boldsymbol{Z})$. In der Tat ist χ eine stetige Abbildung von $\boldsymbol{Z}/p\boldsymbol{Z}[[G]]$ in die diskrete Gruppe $\boldsymbol{Q}/\boldsymbol{Z}$. Daher hängt χ nur von den Nebenklassen von $\boldsymbol{Z}/p\boldsymbol{Z}[[G]]$ nach einem Ideal $I(U)$, $U \in \mathfrak{U}_G$, ab. Dann hängt $\varphi\chi$ nur von den Nebenklassen von G nach U ab, d. h., $\varphi\chi$ ist stetig.

Man verifiziert leicht, daß φ ein G-Modulhomomorphismus von Char $(\boldsymbol{Z}/p\boldsymbol{Z}[[G]])$ in $M_G(\boldsymbol{Z}/p\boldsymbol{Z})$ ist.

Es sei umgekehrt f ein Element von $M_G(\boldsymbol{Z}/p\boldsymbol{Z})$. f ist eine Funktion von G und $\boldsymbol{Z}/p\boldsymbol{Z}$. Durch

$$\psi f\left(\sum_{g \in G} x_g g\right) = \sum_{g \in G} f(g, x_g), \quad x_g = 0 \quad \text{für fast alle} \quad g \in G,$$

wird ein stetiger Charakter von $\boldsymbol{Z}/p\boldsymbol{Z}([G])$ definiert, der sich in eindeutiger Weise auf $\boldsymbol{Z}/p\boldsymbol{Z}[[G]]$ fortsetzen läßt.

Die so definierte Abbildung ψ von $M_G(\boldsymbol{Z}/p\boldsymbol{Z})$ in Char $(\boldsymbol{Z}/p\boldsymbol{Z}[[G]])$ ist offenbar die Umkehrabbildung von φ. Daraus folgt die Behauptung. □

7.3. Charakterisierung der Pro-p-Gruppen der Dimension $\leqq 2$

Wir beweisen zunächst den folgenden

Satz 7.6. *Es sei*

$$1 \to R \to F \to G \to 1$$

eine beliebige Darstellung der Pro-p-Gruppe G und A ein diskreter G-Modul. $H^1(R, A)$ *werde entsprechend* § 3.7 *als G-Modul betrachtet. Dann ist* $H^1(G, H^1(R, A))$ *isomorph zu* $H^3(G, A)$.

Beweis. Wir zeigen zunächst, daß der G-Modul $H^1(R, M_G(A))$ induziert ist. Dazu konstruieren wir einen Isomorphismus φ von $H^1(R, M_G(A))$ auf $M_G(H^1(R, A))$: Die Elemente von $H^1(R, M_G(A))$ und $M_G(H^1(R, A))$ sind Funktionen mit Argumenten aus $R \times G$. Wir setzen für $f \in H^1(R, M_G(A))$

$$(\varphi f)(r, g) = f(\hat{g}^{-1} r \hat{g}, g), \quad r \in R, \, g \in G,$$

wobei $\hat{g}$ ein beliebiger Vertreter von g in F ist. Man rechnet unmittelbar nach, daß φ ein G-Modulisomorphismus ist.

Die Sequenz

$$0 \to A \to M_G(A) \to C \to 0$$

sei exakt. Da R freie Pro-p-Gruppe ist, ist dann auch

$$0 \to H^1(R, A) \to H^1(R, M_G(A)) \to H^1(R, C) \to 0$$

exakt. Hieraus und aus Satz 3.15 ergibt sich das exakte und kommutative Diagramm

$$\begin{array}{ccccccc}
H^1(F, M_G(A)) & \longrightarrow & H^0(G, H^1(R, M_G(A))) & \longrightarrow & 0 & & \\
\downarrow & & \downarrow & & \downarrow & & \\
H^1(F, C) & \longrightarrow & H^0(G, H^1(R, C)) & \longrightarrow & H^2(G, C) & \longrightarrow & 0 \\
\downarrow & & \downarrow & & \downarrow & & \\
0 & & H^1(G, H^1(R, A)) & \dashrightarrow & H^3(G, A) & & \\
 & & \downarrow & & \downarrow & & \\
 & & 0 & & 0 & &
\end{array}$$

Aus dem Diagramm ist ersichtlich, daß die Transgression von $H^0(G, H^1(R, C))$ auf $H^2(G, C)$ einen Isomorphismus von $H^1(G, H^1(R, A))$ auf $H^3(G, A)$ induziert. □

Durch die Festsetzung

$$\bar{r} \circ h = \overline{h^{-1} r h}, \quad r \in R, \, h \in F,$$

wird $R/[R, R]\, R^p$ zu einem F-Rechtsmodul. Da die Wirkung von F nur von den Restklassen nach R abhängt, können wir $R/[R, R]\, R^p$ als G-Rechtsmodul betrachten.

Wir wollen nun den folgenden Satz beweisen.

Satz 7.7. *Es sei G eine Pro-p-Gruppe und*

$$1 \to R \to F \to G \to 1 \tag{7.1}$$

eine minimale Darstellung von G. Die folgenden Bedingungen sind äquivalent:

(I) *G hat kohomologische Dimension $\leqq 2$.*

(II) *$H^1(R)$ ist als G-Modul induziert.*

(III) $H^1(R) \cong M_G(\prod_I \mathbf{Z}/p\mathbf{Z})$

(IV) $R/[R, R]\, R^p \cong \prod_I \mathbf{Z}/p\mathbf{Z}[[G]]$ *als G-Rechtsmodul.*

(V) $R/[R, R] \cong \prod_I \mathbf{Z}_p[[G]]$ *als G-Rechtsmodul.*

Dabei ist I ein Indexsystem mit card $I = \dim H^2(G) = r(G)$.

Beweis. Aus (II) folgt (I) wegen Satz 7.6.

Aus (I) folgt (III): Es sei $\{r_i | i \in I\}$ ein minimales Relationensystem von G bezüglich (7.1). Wir definieren einen Homomorphismus φ von $H^1(R)$ in $M_G(X)$, $X = \sum_I \mathbf{Z}/p\mathbf{Z}$, durch

$$(\varphi\pi)\,(g) = \sum_{i \in I} \pi(\hat{g}^{-1} r_i \hat{g}), \quad \pi \in H^1(R),\ g \in G, \tag{7.2}$$

wobei $\hat{g}$ ein Vertreter von g in F ist.

Auf Grund der Bedingung (II) in der Definition des Relationensystems verschwindet $\pi(\hat{g}^{-1} r_i \hat{g})$ für fast alle $i \in I$, d. h., die rechte Seite von (7.2) ist definiert. Da π stetig ist, gibt es einen offenen Normalteiler U von F, so daß π nur von den Nebenklassen von R nach $R \cap U$ abhängt. $\varphi\pi$ hängt dann nur von den Nebenklassen von F nach U ab und ist daher stetig. Schließlich überzeugt man sich leicht, daß φ ein G-Modulhomomorphismus und injektiv ist. Wir haben also ein exaktes Diagramm

$$0 \to H^1(R) \xrightarrow[\varphi]{} M_G(X) \to C \to 0.$$

Die zugehörige Kohomologiesequenz liefert

$$0 \to H^1(R)^G \xrightarrow[\varphi^*]{} M_G(X)^G \to C^G \to H^1(G, H^1(R)).$$

Nach Voraussetzung und wegen Satz 7.6 verschwindet $H^1(G, H^1(R))$. Wir wollen weiter zeigen, daß φ^* surjektiv ist und betrachten dazu die Abbildung (6.6) in dem Spezialfall, daß R_i die von r_i erzeugte Untergruppe von R ist. Da $\{r_i | i \in I\}$ minimales Relationensystem ist, ist (6.6) ein Isomorphismus. Daraus folgt, daß es für jedes $i \in I$ ein $\pi \in H^1(R)$ mit $\pi(r_i) = \delta_{ij} + p\mathbf{Z}$, $j \in I$, gibt. Also ist φ^* surjektiv, und daher verschwindet C^G. Wegen Hilfssatz 6.9 verschwindet dann auch C, woraus die Behauptung folgt.

Die Äquivalenz von (III) und (IV) folgt aus Satz 7.5.

(IV) folgt aus (V) durch Faktorisieren nach Vielfachen von p.

Es bleibt daher zu zeigen, daß (V) aus (IV) folgt: Es sei 1_i das Einselement der

i-ten Komponente von $\prod Z_p[[G]]$. Durch die Festsetzung

$$1_i \to r_i, \quad i \in I,$$

wird ein G-Modulmorphismus φ von $\prod_I Z_p[[G]]$ in $R/[R, R]$ festgelegt, für den das Diagramm

$$\begin{array}{ccc} \prod_I Z_p[[G]] & \xrightarrow{\varphi} & R/[R, R] \\ \downarrow & & \downarrow \\ \prod_I Z/pZ[[G]] & \longrightarrow & R/[R, R]\, R^p \end{array}$$

kommutativ ist. Wir betrachten dieses Diagramm als Diagramm von Pro-p-Gruppen ohne Operatoren. Aus dem Burnsideschen Basissatz (Satz 4.11) folgt, daß φ ein minimales Erzeugendensystem von $\prod_I Z_p[[G]]$ auf ein minimales Erzeugendensystem von $R/[R, R]$ abbildet. Da R frei ist, ist φ ein Isomorphismus.□

7.4. Filtrierungen

Wir betrachten in diesem Abschnitt Filtrierungen von $Z/pZ[[G]]$ und G. Mit $I^n(G)$ bezeichnen wir die abgeschlossene Hülle der n-ten Potenz von $I(G)$ in $Z/pZ[[G]]$.

Satz 7.8. *Es sei G eine Pro-p-Gruppe mit endlich vielen Erzeugenden. Dann bilden die Potenzen $I^n(G)$ ein Umgebungssystem der 0 in $Z/pZ[[G]]$.*

Wir beweisen zunächst zwei Hilfssätze.

Hilfssatz 7.9. *Es sei G eine endliche p-Gruppe. Dann ist $I^n(G) = \{0\}$ für genügend großes n.*

Beweis. Für ein beliebiges n sei

$$I^n(G) = A_0 \subset A_1 \subset \cdots \subset A_s = \{0\}$$

eine Kompositionsreihe von $I^n(G)$ als G-Modul. Die Faktoren $A_\nu/A_{\nu-1}$ sind isomorph zu Z/pZ: In der Tat enthält $A_\nu/A_{\nu-1}$ nach Hilfssatz 4.14 einen zu Z/pZ isomorphen Teilmodul. Wegen seiner Irreduzibilität ist $A_\nu/A_{\nu-1}$ isomorph zu Z/pZ.

Folglich ist für alle $g \in G$, $a \in I^n(G)$

$$ga \equiv a \pmod{A_1}$$

und daher $(g - 1)\, I^n(G)$ in A_1 enthalten. Also ist auch ganz $I^{n+1}(G)$ in A_1 enthalten, woraus die Behauptung folgt.□

Hilfssatz 7.10. *Ist G eine Pro-p-Gruppe mit endlich vielen Erzeugenden, dann hat $I^n(G)$ für alle $n \geqq 1$ endlichen Index in $Z/pZ[[G]]$.*

Beweis. Es seien $s_1, \ldots, s_m$ die Erzeugenden von G. Wir setzen

$$x_i = s_i - 1, \quad i = 1, \ldots, m, \quad I = I(G).$$

Wir zeigen induktiv, daß I^n/I^{n+1} endlich ist.

I. $n = 1$. Wir setzen

$$A_1 = \boldsymbol{Z}/p\boldsymbol{Z}x_1 + \cdots + \boldsymbol{Z}/p\boldsymbol{Z}x_m.$$

$A_1 + I^2$ ist eine abgeschlossene Teilmenge von I. Wegen

$$gg' - 1 = (g-1)(g'-1) + g - 1 + g' - 1 \tag{7.3}$$

liegt mit $g - 1$ und $g' - 1$ auch $gg' - 1$ in $A_1 + I^2$. Daraus folgt $A_1 + I^2 = I$.

II. Es sei bereits bewiesen, daß I^{n-1}/I^n für ein gewisses n endlich ist, und $I^{n-1} = A_{n-1} + I^n$ sei eine Zerlegung abelscher Gruppen mit endlichem A_{n-1}. Dann ist $A_1 A_{n-1} + I^{n+1}$ eine abgeschlossene Teilmenge von I^n, und wegen (7.3) haben wir

$$I^n = ((g-1)\,I^{n-1})_{Z/pZ} = ((g-1)\,A_{n-1} + I^{n+1})_{Z/pZ} = A_1 A_{n-1} + I^{n+1},$$

wobei $(\ldots)_{Z/pZ}$ Erzeugung im Sinne von topologischen $\boldsymbol{Z}/p\boldsymbol{Z}$-Vektorräumen bedeutet. Mit $A_1 A_{n-1}$ ist auch I^n/I^{n+1} endlich.□

Wir kommen nun zum Beweis von Satz 7.8. Nach Hilfssatz 7.10 sind die Teilmengen $I^n(G)$ offen. Andererseits bilden die Kerne der Abbildungen

$$\varphi_U: \boldsymbol{Z}/p\boldsymbol{Z}[[G]] \to \boldsymbol{Z}/p\boldsymbol{Z}[G/U], \quad U \in \mathfrak{U}_G,$$

ein volles Umgebungssystem der 0 in $\boldsymbol{Z}/p\boldsymbol{Z}[[G]]$. Es bleibt daher noch zu zeigen, daß zu jedem $U \in \mathfrak{U}_G$ ein n mit $I^n(G) \subset \operatorname{Ker} \varphi_U$ existiert.

Nach Hilfssatz 7.9 gibt es ein n mit $I^n(G/U) = \{0\}$. Daraus folgt $I^n(G) \subset \operatorname{Ker} \varphi_U$.□

Die Filtrierung $\{I^n(G) | n = 1, 2, \ldots\}$ induziert eine Filtrierung $\{G_n | n = 1, 2, \ldots\}$ von G, die als Zassenhaus-Filtrierung bezeichnet wird:

$$G_n = \{g | g - 1 \in I^n(G)\};$$

G_n ist Normalteiler von G.

Satz 7.11. *Ist G eine Pro-p-Gruppe mit endlich vielen Erzeugenden, dann ist $\{G_n | n = 1, 2, \ldots\}$ ein volles Umgebungssystem der Einheit von G. Die Faktoren G_n/G_{n+1} liegen im Zentrum von G/G_{n+1}.*

Beweis. Die Zuordnung

$$g \to g - 1, \quad g \in G,$$

induziert wegen (7.3) eine Injektion

$$G_n/G_{n+1} \to I^n(G)/I^{n+1}(G).$$

Daher ist G_n offener Normalteiler von G.

Ist andererseits U ein beliebiger offener Normalteiler von G, so gibt es ein n mit $I^n(G) \subset \operatorname{Ker} \varphi_U$ und daher $G_n \subset U$.

Zum Beweis der zweiten Behauptung haben wir zu zeigen, daß für alle $g \in G_n$ und $h \in G$ der Kommutator $[g, h] = g^{-1}h^{-1}gh$ in G_{n+1} liegt. Das ist gleichbedeutend mit $g^{-1}h^{-1}gh - 1 \in I^{n+1}(G)$, d. h. $hg \equiv gh \pmod{I^{n+1}(G)}$. Diese Kongruenz folgt aber unmittelbar aus (7.3).□

Satz 7.12. *Ist G eine Pro-p-Gruppe und $g \in G_n$, dann ist $g^p \in G_{np}$, und für alle $h \in G_n$ liegt $[g, h]$ in G_{n+1}.*

Beweis. Die zweite Behauptung haben wir eben bewiesen. Die erste folgt aus

$$g^p - 1 = (g - 1)^p \in I^{np}(G).\square$$

Wir definieren nun noch weitere Filtrierungen, die wir im folgenden benötigen.

Es sei G eine Pro-p-Gruppe. Wir definieren induktiv die Untergruppen $G^{(n,q)}$, wobei n eine natürliche Zahl und $q = p^\varkappa$ oder $q = 0$ ist. Für $n = 1$ setzen wir

$$G^{(1,q)} = G.$$

Die Untergruppe $G^{(n,q)}$ sei schon für ein $n \geqq 1$ definiert; dann setzen wir

$$G^{(n+1,q)} = (G^{(n,q)})^q\,[G^{(n,q)}, G].$$

Nach Definition ist $G^{(n,q)}$ Normalteiler von G, und $G^{(n,q)}/G^{(n+1,q)}$ liegt im Zentrum von $G/G^{(n+1,q)}$. Für $G^{(n,0)}$ schreiben wir auch $G^{(n)}$.

Satz 7.13. *Ist G eine Pro-p-Gruppe mit endlich vielen Erzeugenden, dann ist $\{G^{(n,q)} \mid n = 1, 2, \ldots\}$ ein volles Umgebungssystem der Einheit von G.*

Beweis. Wir zeigen zunächst induktiv, daß $G^{(n,q)}$ endlichen Index in G hat. Für $n = 1$ ist die Behauptung trivial. Für $n \geqq 1$ sei bereits bewiesen, daß $G/G^{(n,q)}$ endlich ist. Dann ist $G^{(n,q)} = G'$ nach Beispiel 6.3 eine Pro-p-Gruppe mit endlich vielen Erzeugenden. Weiter ist $G'^q[G', G']$ in $G^{(n+1,q)}$ enthalten. Mit $G'/G'^q[G', G']$ ist daher auch $G^{(n,q)}/G^{(n+1,q)}$ endlich. Daraus folgt die Behauptung.

Zum Beweis von Satz 7.13 bleibt nur noch zu bemerken, daß $G^{(n,q)}$ nach Satz 7.12 in G_n enthalten und $\{G_n \mid n = 1, 2, \ldots\}$ nach Satz 7.2 ein volles Umgebungssystem der Einheit von G ist.□

7.5. Rechenregeln für Kommutatoren und Potenzen

Wir wollen nun einige Rechenregeln für Kommutatoren und Potenzen beweisen. Die Grundlage hierzu bilden Betrachtungen im Gruppenring $\mathbf{Z}_p[[F]]$ für eine freie Pro-p-Gruppe F mit endlich vielen Erzeugenden.

Im Gruppenring $\mathbf{Z}_p[[G]]$ sei C_q das Ideal, das von q und allen Elementen der Form $g - 1$, $g \in G$, erzeugt wird, C_q^n sei die abgeschlossene n-te Potenz von C_q.

Es sei $g \in G^{(n,q)}$. Durch vollständige Induktion zeigt man leicht, daß $g - 1 \in C_q^n$ und die Abbildung

$$g \to (g-1) + C_q^{n+1}, \quad g \in G^{(n,q)},$$

ein Homomorphismus ist. Die induzierte Abbildung

$$\varphi_q^n\colon G^{(n,q)}/G^{(n+1,q)} \to C_q^n/C_q^{n+1}$$

ist ein $\boldsymbol{Z}_p$-Modulhomomorphismus.

Satz 7.14. *Ist F eine freie Pro-p-Gruppe mit endlich vielen Erzeugenden, dann ist φ_q^n injektiv. $g \in F$ ist genau dann in $F^{(n,q)}$, wenn $g - 1 \in C_q^n$ ist.*

Beweis. Zunächst sei $q = 0$. Dann ist φ_q^n injektiv nach M. Hall [1], 11.2 (Lemma 11.2.3). (In M. Hall [1], 11.2, wird der Gruppenring einer gewöhnlichen freien Gruppe über Z betrachtet. Da dieser dicht in $\boldsymbol{Z}_p[[F]]$ liegt, übertragen sich die Ergebnisse auf den hier vorliegenden Fall.) Nun sei $h - 1 \in C_q^n$, $h \in G^{(s)}$, $h \notin G^{(s+1)}$. Angenommen, es sei $s < n$. Dann wird $hG^{(s+1)}$ bei φ_q^s auf 0 abgebildet, im Widerspruch zur Injektivität von φ_q^s.

Es sei jetzt $q \neq 0$ und $h^{-1} \in C_q^n$. Dann läßt sich $h - 1$ für ein gewisses i mit $1 \leqq i < n$ in der Form

$$h - 1 = q^{n-i}c_i + q^{n-i-1}c_{i+1} + \cdots + c_n, \quad c_\nu \in C_0^\nu \text{ für } \nu = i, \ldots, n,$$

darstellen. Nach dem eben Bemerkten ist dann $h \in F^{(i)}$, und da φ_0^i ein Z_p-Modulhomomorphismus ist, gibt es ein $h_i \in F^{(i)}$ mit

$$h \equiv h_i^{q^{n-i}} (\operatorname{mod} F^{(i+1)}).$$

Dann läßt sich $hh_i^{-q^{n-i}} - 1$ in der Form

$$hh_i^{-q^{n-i}} - 1 = q^{n-i-1}c'_{i+1} + \cdots + c'_n, \quad c'_\nu \in C_0^\nu \text{ für } \nu = i+1, \ldots, n,$$

darstellen. Durch vollständige Induktion erhält man daher $h \in F^{(n,q)}$, und daraus folgt auch die Injektivität von φ_q^n. □

Satz 7.15. *Ist G eine Pro-p-Gruppe und $a \in G^{(n,q)}$, $b \in G^{(m,q)}$, $c \in G$, dann gilt*

$$[a, b] \in G^{(n+m,q)}, \tag{7.4}$$

$$[a, b^q] \equiv [a, b]^q [[a, b], b]^{\binom{q}{2}} \bmod G^{(n+m+2,q)}, \tag{7.5}$$

$$[a, bc] \equiv [a, b]\,[a, c] \bmod G^{(n+m+1,q)}, \tag{7.6}$$

$$(ac)^q \equiv a^q c^q [a, c]^{\binom{q}{2}} \bmod G^{(n+2,q)}. \tag{7.7}$$

Beweis. Es genügt, Satz 7.15 für eine freie Gruppe F mit endlich vielen Erzeugenden zu beweisen. Wir können daher Satz 7.14 anwenden: Aus $x = a - 1 \in C_q^n$,

$y = b - 1 \in C_q^m$ folgt

$$\begin{aligned}[a, b] &= a^{-1}b^{-1}ab \\ &= (1 - x + x^2 - + \cdots)(1 - y + y^2 - + \cdots)(1 + x)(1 + y) \\ &\equiv 0 \bmod C_q^{n+m}\end{aligned}$$

und daher $[a, b] \in F^{(n+m+1, q)}$.

Die Beziehungen (7.5) bis (7.7) beweist man entweder analog oder direkt unter Benutzung der Identität

$$[a, bc] = [a, c]\,[a, b]\,[[a, b], c]$$

und Beachtung von (7.4).□

7.6. Der Gruppenring einer freien Pro-p-Gruppe

In § 4.2 haben wir die Magnussche Algebra $\Lambda(I)$ in den Unbestimmten x_i, $i \in I$, über dem Ring Λ definiert. In dem Spezialfall $\Lambda = \boldsymbol{Z}/p\boldsymbol{Z}$, $I = \{1, 2, \ldots, m\}$, wollen wir in $\Lambda(I) = \boldsymbol{Z}/p\boldsymbol{Z}(m)$ eine Topologie mit Hilfe eines offenen Umgebungssystems der 0 einführen. Es sei D^n das Ideal aller Potenzreihen aus $\boldsymbol{Z}/p\boldsymbol{Z}(m)$, deren homogene Bestandteile mindestens den Grad n haben. Dann sei $\{D^n | n = 1, 2, \ldots\}$ das definierende Umgebungssystem der 0 in $\boldsymbol{Z}/p\boldsymbol{Z}(m)$. Mit dieser Topologie ist $\boldsymbol{Z}/p\boldsymbol{Z}(m)$ direktes Produkt seiner homogenen Bestandteile und daher kompakt. Es gilt

Satz 7.16. *Es sei F die freie Pro-p-Gruppe mit dem Erzeugendensystem* $s_1, \ldots, s_m$. *Die Zuordnung*

$$x_i \to s_i - 1, \quad i = 1, \ldots, m,$$

läßt sich fortsetzen zu einem Isomorphismus von $\boldsymbol{Z}/p\boldsymbol{Z}(m)$ *auf* $\boldsymbol{Z}/p\boldsymbol{Z}[[F]]$.

Beweis. Es sei $P(x_1, \ldots, x_m)$ eine Potenzreihe aus $\boldsymbol{Z}/p\boldsymbol{Z}(m)$. Nach Satz 7.8 ist $P(s_1 - 1, \ldots, s_m - 1)$ ein wohldefiniertes Element von $\boldsymbol{Z}/p\boldsymbol{Z}[[F]]$. Die Zuordnung

$$\varphi\colon P(x_1, \ldots, x_m) \to P(s_1 - 1, \ldots, s_m - 1)$$

ist daher ein Morphismus von $\boldsymbol{Z}/p\boldsymbol{Z}(m)$ in $\boldsymbol{Z}/p\boldsymbol{Z}[[F]]$.

Andererseits läßt sich die Zuordnung

$$s_i \to 1 + x_i, \quad s_i^{-1} \to \sum_{\nu=0}^{\infty} (-x_i)^\nu$$

fortsetzen auf einen Homomorphismus ψ der freien Gruppe $F(m)$, die von $s_1, \ldots, s_m$ erzeugt wird, in die Einheitengruppe von $\boldsymbol{Z}/p\boldsymbol{Z}(m)$. Durch vollständige Induktion zeigt man, daß dabei $F(m) \cap F_n$ in $1 + D^n$ abgebildet wird. Daraus folgt nach Satz 7.11, daß ψ stetig ist. ψ kann also auf F und nach Satz 7.2, (II) auf $\boldsymbol{Z}/p\boldsymbol{Z}[[F]]$ stetig fortgesetzt werden. Die so definierte Abbildung von $\mathbf{Z}/p\mathbf{Z}[[F]]$ in $\mathbf{Z}/p\mathbf{Z}(m)$ ist offenbar die Umkehrung von φ, d. h., φ ist ein Isomorphismus.□

Im folgenden identifizieren wir $\mathbf{Z}/p\mathbf{Z}(m)$ mit $\mathbf{Z}/p\mathbf{Z}[[F]]$.

Satz 7.17. *Es sei G eine Pro-p-Gruppe mit endlich vielen Erzeugenden und der Darstellung*

$$1 \to R \to F \to G \to 1. \tag{7.8}$$

$\{r_\iota | \iota \in I\}$ *sei ein Relationensystem von G bezüglich der Darstellung* (7.4). *Dann wird der Kern der induzierten Abbildung* $\mathbf{Z}/p\mathbf{Z}[[F]] \to \mathbf{Z}/p\mathbf{Z}[[G]]$ *als Ideal von* $\mathbf{Z}/p\mathbf{Z}[[F]]$ *erzeugt durch* $\{r_\iota - 1 | \iota \in I\}$.

Beweis. Nach Satz 7.2, (III) ist der Kern von $\mathbf{Z}/p\mathbf{Z}[[F]] \to \mathbf{Z}/p\mathbf{Z}[[G]]$ gleich $I(R)$. Als Ideal wird $I(R)$ erzeugt durch die Elemente $r_\iota - 1$, $\iota \in I$.□

7.7. Der Satz von Golod-Šafarevič

Wir wenden uns nun dem Hauptergebnis dieses Paragraphen zu und führen zunächst folgende Definition ein:

Definition 7.18. Es sei G eine Pro-p-Gruppe mit endlich vielen Erzeugenden und

$$1 \to R \to F \to G \to 1 \tag{7.9}$$

eine Darstellung von G mit Hilfe einer endlich erzeugten freien Pro-p-Gruppe F.

Unter der *Stufe* von $r \in R$ versteht man die natürliche Zahl m mit $r \in F_m$, $r \notin F_{m+1}$, wobei $\{F_n | n = 1, 2, \ldots\}$ die Zassenhaus-Filtrierung von F ist.

Weiter benötigen wir den folgenden

Hilfssatz 7.19. *Die Voraussetzungen seien die gleichen wie in Definition* 7.18. *Weiter sei S ein Relationensystem von G bezüglich* 7.9. *S sei die disjunkte Vereinigung endlicher Teilmengen, wobei* S_n *aus Relationen einer Stufe* $\geqq n$ *besteht.* (*Auf Grund der Voraussetzungen kann* S_n *immer endlich gewählt werden.*)

Wir führen folgende Bezeichnungen ein:

$$r_n = \operatorname{card} S_n, \quad b_n = \dim I^n(G)/I^{n+1}(G), \quad c_n = \sum_{\nu=0}^{n} b_\nu,$$

$$r_0 = b_0 = c_0 = 1.$$

Dann gilt

$$1 \leqq -c_{n-1}d + \sum_{\nu=0}^{n} c_\nu r_{n-\nu}. \tag{7.10}$$

Dabei bezeichnet $d = d(F)$ *den Erzeugendenrang von F.*

Beweis. Es sei $M = I(R)$, L der von den Elementen $r - 1$, $r \in S$, erzeugte abgeschlossene $\mathbf{Z}/p\mathbf{Z}$-Vektorraum in $\mathbf{Z}/p\mathbf{Z}[[F]]$,

$$M_n = I^n(F) \cap M, \quad L_n = I^n(F) \cap L.$$

Dann ist

$$\mathbf{Z}/p\mathbf{Z}[[G]] \cong \mathbf{Z}/p\mathbf{Z}[[F]]/M$$

und

$$\dim L/L_{n+1} \leqq \sum_{\nu=1}^{n} r_\nu. \tag{7.11}$$

Weiter sei B_n der Modul der homogenen Polynome in $x_i = s_i - 1$, $i = 1, \ldots, d$, vom Grade n. Nach Satz 7.16 ist

$$I^n(F) = B_n \dotplus I^{n+1}(F) \tag{7.12}$$

und

$$\dim B_n = d^n. \tag{7.13}$$

Für $n = 1, 2, \ldots$ wählen wir Teilvektorräume $C_n \subset B_n$ mit

$$I^n(F) \equiv M_n \dotplus C_n \pmod{I^{n+1}(F)}$$

und setzen $C_0 = \mathbf{Z}/p\mathbf{Z}$. Wegen

$$(\mathbf{Z}/p\mathbf{Z}[[F]]/I^n(F))/(MI^n(F)/I^n(F)) \cong (\mathbf{Z}/p\mathbf{Z}[[F]]/M)/(MI^n(F)/M)$$
$$\cong \mathbf{Z}/p\mathbf{Z}[[G]]/I^n(G)$$

und

$$MI^n(F)/I^n(F) \cong M/M_n$$

wird

$$\dim \mathbf{Z}/p\mathbf{Z}[[F]]/I^n(F) = \dim M/M_n + \dim \mathbf{Z}/p\mathbf{Z}[[G]]/I^n(G). \tag{7.14}$$

Andererseits ist

$$\dim I^n(F)/I^{n+1}(F) = \dim M_n/M_{n+1} + \dim C_n$$

und daher

$$\dim \mathbf{Z}/p\mathbf{Z}[[F]]/I^{n+1}(F) = \dim M/M_{n+1} + \sum_{\nu=0}^{n} \dim C_\nu. \tag{7.15}$$

Nach (7.14) und (7.15) ist

$$c_n = \sum_{\nu=0}^{n} \dim C_\nu, \quad b_n = \dim C_n.$$

Nach diesen Vorbemerkungen kommen wir nun zum Kern des Beweises, der Abschätzung von $\dim M/M_{n+1}$. Es sei C der von den C_n, $n = 0, 1, \ldots$, erzeugte abgeschlossene $\mathbf{Z}/p\mathbf{Z}$-Vektorraum und $A = \mathbf{Z}/p\mathbf{Z}[[F]]$. Dann ist

$$A \equiv M \dotplus C \pmod{I^n(F)}$$

und daher

$$A = M \dotplus C.$$

Weiter gilt

$$AL = ML + CL \subset MAB_1 + CL = MB_1 + CL,$$

$$M = ALA = ALAB_1 + AL = MB_1 + AL$$

und daher

$$M = MB_1 + CL \pmod{I^{n+1}(F)}.$$

Das ergibt die Abschätzung

$$\dim M/M_{n+1} \leqq \dim MB_1/MB_1 \cap I^{n+1}(F) + \dim CL/CL \cap I^{n+1}(F). \tag{7.16}$$

Die rechte Seite wird weiter folgendermaßen abgeschätzt: Aus dem durch

$$\bar{m} \otimes b \to \overline{mb}, \quad m \in M, b \in B_1$$

definierten Epimorphismus

$$M/M_n \otimes_{Z/pZ} B_1 \to MB_1/MB_1 \cap I^{n+1}(F)$$

folgt

$$\dim MB_1/MB_1 \cap I^{n+1}(F) \leqq d \dim M/M_n, \tag{7.17}$$

und aus dem durch

$$c \otimes \bar{l} \to \overline{cl}, \quad c \in C_{n-\nu}, l \in L,$$

definierten Epimorphismus

$$\sum_{\nu=1}^{n} (C_{n-\nu} \otimes_{Z/pZ} L/L_{\nu+1}) \to CL/CL \cap I^{n+1}(F)$$

folgt

$$\dim CL/CL \cap I^{n+1}(F) \leqq \sum_{\nu=1}^{n} b_{n-\nu} \dim L/L_{\nu+1}. \tag{7.18}$$

Fassen wir nun (7.11), (7.15) bis (7.18) zusammen, so ergibt sich

$$\sum_{\nu=0}^{n} d^\nu - c_n \leqq d\left(\sum_{\nu=0}^{n-1} d^\nu - c_{n-1}\right) + \sum_{\nu=1}^{n} b_{n-\nu}\left(\sum_{\mu=1}^{\nu} r_\mu\right)$$

und nach leichter Umrechnung

$$1 \leqq -dc_{n-1} + \sum_{\nu=0}^{n} c_\nu r_{n-\nu}. \square$$

Jetzt können wir leicht den folgenden Satz beweisen.

Satz 7.20. *Es sei G eine endliche p-Gruppe, die Größen $d, r_1, r_2, \ldots$ seien wie in Hilfssatz* 7.19 *definiert, und die Reihe*

$$\varphi(t) = 1 + (r_1 - d)\,t + r_2 t^2 + \cdots$$

sei für $0 < t < 1$ konvergent.

Dann ist $\varphi(t) > 0$ für $0 < t < 1$.

Bemerkung. Da der Relationenrang $r(G) = \dim H^2(G)$ endlich ist, kann man das Relationensystem immer so wählen, daß fast alle r_n verschwinden.

Beweis von Satz 7.20. Nach Hilfssatz 7.9 sind fast alle b_n gleich 0. Die Reihe $\sum_{n=0}^{\infty} b_n t^n$ ist daher ein Polynom, und die Reihe $\sum_{n=0}^{\infty} c_n t^n$ konvergiert für $0 < t < 1$. Wir können also das Produkt

$$\left(\sum_{n=0}^{\infty} c_n t^n\right)\left(\sum_{n=0}^{\infty} r_n t^n\right)$$

umordnen zur Doppelsumme

$$\sum_{n=0}^{\infty}\left(\sum_{\nu=0}^{n} c_\nu r_{n-\nu}\right) t^n .$$

Aus Hilfssatz 7.19 folgt nun für $0 < t < 1$

$$\frac{1}{1-t} \leqq \left(\sum_{n=0}^{\infty} c_n t^n\right)\left(\sum_{n=0}^{\infty} r_n t^n - dt\right)$$

und nach Division durch $\sum_{n=0}^{\infty} c_n t^n$

$$0 < \sum_{n=0}^{\infty} r_n t^n - dt . \quad \square$$

Wir ziehen jetzt eine Folgerung aus Satz 7.20, die für $n = 2$ den Satz von Golod–Šafarevič in der Verschärfung von Gaschütz und Vinberg darstellt.

Satz 7.21. *Es sei G eine endliche p-Gruppe und*

$$1 \to R \to F \to G \to 1$$

eine minimale Darstellung von G mit $R \subset F_m$ für ein gewisses m, wobei $\{F_n \mid n = 1, 2, \ldots\}$ die Zassenhaus-Filtrierung von F ist.

Dann sind Erzeugendenrang d und Relationenrang r von G durch die Ungleichung

$$r > \frac{d^m}{m^m}(m-1)^{m-1}$$

miteinander verknüpft.

Beweis. Im vorliegenden Fall hat $\varphi(t)$ die Form

$$\varphi(t) = 1 - dt + rt^n.$$

Angenommen es wäre $r \leqq \frac{d^n}{n^n}(n-1)^{n-1}$. Dann setzen wir für t den Wert $t_0 = \sqrt[n-1]{\frac{d}{nr}}$ ein und erhalten nach leichter Rechnung $\varphi(t_0) \leqq 0$ im Widerspruch zu Satz 7.18. □

7.8. Relationenstruktur und Cup-Produkt

Es sei G eine Pro-p-Gruppe von endlichem Relationenrang d, $\{s_1, \ldots, s_d\}$ ein minimales Erzeugendensystem von G,

$$1 \to R \to F \to G \to 1 \tag{7.19}$$

eine minimale Darstellung von G und $\{r_i | i \in I\}$ ein minimales Relationensystem von G bezüglich (7.15).

Dann ist $\{s_\nu[G, G], \nu = 1, \ldots, d\}$ ein minimales Erzeugendensystem von $G/[G, G]$. Die Ordnungen der Elemente $s_\nu[G, G]$, $\nu = 1, \ldots, d$, seien Vielfache von $q = p^n$ oder ∞. Dann ist die Inflation

$$H^1(G, \boldsymbol{Z}/q\boldsymbol{Z}) \to H^1(F, \boldsymbol{Z}/q\boldsymbol{Z}),$$

wobei G trivial auf $\boldsymbol{Z}/q\boldsymbol{Z}$ operiert, ein Isomorphismus. Im folgenden identifizieren wir diese Gruppen. Aus Satz 3.15 und Satz 4.13 ergibt sich weiter, daß die Transgression

$$H^1(R, \boldsymbol{Z}/q\boldsymbol{Z})^G \to H^2(G, \boldsymbol{Z}/q\boldsymbol{Z})$$

ein Isomorphismus ist.

Wir können daher für jedes $i \in I$ einen Homomorphismus

$$\varphi_i\colon H^2(G, \boldsymbol{Z}/q\boldsymbol{Z}) \to \boldsymbol{Z}/q\boldsymbol{Z}$$

definieren, indem wir

$$\varphi_i\alpha = \mathrm{Tra}^{-1}\,\alpha(r_i)$$

setzen.

Wir definieren weiter eine $\{s_1, \ldots, s_d\}$ entsprechende Basis $\{\chi_1, \ldots, \chi_d\}$ von $H^1(G, \boldsymbol{Z}/q\boldsymbol{Z})$ durch

$$\chi_\nu(s_\mu) = \delta_{\nu\mu}, \quad \nu, \mu = 1, \ldots, d.$$

Da die Darstellung (7.19) minimal ist, gilt $R \subset F^{(2,q)}$. Für das Folgende benötigen wir eine Aussage über die Struktur von $F^{(2,q)}/F^{(3,q)}$.

Satz 7.22. *Jedes Element g von $G^{(2,q)}$ läßt sich in der Form*

$$g = \prod_{\nu=1}^{d} s_\nu^{a_\nu q} \prod_{\nu<\mu} [s_\nu, s_\mu]^{a_{\nu\mu}} g', \quad g' \in G^{(3,q)}, \quad 0 \leqq a_\nu, a_{\nu\mu} < q, \tag{7.20}$$

darstellen. Wenn G frei ist, sind die a_ν, $a_{\nu\mu}$ eindeutig bestimmt.

Beweis. Die Existenz einer Darstellung (7.20) für ein endliches Wort in $s_1, \ldots, s_d$ ergibt sich aus dem Hallschen Sammelprozeß (siehe M. Hall [1], chap. II.1). Für ein beliebiges Element aus $G^{(2,q)}$ erhält man (7.16), indem man es in der Form $g_1 g'$ darstellt, wobei g_1 endlich und g' aus $G^{(3,q)}$ ist.

Die Eindeutigkeit der a_ν folgt aus der Tatsache, daß $G/[G, G]\, G^{q^2}$ direktes Produkt von d zyklischen Gruppen der Ordnung q^2 ist. Zum Beweis der Eindeutigkeit der $a_{\nu\mu}$ betrachten wir den Kozyklus

$$g_1, g_2 \to \chi_\nu(g_1)\, \chi_\mu(g_2).$$

Da G nach Voraussetzung eine freie Gruppe ist, zerfällt dieser Kozyklus, es gibt also eine stetige Abbildung $\psi_{\nu\mu}\colon G \to \boldsymbol{Z}/q\boldsymbol{Z}$ mit

$$\chi_\nu(g_1)\, \chi_\mu(g_2) = \psi_{\nu\mu}(g_1) + \psi_{\nu\mu}(g_2) - \psi_{\nu\mu}(g_1 g_2). \tag{7.21}$$

Da $\psi_{\nu\mu}$ um einen Homomorphismus von G in $\boldsymbol{Z}/q\boldsymbol{Z}$ abgeändert werden kann, können wir annehmen, daß

$$\psi_{\nu\mu}(s_\varkappa) = 0 \quad \text{für} \quad \varkappa = 1, \ldots, d$$

gilt. Dann erhält man aus (7.21) für eine natürliche Zahl m

$$\psi_{\nu\mu}(s_\varkappa^{m+1}) = -m\, \delta_{\nu\varkappa} \delta_{\mu\varkappa} + \psi_{\nu\mu}(s_\varkappa^m),$$

d. h.

$$\psi_{\nu\mu}(s_\varkappa^m) = 0 \quad \text{für} \quad \nu \neq \mu,$$

$$\psi_{\nu\mu}(s_\varkappa^m) = -\binom{m}{2} \quad \text{für} \quad \nu = \mu, \tag{7.22}$$

und wegen

$$\psi_{\nu\mu}(g^{-1}) + \psi_{\nu\mu}(g) = -\chi_\nu(g)\, \chi_\mu(g)$$

wird

$$\begin{aligned} \psi_{\nu\mu}([s_\varkappa, s_\lambda]) &= \psi_{\nu\mu}(s_\varkappa^{-1}) + \psi_{\nu\mu}(s_\lambda^{-1} s_\varkappa s_\lambda) - \chi_\nu(s_\varkappa^{-1})\, \chi_\mu(s_\varkappa) \\ &= \psi_{\nu\mu}(s_\lambda^{-1} s_\varkappa s_\lambda) = \psi_{\nu\mu}(s_\varkappa s_\lambda) + \delta_{\nu\lambda}\delta_{\mu\varkappa} \\ &= -\delta_{\nu\varkappa}\delta_{\mu\lambda} + \delta_{\nu\lambda}\delta_{\mu\varkappa}, \end{aligned}$$

d. h.

$$\psi_{\nu\mu}([s_\varkappa, s_\lambda]) = \begin{cases} -1 & \text{für} \quad \nu = \varkappa,\ \mu = \lambda, \\ 1 & \text{für} \quad \nu = \lambda,\ \mu = \varkappa, \\ 0 & \text{sonst.} \end{cases} \tag{7.23}$$

Weiter ist $\psi_{\nu\mu}(G^{(3,q)}) = \{0\}$, da sich $\psi_{\nu\mu}$ wegen (7.21) bei der Bildung von x^q und $[x, y]$ für $x \in G^{(2,q)}$, $y \in G$ multiplikativ verhält.

Wir wenden nun $\psi_{\nu\mu}$ auf (7.20) an und erhalten für $\nu < \mu$

$$\psi_{\nu\mu}(g) = -\bar{a}_{\nu\mu},$$

woraus die Eindeutigkeit von $a_{\nu\mu}$ folgt. (Der Querstrich bedeutet hier wie auch im folgenden die Klasse mod $q\boldsymbol{Z}$.)□

Bezüglich der Eindeutigkeit der $a_{\nu\mu}$ hätten wir uns auch auf M. HALL [1], chap. II.1, berufen können. Wir brauchen jedoch die eben durchgeführten Überlegungen für den Beweis des folgenden Satzes.

Satz 7.23. *Es sei G eine Pro-p-Gruppe vom Erzeugendenrang d mit der minimalen Darstellung* (7.19), *q eine p-Potenz mit* $R \subset F^{(2,q)}$, $\{s_1, \ldots, s_d\}$ *ein Erzeugendensystem von F und* $\{r_i | i \in I\}$ *ein minimales Relationensystem von G.* r_i *sei entsprechend Satz 7.22 in der Form*

$$r_i = \prod_{\varkappa=1}^{d} s_\varkappa^{a^i{}_\varkappa q} \prod_{\nu<\mu} [s_\nu, s_\mu]^{a^i{}_{\nu\mu}} r_i', \quad r_i' \in F^{(3,q)},$$

dargestellt. Dann gilt für $i \in I$ *und* $\nu, \mu = 1, \ldots, d$

$$\varphi_i(\chi_\nu \cup \chi_\mu) = \begin{cases} -\bar{a}^i_{\nu\mu} & \textit{für} \quad \nu < \mu, \\ -\binom{q}{2} \bar{a}^i_\nu & \textit{für} \quad \nu = \mu. \end{cases}$$

Dabei bezeichnet $\cup$ *das Cup-Produkt, das durch die Multiplikation im Ring* $\boldsymbol{Z}/p\boldsymbol{Z}$ *gegeben ist, und* φ_i, χ_ν *sind die oben definierten Funktionen.*

Beweis. Nach der Konstruktion der Transgression (siehe § 3.7) und dem Beweis von Satz 7.22 ist

$$\varphi_i(\chi_\nu \cup \chi_\mu) = \psi_{\nu\mu}(r_i) = \begin{cases} -\bar{a}^i_{\nu\mu} & \text{für} \quad \nu < \mu, \\ -\binom{q}{2} \bar{a}^i_\nu & \text{für} \quad \nu = \mu. \square \end{cases}$$

Satz 7.24. *Ist B die Abbildung von* $H^1(G, \boldsymbol{Z}/q\boldsymbol{Z})$, *die durch die exakte Sequenz*

$$0 \to \boldsymbol{Z}/q\boldsymbol{Z} \underset{q}{\to} \boldsymbol{Z}/q^2\boldsymbol{Z} \to \boldsymbol{Z}/q\boldsymbol{Z} \to 0$$

induziert wird, dann gilt für $i \in I$ *und* $\nu = 1, \ldots, d$

$$\varphi_i(B\chi_\nu) = -\bar{a}^i_\nu.$$

Beweis. Für $\xi = x + q\boldsymbol{Z}$, $0 \leqq x \leqq q$, sei $\tilde{\xi} = x + q^2\boldsymbol{Z}$. Dann ist

$$g_1, g_2 \to \frac{1}{q}\left(\widetilde{\chi_\nu(g_1)} + \widetilde{\chi_\nu(g_2)} - \widetilde{\chi_\nu(g_1 g_2)}\right)$$

ein repräsentierender Kozyklus von $B\chi_\nu$. Der induzierte Kozyklus mit Argumenten aus F zerfällt. Es gibt daher eine stetige Abbildung ψ_ν von F in $\mathbf{Z}/q\mathbf{Z}$ mit

$$\psi_\nu(h_1) + \psi_\nu(h_2) - \psi_\nu(h_1 h_2) = \frac{1}{q}\left(\overline{\chi_\nu(h_1)} + \overline{\chi_\nu(h_2)} - \overline{\chi_\nu(h_1 h_2)}\right) \tag{7.22}$$

für alle $h_1, h_2 \in F$.

Wir können wieder o. B. d. A.

$$\psi_\nu(s_\varkappa) = 0, \quad \varkappa = 1, \dots, d,$$

setzen. Wenn h_1 oder h_2 aus $\operatorname{Ker}\chi_\nu$ ist, verschwindet die rechte Seite von (7.22). Weiter wird

$$\psi_\nu(h^{-1}) = -\psi_\nu(h) + \frac{1}{q}\left(\overline{\chi_\nu(h)} + \overline{\chi_\nu(h^{-1})}\right), \quad h \in F,$$

und

$$\begin{aligned} \psi_\nu([h_1, h_2]) &= -\psi_\nu(h_1) + \psi_\nu(h_2^{-1} h_1 h_2) \\ &= -\psi_\nu(h_1) + \psi_\nu(h_2^{-1}) + \psi_\nu(h_1 h_2) - \frac{1}{q}\left(\overline{\chi_\nu(h_2^{-1})} + \overline{\chi_\nu(h_1 h_2)} - \overline{\chi_\nu(h_1)}\right) \\ &= -\psi_\nu(h_1) - \psi_\nu(h_2) + \frac{1}{q}\left(\overline{\chi_\nu(h_2)} + \chi_\nu(h_1) - \overline{\chi_\nu(h_1 h_2)}\right) \\ &\quad + \psi_\nu(h_1 h_2) = 0 . \end{aligned}$$

Daher verschwindet ψ_ν auf der von $s_1, \dots, s_{\nu-1}, s_{\nu+1}, \dots, s_d, [F, F]$ erzeugten Untergruppe von F. Schließlich gilt

$$\psi_\nu(s_\nu^{aq}) = -\bar{a} .$$

Daher ist

$$\varphi_i(B\chi_\nu) = \psi_\nu(r_i) = -\bar{a}_\nu^i . \square$$

§ 8. HILFSMITTEL AUS DER ALGEBRAISCHEN ZAHLENTHEORIE

Wir formulieren hier die im folgenden zu benutzenden Sätze aus der Klassenkörpertheorie für endliche Erweiterungen und übertragen sie, soweit notwendig, auf unendliche Erweiterungen.

8.1. Grundbegriffe der algebraischen Zahlentheorie für unendliche Erweiterungen

Es sei K/k eine (endliche oder unendliche) algebraische Erweiterung. Unter einer Primstelle $\mathfrak{P}$ von K verstehen wir wie üblich eine Äquivalenzklasse von nichttrivialen Bewertungen von K. Wenn $\mathfrak{p}$ die Einschränkung von $\mathfrak{P}$ auf k ist, schreiben wir $\mathfrak{P}|\mathfrak{p}$. Unter der *algebraischen Vervollständigung* $K_{\mathfrak{P}}$ von K bezüglich $\mathfrak{P}$ (und k) verstehen wir den induktiven Limes $\varinjlim L_{\mathfrak{q}}$, wobei L alle Zwischenkörper von K/k durchläuft, die über k endlich sind, $\mathfrak{q}$ die Einschränkung von $\mathfrak{P}$ auf L und $L_{\mathfrak{q}}$ die gewöhnliche Vervollständigung von L bezüglich $\mathfrak{q}$ ist. K ist kanonisch in $K_{\mathfrak{P}}$ eingelagert. Eine Primstelle heißt *endlich* oder *unendlich,* je nachdem, ob sie aus nichtarchimedischen oder archimedischen Bewertungen besteht. Eine endliche Primstelle wird als *Primdivisor* bezeichnet. Eine unendliche Primstelle heißt *reell* oder *komplex,* je nachdem, ob die zugehörige Vervollständigung der Körper der reellen oder komplexen Zahlen ist.

Den Restklassenkörper von k bezüglich $\mathfrak{p}$ bezeichnen wir im folgenden mit $\mathfrak{K}_{\mathfrak{p}}$.

Es sei K' ein beliebiger Zwischenkörper von K/k und $v_{\mathfrak{P}}$ eine Exponentenbewertung von $\mathfrak{K}$ aus der Primstelle $\mathfrak{P}$ mit der Beschränkung $v_{\mathfrak{P}'}$ bzw. $v_{\mathfrak{p}}$ auf K' bzw. k. Die Primstelle $\mathfrak{P}$ heißt *unverzweigt* bezüglich K'/k, wenn der Wertebereich von $v_{\mathfrak{P}'}$ gleich dem Wertebereich von $v_{\mathfrak{p}}$ ist.

Offensichtlich ist $\mathfrak{P}$ in K/k genau dann unverzweigt, wenn $\mathfrak{P}$ für jede endliche Teilerweiterung von K/k unverzweigt ist. Daher überträgt sich der Satz, daß eine Primstelle $\mathfrak{P}$ des Kompositums KK_1/k genau dann unverzweigt ist, wenn die Beschränkung von $\mathfrak{P}$ auf K und K_1 über k unverzweigt sind, von endlichen auf unendliche Erweiterungen.

Eine unendliche Primstelle $\mathfrak{P}/\mathfrak{p}$ heißt *unverzweigt* bezüglich K/k, wenn $K_{\mathfrak{P}} = k_{\mathfrak{p}}$ ist.

8.2. Normale Erweiterungen

Es sei K/k eine normale Erweiterung und $v_{\mathfrak{P}}$ eine Exponentenbewertung von K. Wir definieren die Zerlegungsgruppe $\mathfrak{Z}_{\mathfrak{P}}(K/k) = \mathfrak{Z}_{\mathfrak{P}}$ und die Trägheitsgruppe $\mathfrak{T}_{\mathfrak{P}}(K/k) = \mathfrak{T}_{\mathfrak{P}}$ von $\mathfrak{P}$ folgendermaßen: Ein $g \in G(K/k)$ gehört zu $\mathfrak{Z}_{\mathfrak{P}}$, wenn für alle $\alpha \in K$

$$v_{\mathfrak{P}}(g\alpha) = v_{\mathfrak{P}}(\alpha)$$

ist.

Ein $g \in G(K/k)$ gehört zu $\mathfrak{T}_{\mathfrak{P}}$, wenn für alle $\alpha \in K$ mit $v_{\mathfrak{P}}(\alpha) \geqq 0$

$$v_{\mathfrak{P}}(g\alpha - \alpha) > 0$$

ist. $\mathfrak{T}_{\mathfrak{P}}$ ist Normalteiler von $\mathfrak{Z}_{\mathfrak{P}}$.

Satz 8.1. *Es sei L/k eine Teilerweiterung der normalen Erweiterung K/k mit der endlichen Primstelle $\mathfrak{P}$. Dann ist*

$$\mathfrak{Z}_{\mathfrak{P}}(K/L) = G(K/L) \cap \mathfrak{Z}_{\mathfrak{P}}(K/k), \quad \mathfrak{T}_{\mathfrak{P}}(K/L) = G(K/L) \cap \mathfrak{T}_{\mathfrak{P}}(K/k). \tag{8.1}$$

Wenn L/k normal und die Einschränkung von $\mathfrak{P}$ auf L gleich $\mathfrak{q}$ ist, gilt

$$\mathfrak{Z}_{\mathfrak{q}}(L/k) = G(K/L)\,\mathfrak{Z}_{\mathfrak{P}}(K/k)/G(K/L), \tag{8.2}$$

$$\mathfrak{T}_{\mathfrak{q}}(L/k) = G(K/L)\,\mathfrak{T}_{\mathfrak{P}}(K/k)/G(K/L). \tag{8.3}$$

Beweis. (8.1) ergibt sich unmittelbar aus der Definition. (8.2) und (8.3) folgen aus den entsprechenden Behauptungen für endliche Erweiterungen. □

Aus Satz 8.1 folgt, daß $\mathfrak{Z}_{\mathfrak{P}}(K/k)$ bzw. $\mathfrak{T}_{\mathfrak{P}}(K/k)$ isomorph zu $\varprojlim \mathfrak{Z}_{\mathfrak{q}}(L/k)$ bzw. $\varprojlim \mathfrak{T}_{\mathfrak{q}}(L/k)$ ist, wobei der Limes über alle endlichen normalen Teilerweiterungen L/k von K/k und die Beschränkungen $\mathfrak{q}$ von $\mathfrak{P}$ auf L zu nehmen ist.

Es sei $\mathfrak{p}$ die Beschränkung von $\mathfrak{P}$ auf k. Die kanonische Einlagerung $K \to K_{\mathfrak{P}}$ induziert eine Injektion

$$\varphi_{\mathfrak{P}}\colon G(K_{\mathfrak{P}}/k_{\mathfrak{p}}) \to G(K/k).$$

Satz 8.2. *Das Bild der Injektion $\varphi_{\mathfrak{P}}$ ist gleich $\mathfrak{Z}_{\mathfrak{P}}$.*

Beweis. Man kann Satz 8.2 leicht direkt beweisen durch Konstruktion der Umkehrabbildung mit Hilfe der Cauchy-Folgen. □

Wir definieren $\mathfrak{Z}_{\mathfrak{P}} = \mathfrak{T}_{\mathfrak{P}}$ für eine unendliche Primstelle als Bild von $\varphi_{\mathfrak{P}}$.

Satz 8.3. *Der Fixkörper von $\mathfrak{T}_{\mathfrak{P}}$ ist die maximale Erweiterung von k, in der $\mathfrak{P}$ unverzweigt ist.*

Beweis. Ist $K(\mathfrak{T}_{\mathfrak{P}})$ der Fixkörper von $\mathfrak{T}_{\mathfrak{P}}$, dann ist

$$K(\mathfrak{T}_{\mathfrak{P}}) = \bigcup_{\mathfrak{q}} K(\mathfrak{T}_{\mathfrak{q}}),$$

wobei die Vereinigung über alle Einschränkungen $\mathfrak{q}$ von $\mathfrak{P}$ auf endliche normale Teilerweiterungen von K/k zu nehmen ist. Mit $K(\mathfrak{T}_\mathfrak{q})/k$ ist daher auch $K(\mathfrak{T}_\mathfrak{P})/k$ unverzweigt. Ist andererseits K'/k eine Teilerweiterung von K/k, für die $\mathfrak{P}$ unverzweigt ist, so ist jede endliche Teilerweiterung von K'/k in einer Erweiterung $K(\mathfrak{T}_\mathfrak{q})/k$ enthalten und daher $K' \subset K(\mathfrak{T}_\mathfrak{P})$.□

8.3. Der Frobenius-Automorphismus

Wir betrachten jetzt Körper k und Primdivisoren $\mathfrak{p}$ von k, für die der Restklassenkörper $\mathfrak{K}_\mathfrak{p}$ endlich ist.

Wenn K/k eine normale endliche Erweiterung und $\mathfrak{P}$ eine Fortsetzung von $\mathfrak{p}$ auf K ist, dann ist der natürliche Morphismus

$$\mathfrak{Z}_\mathfrak{P} \to G(\mathfrak{K}_\mathfrak{P}/\mathfrak{K}_\mathfrak{p}) \tag{8.4}$$

surjektiv und hat den Kern $\mathfrak{T}_\mathfrak{P}$. Nach § 9.2 überträgt sich diese Tatsache unmittelbar auf unendliche normale Erweiterungen K/k.

Für endliche $\mathfrak{K}_\mathfrak{p}$ ist $G(\mathfrak{K}_\mathfrak{P}/\mathfrak{K}_\mathfrak{p})$ kanonisch isomorph zu einer Faktorgruppe der totalen Vervollständigung von $\boldsymbol{Z}$. Es sei $N(\mathfrak{p})$ die Anzahl der Elemente von $\mathfrak{K}_\mathfrak{p}$. Die Potenzierung mit $N(\mathfrak{p})$ ist ein Automorphismus von $\mathfrak{K}_\mathfrak{P}/\mathfrak{K}_\mathfrak{p}$, der $G(\mathfrak{K}_\mathfrak{P}/\mathfrak{K}_\mathfrak{p})$ erzeugt. Das Urbild dieses Automorphismus $\sigma_\mathfrak{P}(K/k)$ bei (8.4) wird als *Frobenius-Automorphismus* von $\mathfrak{P}$ bezüglich $K(\mathfrak{T}_\mathfrak{P})/k$ bezeichnet.

Es sei $\mathfrak{P}$ in K/k unverzweigt, L/k eine normale Teilerweiterung von K/k und $\mathfrak{q}$ die Einschränkung von $\mathfrak{P}$ auf L. Dann ist $\sigma_\mathfrak{q}(L/k)$ die Einschränkung von $\sigma_\mathfrak{P}(K/k)$ auf L.

8.4. Lokale und globale Körper

Im folgenden bezeichnet k immer einen lokalen oder globalen Körper. Dabei verstehen wir hier unter einem *lokalen Körper* eine algebraische Erweiterung des Körpers $\boldsymbol{Q}_p$ der rationalen p-adischen Zahlen oder des Körpers $\boldsymbol{Z}/p\boldsymbol{Z}[[x]]$ aller formalen Potenzreihen in einer Unbestimmten x über dem Körper mit p Elementen. Wenn es sich um eine endliche Erweiterung handelt, nennen wir k *endlichen lokalen* Körper. Unter einem *globalen Körper* verstehen wir eine algebraische Erweiterung des Körpers $\boldsymbol{Q}$ der rationalen Zahlen oder des Körpers $\boldsymbol{Z}/p\boldsymbol{Z}(x)$ der rationalen Funktionen in einer Unbestimmten x über dem Körper mit p Elementen. Wenn es sich dabei um eine endliche Erweiterung handelt, bezeichnen wir k als *endlichen globalen* Körper. Die lokalen Körper sind also die Vervollständigungen der globalen Körper bezüglich ihrer Primdivisoren. Die Körper $\boldsymbol{R}$ und $\boldsymbol{C}$ werden wir gegebenenfalls bei den lokalen Körpern mitbehandeln.

Die Divisorengruppe $\mathfrak{A}_L$ eines endlichen globalen Körpers L ist die Gruppe der formalen Linearkombinationen der Primdivisoren $\mathfrak{q}$ von L mit Koeffizienten in $\boldsymbol{Z}$.

Es sei $v_{\mathfrak{q}}$ die auf kleinsten positiven Wert 1 *normierte Exponentenbewertung von L. Dann ist*

$$\alpha \to \sum_{\mathfrak{q}} v_{\mathfrak{q}}(\alpha)\, \mathfrak{q}, \quad \alpha \in L^{\times},$$

ein Homomorphismus ( ) *der multiplikativen Gruppe $L^{\times}$ von L in $\mathfrak{A}_L$.* Der Kokern von ( ) heißt *Klassengruppe* von L und wird mit $Cl(L)$ bezeichnet. Es sei jetzt L' ein globaler Körper, der in L enthalten ist. *Es gibt genau einen Monomorphismus $\mathfrak{A}_{L'} \to \mathfrak{A}_L$, der mit der Einlagerung $L' \to L$ verträglich ist.* Entsprechend dem kommutativen Diagramm

$$\begin{array}{ccccc} L'^{\times} & \longrightarrow & \mathfrak{A}_{L'} & \longrightarrow & Cl(L') \\ \downarrow & & \downarrow & & \downarrow \\ L^{\times} & \longrightarrow & \mathfrak{A}_L & \longrightarrow & Cl(L) \end{array}$$

definieren wir die *Divisorengruppe* $\mathfrak{A}_K$ und Klassengruppe $Cl(K)$ eines unendlichen globalen Körpers K als induktiven Limes der entsprechenden Gruppen für die endlichen globalen Teilkörper von K.

Jedem endlichen lokalen oder globalen Körper k wird eine lokalkompakte Gruppe $A(k)$, der *Formationsmodul*, zugeordnet.

Für einen lokalen Körper k ist $A(k)$ die multiplikative Gruppe $k^{\times}$ von k.

Für einen globalen Körper k definieren wir zunächst die *Idelegruppe* $J(k)$. Als abstrakte Gruppe ist $J(k)$ die Untergruppe von $\prod_{\mathfrak{p}} k_{\mathfrak{p}}^{\times}$, wobei das Produkt wie auch im folgenden über alle Primstellen $\mathfrak{p}$ von k genommen wird, die aus den Elementen besteht, deren Komponenten fast alle Einheiten sind. Für endliche $\mathfrak{p}$ sei $E_{\mathfrak{p}}$ die Einheitengruppe, und für unendliche $\mathfrak{p}$ sei $E_{\mathfrak{p}} = k_{\mathfrak{p}}^{\times}$. Die Idelegruppe $J(k)$ enthält die Untergruppe $\prod_{\mathfrak{p}} E_{\mathfrak{p}}$. Wir übertragen die Produkttopologie von $\prod_{\mathfrak{p}} E_{\mathfrak{p}}$ auf $J(k)$, d.h., das System aller offenen Umgebungen der 1 in $\prod_{\mathfrak{p}} E_{\mathfrak{p}}$ ist ein volles Umgebungssystem der 1 in $J(k)$. Nach dem Tichonovschen Produktsatz ist $\prod_{\mathfrak{p}} E_{\mathfrak{p}}$ und daher auch $J(k)$ lokalkompakt. Jedem Idele $\prod_{\mathfrak{p}} \alpha_{\mathfrak{p}} \in J = J(k)$ wird ein Divisor durch

$$\prod_{\mathfrak{p}} \alpha_{\mathfrak{p}} \to \prod_{\mathfrak{p}\ \text{endlich}} \mathfrak{p}^{v_{\mathfrak{p}}(\alpha_{\mathfrak{p}})}$$

zugeordnet. Der Grad des Divisors heißt auch *Grad des Ideles.*

Es sei K ein weiterer endlicher globaler Körper und φ ein Monomorphismus von k in K. Dann induziert φ eine surjektive Abbildung φ' der Primstellenmenge von K auf die Primstellenmenge von k:

$$v_{\varphi'(\mathfrak{P})}(\alpha) = v_{\mathfrak{P}}(\varphi(\alpha)), \quad \alpha \in k,$$

und einen Monomorphismus φ_* von $k_{\varphi'(\mathfrak{P})}$ in $K_{\mathfrak{P}}$.

Dementsprechend wird durch

$$\prod_{\mathfrak{p}} \alpha_{\mathfrak{p}} \to \prod_{\mathfrak{P}} \varphi_*(\alpha_{\varphi'(\mathfrak{P})})$$

ein Monomorphismus von $J(k)$ in $J(K)$ definiert, der ebenfalls mit φ bezeichnet wird. Für $k \subset K$ wird $J(k)$ mit dem Bild von $J(k) \to J(K)$ identifiziert. Ist K/k normal, dann operiert $G(K/k)$ auf $J(K)$, und es ist $J(K)^{G(K/k)} = J(k)$.

Die Gruppe $k^\times$ wird in $J(k)$ eingelagert, indem man $\alpha \in k^\times$ das Idele (α) zuordnet, dessen $\mathfrak{p}$-Komponente das Bild von α bei der kanonischen Einlagerung $k \to k_{\mathfrak{p}}$ ist. Ein solches Idele wird als *Hauptidele* bezeichnet.

Wir definieren nun $A(k)$ als Faktorgruppe $\mathfrak{C}(k) = J(k)/k^\times$. Diese Gruppe $\mathfrak{C}(k)$ heißt *Ideleklassengruppe* von k. Entsprechend unseren Betrachtungen über Idele induziert ein Monomorphismus φ: $k \to K$ einen Monomorphismus $\mathfrak{C}(k) \to \mathfrak{C}(K)$. Für $k \subset K$ identifizieren wir wieder $\mathfrak{C}(k)$ mit seinem Bild in $\mathfrak{C}(K)$. Für normale Erweiterungen K/k operiert $G = G(K/k)$ auf $\mathfrak{C}(K)$, und es gilt $\mathfrak{C}(K)^G = \mathfrak{C}(k)$. In der Tat gehört zu der exakten Sequenz

$$1 \to K^\times \to J(K) \to \mathfrak{C}(K) \to 1$$

die Kohomologiesequenz

$$1 \to k^\times \to J(k) \to \mathfrak{C}(K)^G \to H^1(G, K^\times).$$

Nach Satz 3.19 verschwindet $H^1(G, K^\times)$, und daher ist $\mathfrak{C}(K)^G = \mathfrak{C}(k)$.

Es sei jetzt k ein endlicher lokaler oder globaler Körper, L eine beliebige endliche separable Erweiterung von k und K eine normale, L umfassende, endliche Erweiterung von k. Es sei M die Menge der Isomorphismen von L in K, die k festlassen. Wir definieren die Norm $N_{L/k}\mathfrak{a}$ für $\mathfrak{a} \in A(L)$ durch

$$N_{L/k}\mathfrak{a} = \prod_{g \in M} g\mathfrak{a};$$

$N_{L/k}\mathfrak{a}$ ist invariant bei $G(K/k)$ und liegt daher in $A(k)$.

Es sei k endlicher globaler Körper und $\mathfrak{p}$ eine Primstelle von k. Wir betten $k_{\mathfrak{p}}^\times$ in $J(k)$ ein, indem wir $\alpha \in k_{\mathfrak{p}}^\times$ das Idele zuordnen, dessen $\mathfrak{p}$-Komponente gleich α und dessen übrige Komponenten gleich 1 sind. Wir bezeichnen dieses Idele mit α. Die entsprechende Abbildung von $k_{\mathfrak{p}}^\times$ in $\mathfrak{C}(k)$ ist ebenfalls injektiv.

Beispiel 8.4. $\mathfrak{C}(\boldsymbol{Q})$ ist isomorph zu $\boldsymbol{R}_+ \times \prod_p E_p$, wobei das Produkt über alle Primzahlen zu erstrecken ist, $\boldsymbol{R}_+$ die multiplikative Gruppe der positiven reellen Zahlen und E_p die Gruppe der rationalen p-adischen Einheiten ist.

8.5. Die Struktur der multiplikativen Gruppe eines endlichen lokalen Körpers

Es sei k ein endlicher lokaler Körper mit dem Primdivisor $\mathfrak{p}$ und q die Charakteristik des Restklassenkörpers. Die Topologie in k ist gegeben durch das volle Umgebungssystem $\{E_n | n = 1, 2, \ldots\}$ der Einheit, wobei $E_n = \{\alpha | \alpha \in k^\times, \alpha \equiv 1(\mathfrak{p}^n)\}$ die Gruppe der

Einseinheiten n-ter Stufe ist. *Die Gruppen E_n sind offen, abgeschlossen und kompakt, E_n/E_{n+1} ist isomorph zu der endlichen q-Gruppe $\mathfrak{K}_\mathfrak{p}^+$, und daher ist $E_n = \varprojlim_\nu E_n/E_{n+\nu}$ eine Pro-q-Gruppe. Speziell ist E_n nach* § 4.3 *ein $\boldsymbol{Z}_q$-Modul.*

Es sei π ein Primelement von k. *Die von π erzeugte zyklische Gruppe ist in $k^\times$ abgeschlossen, d. h. eine diskrete Untergruppe. Da sich jedes Element $\alpha \in k^\times$ eindeutig in der Form*

$$\alpha = \pi^{v_\mathfrak{p}(\alpha)}\zeta \cdot \varepsilon$$

schreiben läßt, wobei ζ eine Einheitswurzel von zu q primer Ordnung und ε aus E_1 ist, haben wir eine direkte Produktzerlegung

$$k^\times = (\pi) \times H \times E_1,$$

wobei H die endliche Gruppe der in k enthaltenen Einheitswurzeln von zu q primer Ordnung bezeichnet. Diese Gruppe hat die Ordnung $N(\mathfrak{p}) - 1 = \operatorname{card} \mathfrak{K}_\mathfrak{p} - 1$.

Die Struktur von E_1 ist in den Fällen $\chi(k) = q$ Primzahl und $\chi(k) = 0$ sehr unterschiedlich und wird durch den Satz von Hensel beschrieben. *Im ersten Fall ist E_1 direktes Produkt abzählbar vieler Gruppen, die zu $\boldsymbol{Z}_q$ isomorph sind. Im zweiten Fall ist E_1 direktes Produkt der endlichen Gruppe der Einheitswurzeln von p-Potenzordnung in k und von $[k : \boldsymbol{Q}_q]$ Gruppen, die zu $\boldsymbol{Z}_q$ isomorph sind. Im letzteren Fall liegt also E_n bei gegebenem s für genügend großes n in $E_1^{q^s}$.*

Wir machen noch eine Anwendung auf die Struktur der zahm verzweigten Erweiterungen von k. Es sei K/k eine endliche zahmverzweigte Erweiterung, d. h., der Verzweigungsexponent von K/k sei prim zu q. *Die Erweiterung K/k enthält die unverzweigte Teilerweiterung T_k/k vom Trägheitsgrad f, die aus k durch Adjunktion der $(N(\mathfrak{p})^f - 1)$-ten Einheitswurzeln entsteht. K/T_k ist rein verzweigt vom Grade e.* Es sei $\hat{\pi}$ ein Primelement von K. Wir haben dann eine Darstellung

$$\hat{\pi}^e = \pi \cdot \zeta \cdot \varepsilon,$$

wobei $\zeta \in T_k$ eine Einheitswurzel von zu q primer Ordnung und $\varepsilon \in K$ eine Einseinheit ist. Wegen $(e, q) = 1$ ist $1/e \in \boldsymbol{Z}_p$ und daher eine e-te Potenz in K. Folglich ist $\sqrt[e]{\pi\zeta} \in K$ und damit $K = T_k(\sqrt[e]{\pi\zeta})$.

Die Erweiterung K/k ist genau dann normal, wenn die e-ten Einheitswurzeln und $\sqrt[e]{\pi\zeta^{N(\mathfrak{p})}}$ in K liegen.

Es sei jetzt K/k eine p-Erweiterung, d. h. eine normale Erweiterung von p-Potenzgrad, $p \neq q$. Wenn die p-ten Einheitswurzeln nicht in k und daher nicht in K liegen, ist $e = 1$, d. h. K/k unverzweigt. Da die Gruppe der Einheitswurzeln in k mit zu q primer Ordnung die Ordnung $N(\mathfrak{p}) - 1$ hat, liegen die p-ten Einheitswurzeln genau dann in k, wenn $N(\mathfrak{p}) \equiv 1 \pmod p$ ist.

Es sei jetzt k ein vollständiger Körper bezüglich einer unendlichen Primstelle $\mathfrak{p}$, d. h., k sei der Körper der reellen oder komplexen Zahlen. Um eine formale Analogie mit dem vorhergehenden Fall herzustellen, setzen wir

$$\alpha \equiv \beta \pmod{\mathfrak{p}} \quad \text{für} \quad \alpha, \beta \in k,$$

wenn $\alpha\beta^{-1} > 0$ ist im Fall $k = \boldsymbol{R}$, $\alpha\beta^{-1}$ beliebig im Fall $k = \boldsymbol{C}$. Jedes $\alpha \equiv 1 \pmod{\mathfrak{p}}$ ist eine n-te Potenz für alle natürlichen Zahlen n.

8.6. Klassenkörpertheorie für endliche abelsche Erweiterungen

Es sei k ein endlicher lokaler oder globaler Körper. Die Klassenkörpertheorie stellt eine Verbindung zwischen den abelschen Erweiterungen von k und den Untergruppen von $A(k)$ her.

Die (abgeschlossenen) Untergruppen U von endlichem Index in $A(k)$ stehen in eineindeutiger Beziehung zu den endlichen abelschen Erweiterungen K von k. Dabei ist $G(K/k)$ isomorph zu $A(k)/U$.

Dieser Isomorphismus wird induziert durch die Reziprozitätsabbildung

$$\alpha \to (\alpha, K/k)$$

von $A(k)$ auf $G(K/k)$. Der Kern U dieses Homomorphismus ist gleich der Normengruppe $N_{K/k}(A(K))$.

Für das *Artin-Symbol* $(\alpha, K/k)$ gelten folgende Transformationsregeln:

(I) *Ist k'/k eine beliebige endliche Erweiterung, dann ist*

$$(N_{k'/k}(\alpha), K/k) = \overline{(\alpha, Kk'/k')}, \quad \alpha \in A(k').$$

(II) *Ist K'/k eine endliche normale Erweiterung, K/k die maximale abelsche Teilerweiterung von K'/k und k' ein Zwischenkörper von K'/k, über dem K' abelsch ist, dann gilt*

$$(\alpha, K'/k') = \mathrm{Ver}(\alpha, K/k), \quad \alpha \in A(k),$$

wobei Ver *die Verlagerung von $G(K'/k)$ in $G(K'/k')$ bezeichnet* (siehe § 3.6).

(III) *Ist K'/k eine normale Teilerweiterung von K/k, dann gilt*

$$(\alpha, K'/k) = \overline{(\alpha, K/k)}, \quad \alpha \in A(k).$$

(IV) *Ist s ein Isomorphismus von K auf sK, dann gilt*

$$(s\alpha, sK/sk) = s(\alpha, K/k)\, s^{-1}, \alpha \in A(k).$$

Der Querstrich bedeutet jeweils die Einschränkung eines Automorphismus auf einen Teilkörper.

Für einen lokalen Körper k wird die Einheitengruppe von k bei $(\ , K/k)$ auf die Trägheitsgruppe von K/k abgebildet. Wenn K/k unverzweigt ist, gilt für $\alpha \in k$

$$(\alpha, K/k) = \sigma(K/k)^{\nu(\alpha)}, \tag{8.5}$$

wobei $\sigma(K/k)$ den Frobenius-Automorphismus von K/k und $\nu(\alpha)$ die auf kleinsten positiven Wert 1 *normierte Exponentenbewertung von k bezeichnet.*

Unter dem *Führer* einer Untergruppe U von endlichem Index in $k^\times$ versteht man die kleinste Potenz $\mathfrak{p}^n$, für die E_n in U liegt.

Es sei jetzt k ein endlicher globaler Körper und $\mathfrak{P}$ ein Primdivisor von K mit der Einschränkung $\mathfrak{p}$ auf k. Dann ist das Diagramm

$$\begin{array}{ccc} k_\mathfrak{p}^\times & \longrightarrow & \mathfrak{C}(k) \\ \downarrow & & \downarrow \\ G(K_\mathfrak{P}/k_\mathfrak{p}) & \longrightarrow & G(K/k) \end{array}$$

in dem die waagerechten Pfeile oben definierte Einbettungen und die senkrechten Pfeile die Reziprozitätsabbildung bezeichnen, kommutativ. Wegen (8.5) *gilt für unverzweigte $\mathfrak{P}|\mathfrak{p}$*

$$(\alpha, K/k) = \sigma_\mathfrak{P}(K/k)^{v_\mathfrak{p}(\alpha)} \quad \textit{für} \quad \alpha \in k_\mathfrak{p}. \tag{8.6}$$

Es sei U eine Untergruppe von endlichem Index in $\mathfrak{C}(k)$. Das Urbild $U_\mathfrak{p}$ von U bei der Einbettung $k_\mathfrak{p}^\times \to \mathfrak{C}(k)$ hat endlichen Index in $k_\mathfrak{p}$. Für endliche $\mathfrak{p}$ heißt der Führer von $U_\mathfrak{p}$ $\mathfrak{p}$-Führer von U. Für eine unendliche Primstelle $\mathfrak{p}$ ist der $\mathfrak{p}$-Führer von U gleich 1 *oder gleich $\mathfrak{p}$, je nachdem, ob $U_\mathfrak{p} = k_\mathfrak{p}^\times$ oder $U_\mathfrak{p} \neq k_\mathfrak{p}^\times$ ist. Der letztere Fall tritt nur ein für $k_\mathfrak{p}^\times = \boldsymbol{R}^\times$, $U_\mathfrak{p} = \boldsymbol{R}_+$.*

Der Führer von U wird definiert als Produkt der $\mathfrak{p}$-Führer. Da U offene Untergruppe von $\mathfrak{C}(k)$ ist, ist der $\mathfrak{p}$-Führer von U für fast alle $\mathfrak{p}$ gleich 1. Der endliche Teil des Führers von U ist daher ein ganzer Divisor von k.

Ist K/k die abelsche Erweiterung, die U zugeordnet ist, dann ist der endliche Teil des Führers von U ein Teiler der Diskriminante von K/k.

Durch diesen Satz, zusammen mit der Eigenschaft (8.6), ist der Homomorphismus $(\ , K/k)$ von $\mathfrak{C}(k)$ auf $G(K/k)$ eindeutig bestimmt. In der Tat ist das Bild einer Ideleklasse, deren Komponenten an allen in K/k verzweigten Stellen gleich 1 sind, durch (8.6) bestimmt: Es sei $\prod \alpha_\mathfrak{p}$ ein beliebiges Idele und $d_\mathfrak{p}$ für endliche $\mathfrak{p}$ gleich der $\mathfrak{p}$-Komponente der Diskriminante von K/k, und für unendliche $\mathfrak{p}$ sei $d_\mathfrak{p} = \mathfrak{p}$. Dann gibt es nach dem Approximationssatz der Bewertungstheorie ein $\alpha \in k$ mit

$$\alpha_\mathfrak{p}\alpha^{-1} \equiv 1 \pmod{d_\mathfrak{p}}$$

für alle verzweigten Primstellen (eine unendliche Primstelle $\mathfrak{P}$ von K heißt *verzweigt*, wenn $K_\mathfrak{P} \neq k_\mathfrak{p}$ ist). Für verzweigte Primstellen $\mathfrak{p}$ wird dann $(\alpha_\mathfrak{p}\alpha^{-1}, K/k) = 1$, und für die übrigen Primstellen ist $(\alpha_\mathfrak{p}\alpha^{-1}, K/k)$ durch (8.6) bestimmt. Daraus folgt die Behauptung.

8.7. Übertragung auf unendliche abelsche Erweiterungen

Es sei k ein endlicher lokaler oder globaler Körper, K/k eine abelsche Erweiterung und $\mathfrak{a} \in A(k)$. Durch

$$\mathfrak{a} \to (\mathfrak{a}, K/k) = \varprojlim (\mathfrak{a}, K_\nu/k),$$

wobei K_ν/k alle endlichen Teilerweiterungen von K/k durchläuft, wird wegen der Transformationsregel (III) in § 9.6 eine überall dichte Abbildung von $A(k)$ in $G(K/k)$ definiert. Da die Untergruppen von endlichem Index von $A(k)$ und $G(K/k)$ in eineindeutiger Beziehung zueinander stehen, ist $G(K/k)$ isomorph zur totalen Vervollständigung $\widehat{A(k)}$ von $A(k)$. Der Homomorphismus $(\ ,K/k)$ genügt offenbar den Transformationsregeln (I), (III), (IV).

Es sei jetzt K die maximale abelsche Erweiterung von k. Wir wollen Kern und Bild von $(\ ,K/k)$ in den verschiedenen Fällen untersuchen.

Es sei zunächst k ein lokaler Körper. Dann ist $A(k) \cong \boldsymbol{Z} \times E$ nach § 8.5, wobei E die Einheitengruppe von k ist. Daher wird

$$G(K/k) = \widehat{A(k)} \cong \hat{\boldsymbol{Z}} \times E.$$

Es sei jetzt k ein globaler Körper. Unter der *normalisierten Bewertung* $\varphi_\mathfrak{p}$ versteht man für eine endliche Primstelle $\mathfrak{p}$ von k die Bewertung, deren Wert für ein Primelement gleich $N(\mathfrak{p})^{-1}$ ist, und für eine unendliche Primstelle $\mathfrak{p}$ den absoluten Betrag oder das Quadrat des absoluten Betrages, je nachdem, ob $k_\mathfrak{p} = \boldsymbol{R}$ oder $k_\mathfrak{p} = \boldsymbol{C}$ ist. Für jedes $\alpha \in k$ gilt $\prod_\mathfrak{p} \varphi_\mathfrak{p}(\alpha) = 1$. Durch

$$\prod_\mathfrak{p} \alpha_\mathfrak{p} \to \prod_\mathfrak{p} \varphi_\mathfrak{p}(\alpha_\mathfrak{p})$$

wird daher ein Homomorphismus von $\mathfrak{C}(k)$ in $\boldsymbol{R}_+$ induziert, dessen Kern mit $\mathfrak{C}_0(k)$ bezeichnet wird. *$\mathfrak{C}_0(k)$ ist kompakt.*

Für einen Funktionenkörper k ist $\mathfrak{C}_0(k)$ außerdem total unzusammenhängend, und $\mathfrak{C}(k)$ ist isomorph zu $\boldsymbol{Z} \times \mathfrak{C}_0(k)$. Daher wird

$$G(K/k) \cong \widehat{A(k)} \cong \hat{\boldsymbol{Z}} \times \mathfrak{C}_0(k).$$

Für einen algebraischen Zahlkörper k ist $(\ ,K/k)$ dagegen kein Monomorphismus. Der Kern $D(k)$ besteht aus allen universell dividierbaren Elementen, und $\mathfrak{C}(k)$ ist isomorph zu $\boldsymbol{R}_+ \times \mathfrak{C}_0(k)$. Da $\boldsymbol{R}_+$ universell dividierbar ist, gilt

$$G(K/k) \cong \widehat{A(k)} \cong \mathfrak{C}(k)/D(k).$$

8.8. Der Hauptidealsatz

Unter dem *gruppentheoretischen Hauptidealsatz* versteht man den folgenden

Satz 8.5. *Es sei G eine endliche Gruppe. Das Bild von $G/[G, G]$ bei der Verlagerung von G in $[G, G]$ besteht nur aus dem Einselement.*

Wir wenden diesen Satz auf globale Körpererweiterungen an. Es sei k zunächst ein endlicher algebraischer Zahlkörper und K die maximale (bezüglich aller Primstellen) unverzweigte abelsche Erweiterung von k. Eine Primstelle $\mathfrak{p}$ von k heißt *voll zerlegt* in einer endlichen Erweiterung k'/k, wenn die Anzahl der Fortsetzungen von $\mathfrak{p}$ auf k' gleich dem Grad der Körpererweiterung $[k':k]$ ist. Die Gruppe aller Idele, deren Komponenten an den endlichen Primstellen Einheiten sind, werde mit E bezeichnet. Durch

$$\prod_{\mathfrak{p}} \alpha_{\mathfrak{p}} \to \prod_{\mathfrak{p}\ \text{endlich}} \mathfrak{p}^{v_{\mathfrak{p}}(\alpha_{\mathfrak{p}})},$$

wobei $v_{\mathfrak{p}}$ die auf kleinsten positiven Wert 1 normierte Exponentenbewertung aus $\mathfrak{p}$ ist und das rechte Produkt über alle endlichen Primstellen von k zu erstrecken ist, wird ein Homomorphismus von $J(k)$ auf $\mathfrak{A}(k)$ definiert, dessen Kern E ist. Diese Abbildung induziert einen Homomorphismus von $\mathfrak{C}(k)$ auf $Cl(k)$ mit dem Kern $Ek^\times/k^\times$.

Satz 8.6. *K/k ist eine endliche Erweiterung, der klassenkörpertheoretisch die Untergruppe $Ek^\times/k^\times$ von $\mathfrak{C}(k)$ entspricht. $G(K/k)$ ist isomorph zu $Cl(k)$, und ein Primdivisor $\mathfrak{p}$ von k ist in K/k genau dann voll zerlegt, wenn $\mathfrak{p}$ Hauptdivisor ist.*

Beweis. Da $Cl(k)$ endlich ist, hat $Ek^\times/k^\times$ endlichen Index in $\mathfrak{C}(k)$. Nach § 8.6 ist die $Ek^\times/k^\times$ entsprechende Erweiterung von k unverzweigt, und umgekehrt entspricht jeder endlichen unverzweigten abelschen Erweiterung von k eine Untergruppe von $\mathfrak{C}(k)$, die $Ek^\times/k^\times$ enthält. Daraus folgt der erste Teil von Satz 8.6.

Es sei π ein Primelement von $k_{\mathfrak{p}}$. Nach § 8.6 ist $\mathfrak{p}$ genau dann voll zerlegt, wenn die Ideleklasse π in $Ek^\times/k^\times$ liegt, d. h., wenn $\mathfrak{p}$ Hauptdivisor ist.□

Wir formulieren nun die *p-Version* von Satz 8.6. Es sei $K(p)$ die maximale unverzweigte abelsche p-Erweiterung von k und $Cl(k)(\bar{p})$ die Untergruppe aller Elemente von zu p primer Ordnung in $Cl(k)$.

Satz 8.7. *$G(K(p)/k)$ ist isomorph zu $Cl(k)/Cl(k)(\bar{p})$. Ein Primdivisor $\mathfrak{p}$ von k ist voll zerlegt in $K(p)$ genau dann, wenn eine zu p prime ganze Zahl a existiert, so daß $\mathfrak{p}^a$ Hauptdivisor ist.*

Der folgende Satz stellt die *p-Version des Hauptidealsatzes* dar.

Satz 8.8. *Ist $\mathfrak{a}$ ein Divisor von k, dann existiert eine zu p prime ganze Zahl a, so daß $\mathfrak{a}^a$ in $K(p)$ Hauptdivisor ist.*

Beweis. Es sei K' die maximale unverzweigte abelsche p-Erweiterung von $K(p)$. Dann ist $G(K(p)/k)$ die maximale abelsche Faktorgruppe von $G(K'/k)$, d. h., $G(K'/K(p))$ ist die Kommutatorgruppe von $G(K'/k)$. Nach Satz 8.5 ist daher die Verlagerung von $G(K'/k)$ in $G(K'/K(p))$ gleich 1. Das bedeutet nach § 8.6, (II), daß jede Ideleklasse aus $\mathfrak{C}(k)$ in der zu $G(K'/K(p))$ gehörigen Untergruppe von $\mathfrak{C}(K(p))$ liegt. Daraus folgt die Behauptung auf Grund von Satz 8.7.□

Es sei jetzt k ein endlicher globaler Körper von Primzahlcharakteristik und S eine endliche nichtleere Menge von Primstellen von k. Wir bezeichnen dann mit K^S die maximale abelsche unverzweigte Erweiterung von k, in der alle Primdivisoren aus S voll zerfallen, und mit $K^S(p)$ die in K enthaltene maximale p-Erweiterung.

Satz 8.9. *K^S/k ist eine endliche Erweiterung, der klassenkörpertheoretisch die Untergruppe*

$$Ek^\times \prod_{\mathfrak{p}\in S} k_{\mathfrak{p}}^\times / k^\times$$

von $\mathfrak{C}(k)$ entspricht, $G(K^S/k)$ ist isomorph zur Faktorgruppe $Cl(k)_S$ von $Cl(k)$ nach der Untergruppe, die von den Primdivisoren aus S erzeugt wird. Ein Primdivisor $\mathfrak{p}$ aus k zerfällt in K genau dann voll, wenn ein Divisor $\mathfrak{a}$ von k existiert, in dem nur Primdivisoren aus S aufgehen, so daß $\mathfrak{p}\mathfrak{a}$ Hauptdivisor ist.

Zum Beweis von Satz 8.9 ist nur zu bemerken, daß $Cl(k)_S$ endlich ist, weil S nichtleer vorausgesetzt wurde. Im übrigen verläuft der Beweis von Satz 8.9 analog zum Beweis von Satz 8.6.□

Wir formulieren nun die p-Version von Satz 8.9.

Satz 8.10. *$G(K^S(p)/k)$ ist isomorph zu $Cl(k)_S/Cl(k)_S(\bar{p})$. Ein Primdivisor $\mathfrak{p}$ von k ist in $K(p)$ genau dann voll zerlegt, wenn eine zu p prime ganze Zahl a und ein Divisor $\mathfrak{a}$ von k, in dem nur Primdivisoren aus S aufgehen, existieren, so daß $\mathfrak{p}^a\mathfrak{a}$ Hauptdivisor ist.*

Als Analogon zu Satz 8.8 erhält man nun

Satz 8.11. *Ist $\mathfrak{a}$ ein Divisor von k, dann existiert eine zu p prime ganze Zahl a und ein Divisor $\mathfrak{b}$ von k, in dem nur Primdivisoren aus S aufgehen, so daß $\mathfrak{a}^a\mathfrak{b}$ in $K^S(p)$ Hauptdivisor ist.*

8.9. Kohomologie des Formationsmoduls

Es sei k ein endlicher lokaler oder globaler Körper, K/k eine beliebige normale Erweiterung und $G = G(K/k)$. Wir formulieren hier Sätze über die Struktur von $H^n(G, A(K))$. Der Übergang von endlichen zu unendlichen Erweiterungen ergibt sich im allgemeinen ohne weiteres aus Satz 3.17, da $A(K)$ Limes des induktiven Systems $\{[G(K_\nu/k), A(K_\nu)]\}$ ist, wobei K_ν/k alle endlichen normalen Teilerweiterungen von K/k durchläuft.

Die erste und die dritte Kohomologiegruppe von $A(K)$ verschwinden. Es gibt einen kanonischen Monomorphismus inv_k von $H^2(G, A(K))$ in $\boldsymbol{Q}/\boldsymbol{Z}$. Das Bild von $\alpha \in H^2(G, A(K))$ bei inv_k wird als Invariante von α bezeichnet. Für endliche Erweiterungen K/k ist $H^2(G, A(K))$ zyklisch von der Ordnung $[K:k]$.

Zwischen der Abbildung inv_k und dem Artin-Symbol $(\ ,K/k)$ besteht der folgende Zusammenhang: Es sei K_0/k *die maximale abelsche* Teilerweiterung von K/k, $\chi \in H^1(G, \boldsymbol{Q}/\boldsymbol{Z})$ ein Charakter von G und Δ der Verbindungshomomorphismus von $H^1(G, \boldsymbol{Q}/\boldsymbol{Z})$ in $H^2(G, \boldsymbol{Z})$ aus der zu

$$0 \to \boldsymbol{Z} \to \boldsymbol{Q} \to \boldsymbol{Q}/\boldsymbol{Z} \to 0$$

gehörigen Kohomologiesequenz. Δ ist ein Isomorphismus, da $H^\nu(G, \boldsymbol{Q})$ für $\nu \geqq 1$ verschwindet. Wir betrachten das der Paarung

$$A(K) \times \boldsymbol{Z} \to A(K)$$

entsprechende Cup-Produkt. Wegen $A(k) = H^0(G, A(K))$ liegt $\mathfrak{a} \cup \Delta\chi$ für $\mathfrak{a} \in A(k)$ in $H^2(G, A(K))$. *Es gilt*

$$\chi(\mathfrak{a}, K_0/k) = \mathrm{inv}_k\,(\mathfrak{a} \cup \Delta\chi). \tag{8.7}$$

Auf Grund von (8.7) ist es möglich, die Eigenschaften von inv_k aus den Eigenschaften des Artin-Symbols herzuleiten und umgekehrt.

Für inv_k gelten folgende Transformationsregeln:

(I) *Ist k'/k eine beliebige algebraische Erweiterung, dann ist das Diagramm*

$$\begin{array}{ccc} H^2(G(K/k), A(K)) & \xrightarrow{\mathrm{inv}_k} & \boldsymbol{Q}/\boldsymbol{Z} \\ \downarrow & & \downarrow [k':k] \\ H^2(G(Kk'/k'), A(Kk')) & \xrightarrow{\mathrm{inv}_{k'}} & \boldsymbol{Q}/\boldsymbol{Z} \end{array}$$

kommutativ.

(II) *Ist k'/k eine endliche Teilerweiterung von K/k, dann ist die Korestriktion*

$$H^2(G(K/k'), A(K)) \to H^2(G(K/k), A(K))$$

injektiv, und das Diagramm

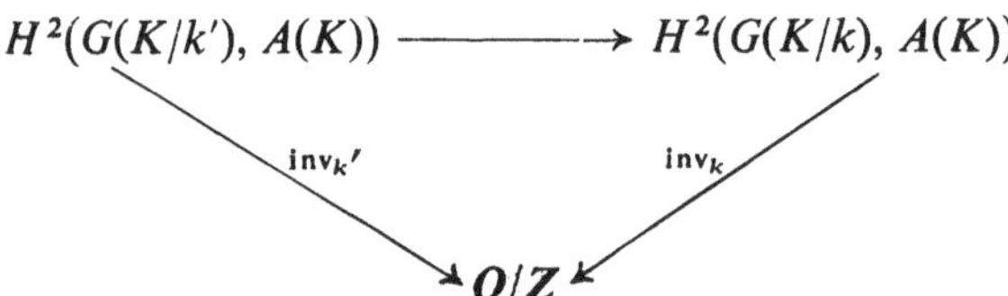

ist kommutativ.

(III) *Ist K'/k eine normale Teilerweiterung von K/k, dann ist die Inflation*

$$H^2(G(K'/k), A(K')) \to H^2(G(K/k), A(K))$$

injektiv, und das Diagramm

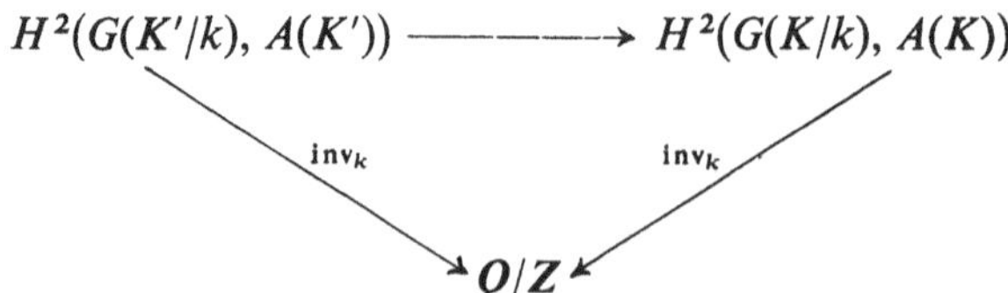

ist kommutativ.

Die erste Behauptung von (III) folgt wegen $H^1(G, A(K)) = \{0\}$ aus Satz 3.15.

(IV) *Ist s ein Isomorphismus von K auf sK und s* der induzierte Isomorphismus*

$$H^2(G(K/k), A(K)) \to H^2(G(sK/sk), A(sK)),$$

dann ist das Diagramm

$$\begin{array}{ccc} H^2(G(K/k), A(K)) & \xrightarrow[s^*]{} & H^2(G(sK/sk), A(sK)) \\ & \searrow^{\mathrm{inv}_k} \quad \swarrow^{\mathrm{inv}_{sk}} & \\ & \mathbf{Q}/\mathbf{Z} & \end{array}$$

kommutativ.

Es sei jetzt k ein lokaler Körper, K eine endliche normale unverzweigte Erweiterung, $G = G(K/k)$ und E die Einheitengruppe von K. Dann ist $H^\nu(G, E) = \{0\}$ für $\nu \geqq 1$.

Die zu der exakten Sequenz

$$1 \to E \to K^\times \underset{\nu_J}{\to} \mathbf{Z} \to 0$$

gehörige Kohomologiesequenz liefert einen Isomorphismus

$$H^2(G, K^\times) \to H^2(G, \mathbf{Z}),$$

den wir mit

$$\Delta^{-1}: H^2(G, \mathbf{Z}) \to H^1(G, \mathbf{Q}/\mathbf{Z})$$

kombinieren. Die Gruppe G ist zyklisch, da K/k unverzweigt ist, und hat den Frobenius-Automorphismus $\sigma_{K/k}$ als Erzeugende. Wir definieren einen Monomorphismus von $H^1(G, \mathbf{Q}/\mathbf{Z})$ in $\mathbf{Q}/\mathbf{Z}$ durch

$$\chi \to \chi(\sigma_{K/k}).$$

Wir erhalten insgesamt eine Abbildung φ von $H^2(G, K^\times)$ in $\mathbf{Q}/\mathbf{Z}$. φ ist gleich inv_k. In der Tat wird

$$\varphi(\pi \cup \Delta\chi) = \chi(\sigma_{K/k}),$$

woraus die Behauptung nach § 8.6 durch Vergleich mit (8.7) folgt.

Man kann zeigen, daß inv_k im allgemeinen Fall durch diese Berechnung für unverzweigte Erweiterungen und durch die Transformationseigenschaften (I) und (III) eindeutig festgelegt ist. Hierin besteht ein wesentlicher Schritt in der Kohomologie-Maschinerie der lokalen Klassenkörpertheorie.

8.10. Kohomologie der multiplikativen Gruppe

Es sei jetzt K/k eine endliche globale Erweiterung und $G = G(K/k)$. Zu jeder Primstelle $\mathfrak{p}$ von k werde ein Primteiler $\mathfrak{P}$ in K fixiert. Die Einlagerung $K \to K_{\mathfrak{P}}$ induziert einen Homomorphismus

$$\psi_{\mathfrak{p}}\colon H^2(G, K^\times) \to H^2(\mathfrak{Z}_{\mathfrak{P}}, K_{\mathfrak{P}}^\times),$$

wobei $\mathfrak{Z}_{\mathfrak{P}} = G(K_{\mathfrak{P}}/k_{\mathfrak{p}})$ ist.

Für ein $\alpha \in H^2(G, K^\times)$ verschwindet $\psi_{\mathfrak{p}}\alpha$ für fast alle $\mathfrak{p}$. In der Tat ist K/k für fast alle $\mathfrak{p}$ unverzweigt, und ein zu α gehöriger Kozyklus hat für fast alle $\mathfrak{p}$ Werte, die Einheiten in $K_{\mathfrak{P}}$ sind. Für ein solches $\mathfrak{p}$ liegt $\psi_{\mathfrak{p}}\alpha$ im Bild von

$$H^2(\mathfrak{Z}_{\mathfrak{P}}, E_{\mathfrak{P}}) \to H^2(\mathfrak{Z}_{\mathfrak{P}}, K_{\mathfrak{P}}^\times),$$

wobei $E_{\mathfrak{P}}$ die Einheitengruppe von $K_{\mathfrak{P}}$ ist, und $H^2(\mathfrak{Z}_{\mathfrak{P}}, E_{\mathfrak{P}})$ verschwindet für unverzweigte Erweiterungen $K_{\mathfrak{P}}/k_{\mathfrak{p}}$. Die Abbildung

$$H^2(G, K^\times) \to \sum_{\mathfrak{p}} H^2(\mathfrak{Z}_{\mathfrak{P}}, K_{\mathfrak{P}}^\times), \tag{8.8}$$

wobei die Summe über alle Primstellen von k erstreckt wird und $\mathfrak{P}$ der fixierte Primteiler von $\mathfrak{p}$ ist, ist daher wohldefiniert. Durch $\mathrm{inv}_{k_{\mathfrak{p}}}\colon H^2(\mathfrak{Z}_{\mathfrak{P}}, K_{\mathfrak{P}}^\times) \to \boldsymbol{Q}/\boldsymbol{Z}$ wird eine Abbildung

$$\sum_{\mathfrak{p}} H^2(Z_{\mathfrak{P}}, K_{\mathfrak{P}}^\times) \to \boldsymbol{Q}/\boldsymbol{Z}, \tag{8.9}$$

die *Summe der Invarianten*, induziert.

Das Hassesche Lokal-global-Prinzip besagt, daß die mit Hilfe von (8.8) *und* (8.9) *gebildete Sequenz*

$$0 \to H^2(G, K^\times) \to \sum_{\mathfrak{p}} H^2(\mathfrak{Z}_{\mathfrak{P}}, K_{\mathfrak{P}}^\times) \to \boldsymbol{Q}/\boldsymbol{Z} \tag{8.10}$$

exakt ist. Die Übertragung auf unendliche Erweiterungen entsprechend Satz 3.17 bereitet keinerlei Schwierigkeit.

Für endliche normale Erweiterungen K/k ist $H^3(G, K^\times)$ eine zyklische Gruppe, deren Ordnung gleich $[K:k]/l(K/k)$ ist, wobei $l(K/k)$ das kleinste gemeinsame Vielfache der lokalen Grade $[K_{\mathfrak{P}}:k_{\mathfrak{p}}]$ für alle Primstellen $\mathfrak{P}|\mathfrak{p}$ ist. Es sei L/k eine normale Teilerweiterung von K/k. Aus dem Diagramm

$$\begin{array}{ccccccccc} 1 & \longrightarrow & L^\times & \longrightarrow & J(L) & \longrightarrow & \mathfrak{C}(L) & \longrightarrow & 1 \\ & & \downarrow & & \downarrow & & \downarrow & & \\ 1 & \longrightarrow & K^\times & \longrightarrow & J(K) & \longrightarrow & \mathfrak{C}(K) & \longrightarrow & 1 \end{array}$$

folgt das kommutative Diagramm

$$\begin{array}{ccc} H^2(G(L/k), \mathfrak{C}(L)) & \longrightarrow & H^3(G(L/k), L^\times) \\ \downarrow{\scriptstyle \mathrm{Inf}} & & \downarrow{\scriptstyle \mathrm{Inf}} \\ H^2(G(K/k), \mathfrak{C}(K)) & \longrightarrow & H^3(G(K/k), K^\times) \end{array}$$

Hierbei bezeichnen die waagerechten Pfeile Epimorphismen. Die linke Inflation ist ein Monomorphismus zyklischer Gruppen. Das Bild der rechten Inflation verschwindet daher, wenn $[K:k]/l(K:k)$ ein Teiler von $[K:L]$, d. h. $[L:k]$ ein Teiler von $l(K/k)$ ist.

8.11. Normenrestsymbol

Im Fall eines lokalen Körpers k betrachten wir das Artin-Symbol, das in diesem Fall als *Normenrestsymbol* bezeichnet wird, noch etwas genauer.

In k seien die n-ten Einheitswurzeln enthalten, wobei n prim zur Charakteristik von k ist, und ζ_n sei eine primitive n-te Einheitswurzel. Weiter sei $K = k(\sqrt[n]{\alpha})$, $\alpha \in k$, eine zyklische Erweiterung von k. Dann definieren wir das Normenrestsymbol (α, β) zur n-ten Potenz für $\alpha, \beta \in k^\times$ durch

$$(\beta, K/k)\sqrt[n]{\alpha} = (\alpha, \beta)\sqrt[n]{\alpha}.$$

(α, β) ist eine n-te Einheitswurzel mit folgenden Eigenschaften:

(I) $(\alpha\alpha', \beta) = (\alpha, \beta)(\alpha', \beta)$.

(II) $(\alpha, \beta\beta') = (\alpha, \beta)(\alpha, \beta')$.

(III) $(\alpha, \beta)(\beta, \alpha) = 1$.

(IV) Aus $(\alpha, \beta) = 1$ für alle $\beta \in k^\times$ folgt $\alpha \in k^{\times n}$.

(V) $(\alpha, \beta) = 1$ gilt genau dann, wenn β eine Norm in $k(\sqrt[n]{\alpha})/k$ ist.

Die Eigenschaften (II), (IV), (V) folgen unmittelbar aus den in § 8.6 aufgeführten Eigenschaften des Artin-Symbols. (III) wird unten bewiesen, (I) folgt aus (II) und (III).

Wir wollen nun (α, β) interpretieren als ein Cup-Produkt von Elementen einer eindimensionalen Kohomologiegruppe. Dabei beschränken wir uns auf den Fall, daß $n = q$ eine Potenz von p ist. G sei die Galoissche Gruppe der maximalen p-Erweiterung $\hat{k}$ von k.

Jedem $\alpha \in k^\times$ wird ein Element χ_α aus $H^1(G, \mathbf{Z}/q\mathbf{Z})$ zugeordnet durch

$$g(\sqrt[q]{\alpha}) = \zeta_q^{\chi_\alpha(g)}\sqrt[q]{\alpha}, \quad g \in G.$$

Die so definierte Abbildung φ ist ein Homomorphismus von $k^\times$ auf $H^1(G, \mathbf{Z}/q\mathbf{Z})$ mit dem Kern $k^{\times q}$.

Wir zeigen nun, daß die Gruppe E_q der q-ten Einheitswurzeln in k isomorph zu $H^2(G, \mathbf{Z}/q\mathbf{Z})$ ist, und betrachten dazu die exakte „Kummer-Sequenz"

$$0 \to \mathbf{Z}/q\mathbf{Z} \xrightarrow[\lambda]{} \hat{k}^\times \xrightarrow[q]{} \hat{k}^\times \to 1, \tag{8.11}$$

wobei $\hat{k}$ die maximale separable p-Erweiterung von k bezeichnet (siehe auch § 9), λ durch $\lambda(a) = \zeta_n^a$ definiert ist und die Abbildung q Potenzierung mit q bedeutet. Aus (8.11) folgt die Kohomologiesequenz

$$\{0\} = H^1(G, \hat{k}^\times) \to H^2(G, \boldsymbol{Z}/q\boldsymbol{Z}) \underset{\lambda^*}{\to} H^2(G, \hat{k}^\times) \underset{q}{\to} H^2(G, \hat{k}^\times).$$

Da das Bild $H^2(G, \hat{k}^*)_q$ von λ^* nach § 8.9 zyklisch von der Ordnung q ist, erhalten wir das gewünschte Ergebnis. Entsprechend § 8.9 wird durch

$$\varepsilon \to \zeta_q^{(q\, \mathrm{inv}_k \varepsilon)}, \quad \varepsilon \in H^2(G, \hat{k}^\times),$$

ein Isomorphismus ι von $H^2(G, \hat{k}^\times)_q$ auf E_q definiert. Dann ist $\psi = \iota \cdot \lambda^*$ ein Isomorphismus von $H^2(G, \boldsymbol{Z}/q\boldsymbol{Z})$ auf E_q.

Wir kommen nun zu der gesuchten Interpretation des Normenrestsymbols:

Satz 8.12. *Für alle* $\alpha, \beta \in k^\times$ *gilt*

$$(\alpha, \beta) = \psi(\varphi\alpha \cup \varphi\beta)^{-1}.$$

Beweis. Nach Definition wird

$$(\alpha, \beta) = \zeta_q^{\chi_\alpha'(\beta, k(\sqrt[q]{\alpha})/k)},$$

wobei $\chi_\alpha' \in H^1(G(k(\sqrt[q]{\alpha})/k), \boldsymbol{Z}/q\boldsymbol{Z})$ von χ_α induziert ist. Nach (8.7) und der Transformationsregel (III) in § 8.9 gilt

$$(\alpha, \beta) = \zeta_q^{(q\,\mathrm{inv}_k(\beta \cup \Delta\chi_\alpha'))} = \iota(\beta \cup \Delta\chi_\alpha).$$

Die Abbildung $\Delta\chi_\alpha$ wird repräsentiert durch den Kozyklus

$$g, h \to \frac{1}{q}(\overline{\chi_\alpha(g)} + \overline{\chi_\alpha(h)} - \overline{\chi_\alpha(gh)}),$$

wobei $\bar{z}$ einen Vertreter von $z \in \boldsymbol{Z}/q\boldsymbol{Z}$ in $\boldsymbol{Z}$ bezeichnet.

Zum Beweis von Satz 8.12 bleibt daher zu zeigen, daß

$$\beta \cup \Delta\chi_\alpha = -\lambda^*(\chi_\alpha \cup \chi_\beta)$$

gilt. $\lambda^*(\chi_\alpha \cup \chi_\beta)$ wird repräsentiert durch den Kozyklus

$$g, h \to \zeta_q^{\chi_\alpha(g)\chi_\beta(h)} = h(\sqrt[q]{\beta})^{\overline{\chi_\alpha(g)}} / \sqrt[q]{\beta}^{\overline{\chi_\alpha(g)}}. \tag{8.12}$$

$\beta \cup \Delta\chi_\alpha$ wird repräsentiert durch den Kozyklus

$$g, h \to \beta^{(1/q)(\overline{\chi_\alpha(g)} + \overline{\chi_\alpha(h)} - \overline{\chi_\alpha(gh)})} = \sqrt[q]{\beta}^{(\overline{\chi_\alpha(g)} + \overline{\chi_\alpha(h)} - \overline{\chi_\alpha(gh)})}. \tag{8.13}$$

Das Produkt von (8.12) und (8.13) ist ein Korand, woraus Satz 8.12 folgt. □

Aus der Antikommutativität des Cup-Produktes folgt nach Satz 8.12 die Eigenshhaft (III) des Normenrestsymbols.

Als Ergänzung zu Satz 8.12 beweisen wir noch den folgenden

Satz 8.13. *Ist B die Abbildung von $H^1(G, \mathbf{Z}/q\mathbf{Z})$ in $H^2(G, \mathbf{Z}/q\mathbf{Z})$, die durch die exakte Sequenz*

$$0 \to \mathbf{Z}/q\mathbf{Z} \underset{q}{\to} \mathbf{Z}/q^2\mathbf{Z} \to \mathbf{Z}/q\mathbf{Z} \to 0$$

induziert wird, dann gilt

$$(\alpha, \zeta_q) = \psi(B\varphi\alpha).$$

Beweis. Dem Beweis von Satz 8.12 entsprechend haben wir

$$\zeta_q \cup \delta\chi_\alpha = \lambda^*(B\varphi\alpha)$$

zu zeigen. $B\varphi\alpha$ wird repräsentiert durch den Kozyklus

$$g, h \to \frac{1}{q}\left(\overline{\chi_\alpha(g)} + \overline{\chi_\alpha(h)} - \overline{\chi_\alpha(gh)}\right) + q\mathbf{Z}.$$

Daraus folgt die Behauptung.□

§ 9. DIE MAXIMALE p-ERWEITERUNG

Unter der *maximalen p-Erweiterung* $\hat{k}$ eines Körpers k verstehen wir das Kompositum (in einer algebraischen Abschließung von k) aller endlichen p-Erweiterungen von k, d. h. aller normalen (separablen) Erweiterungen von k von p-Potenzgrad.

Die Erweiterung $\hat{k}$ ist abgeschlossen gegenüber p-Erweiterungen. Ist nämlich K eine p-Erweiterung von $\hat{k}$, so sind auch die Konjugierten über k p-Erweiterungen von $\hat{k}$, und daher ist der von K über k erzeugte Normalkörper $\bar{K}$ eine p-Erweiterung, d. h. $\bar{K} = K = \hat{k}$.

Wir bezeichnen im folgenden $G(\hat{k}/k)$ mit G_k. Eine wesentliche Rolle spielt die Frage, ob die p-ten Einheitswurzeln in k liegen oder nicht. Zur Abkürzung definieren wir die Funktion $\delta(k)$, die im ersten Fall gleich 1 und im zweiten Fall gleich 0 sei. Für Körper k der Charakteristik p setzen wir $\delta(k) = 0$. In diesem Paragraphen interessieren wir uns vor allem für Fälle, in denen G_k frei ist.

9.1. Körper der Charakteristik p

Wir wollen folgenden Satz beweisen.

Satz 9.1. *Ist k ein Körper der Charakteristik p, dann ist G_k eine freie Pro-p-Gruppe mit dem Erzeugendenrang*

$$\dim_{Z/pZ} k^+/\wp(k^+), \tag{9.1}$$

wobei

$$\wp(x) = x^p - x \tag{9.2}$$

gesetzt ist.

Beweis. Wir betrachten die „Artin-Schreier-Sequenz“

$$0 \to \boldsymbol{Z}/p\boldsymbol{Z} \to \hat{k}^+ \underset{\wp}{\to} \hat{k}^+ \to 0.$$

Diese Sequenz ist exakt. Das ist offensichtlich bis auf die Surjektivität von $\wp$, für die man zu zeigen hat, daß die Gleichung

$$x^p - x = \alpha, \quad \alpha \in \hat{k}^\times, \tag{9.3}$$

eine Lösung ξ in $\hat{k}$ hat. Mit ξ ist auch $\xi + a$, $a \in \mathbf{Z}/p\mathbf{Z}$, Lösung von (9.3). Daher ist $\hat{k}(\xi)/\hat{k}$ eine p-Erweiterung, d. h. $\xi \in \hat{k}$. Die zugehörige Kohomologiesequenz liefert wegen Satz 3.18

$$k^+ \xrightarrow[\wp]{} k^+ \to H^1(G_k) \to 0,$$

woraus (9.1) folgt, und

$$H^2(G_k) = \{0\},$$

woraus nach Satz 4.13 folgt, daß G_k frei ist.□

9.2. Körper, welche die p-ten Einheitswurzeln enthalten

Wir nehmen jetzt an, daß die Charakteristik von k verschieden von p ist und daß k die p-ten Einheitswurzeln enthält. ζ_p bezeichnet eine primitive p-te Einheitswurzel.

Satz 9.2. *$H^2(G_k)$ ist isomorph zu $H^2(G_k, \hat{k}^\times)_p$, und der Erzeugendenrang von G_k ist*

$$\dim_{\mathbf{Z}/p\mathbf{Z}} k^\times/k^{\times p}. \tag{9.4}$$

Beweis. Wir betrachten die „Kummer-Sequenz“

$$0 \to \mathbf{Z}/p\mathbf{Z} \xrightarrow[\varphi]{} \hat{k}^\times \xrightarrow[p]{} \hat{k}^\times \to 1, \tag{9.5}$$

wobei φ durch

$$\varphi(a) = \zeta_p^a, \quad a \in \mathbf{Z}/p\mathbf{Z},$$

gegeben ist und p die Erhebung in die p-te Potenz bedeutet.

Die Sequenz (9.5) ist exakt: Das ist offensichtlich bis auf die Surjektivität von p, für die man zu zeigen hat, daß die Gleichung

$$x^p = \alpha$$

für alle $\alpha \in \hat{k}^\times$ eine Lösung ξ in $\hat{k}$ hat. Die Erweiterung $\hat{k}(\xi)/k$ ist eine p-Erweiterung, d. h. $\xi \in \hat{k}$.

Die zu (9.5) gehörige Kohomologiesequenz liefert nach Satz 3.19

$$k^\times \xrightarrow[p]{} k^\times \to H^1(G_k) \to 0,$$

woraus (9.4) folgt, und

$$0 \to H^2(G_k) \to H^2(G_k, \hat{k}^\times) \xrightarrow[p]{} H^2(G_k, \hat{k}^\times),$$

wobei p die Multiplikation mit p bezeichnet. Hieraus folgt die erste Behauptung von Satz 9.2.□

Wir interessieren uns nun für Fälle, in denen $H^2(G_k, \hat{k}^\times)_p$ verschwindet. Das ist vor allem dann der Fall, wenn der Grundkörper k schon „genügend groß“ ist. Ein lokaler Körper k heißt *p-unendlich*, wenn er Vereinigung von endlichen lokalen Körpern k_i, $i \in I$, ist, wobei es zu jedem $i \in I$ ein $i' \in I$ mit $p | [k_{i'} : k_i]$ gibt.

Satz 9.3. *Ist k ein lokaler p-unendlicher Körper, dann ist G_k eine freie Pro-p-Gruppe.*

Beweis. Wegen Satz 9.2 und Satz 4.13 genügt es, $H^2(G_k, \hat{k}^\times)_p = \{0\}$ zu zeigen. Die Kohomologiegruppe $H^2(G_k, \hat{k}^\times)$ ist isomorph zu $\varinjlim H^2(G_{k_i}, \hat{k}_i^\times)$. Es genügt daher zu zeigen, daß $\varinjlim H^2(G_{k_i}, k_i^\times)_p$ verschwindet. Ist $\alpha_i \in H^2(G_{k_i}, k_i^\times)_p$ und $p | [k_j : k_i]$, dann wird α_i nach § 8.9, (I) bei

$$H^2(G(\hat{k}_i/k_i), \hat{k}_i^\times) \to H^2(G(\hat{k}_i k_j/k_j), (\hat{k}_i k_j)^\times)$$

und daher erst recht bei

$$H^2(G(\hat{k}_i/k_i), \hat{k}_i^\times) \to H^2(G(\hat{k}_j/k_j), \hat{k}_j^\times)$$

auf 0 abgebildet. Daraus folgt die Behauptung.□

Satz 9.4. *Es sei k ein globaler Körper mit der Eigenschaft, daß $k_\mathfrak{p}$ für alle endlichen Primstellen $\mathfrak{p}$ p-unendlich ist. Wenn k algebraischer Zahlkörper und $p = 2$ ist, sei k total imaginär, d. h., für alle unendlichen Primstellen $\mathfrak{p}$ von k sei $k_\mathfrak{p} = C$. Dann ist G_k eine freie Pro-p-Gruppe.*

Beweis. $H^2(G_k, k^\times)$ ist isomorph zu $\varinjlim H^2(G_{k_i}, \hat{k}_i^\times)$, wobei k_i alle endlichen globalen Teilkörper von k durchläuft. Es genügt daher zu zeigen, daß $\varinjlim H^2(G_{k_i}, k_i^\times)_p$ verschwindet.

Für $k_i \subset k_j$ haben wir nach (8.10) ein exaktes und kommutatives Diagramm

$$\begin{array}{ccccc} 0 & \longrightarrow & H^2(G_{k_i}, \hat{k}_i^\times) & \longrightarrow & \sum_{\mathfrak{p}_i} H^2(\mathfrak{Z}_{\mathfrak{P}_i}, \hat{k}_{i\mathfrak{P}_i}^\times) \\ & & \downarrow & & \downarrow \varphi \\ 0 & \longrightarrow & H^2(G_{k_j}, \hat{k}_j^\times) & \longrightarrow & \sum_{\mathfrak{p}_j} H^2(\mathfrak{Z}_{\mathfrak{P}_j}, \hat{k}_{j\mathfrak{P}_j}^\times) \end{array} \tag{9.6}$$

Dabei durchläuft $\mathfrak{p}_i$ bzw. $\mathfrak{p}_j$ alle Primstellen von k_i bzw. k_j, und $\mathfrak{P}_i$ bzw. $\mathfrak{P}_j$ ist ein fixierter Primteiler von $\mathfrak{p}_i$ bzw. $\mathfrak{p}_j$ mit $\mathfrak{P}_j | \mathfrak{P}_i$ für $\mathfrak{p}_j | \mathfrak{p}_i$. Die Abbildung φ wird induziert durch den natürlichen Homomorphismus

$$\varphi_{\mathfrak{p}_j | \mathfrak{p}_i} : H^2(\mathfrak{Z}_{\mathfrak{P}_i}, \hat{k}_{i\mathfrak{P}_i}^\times) \to H^2(\mathfrak{Z}_{\mathfrak{P}_j}, \hat{k}_{j\mathfrak{P}_j}^\times)$$

für $\mathfrak{p}_j | \mathfrak{p}_i$, d. h., wir setzen für $\alpha_{\mathfrak{p}_i} \in H^2(\mathfrak{Z}_{\mathfrak{P}_i}, \hat{k}_{i\mathfrak{P}_i}^\times)$

$$\varphi\left(\sum_{\mathfrak{p}_i} \alpha_{\mathfrak{p}_i}\right) = \sum_{\mathfrak{p}_i} \sum_{\mathfrak{p}_j | \mathfrak{p}_i} \varphi_{\mathfrak{p}_j | \mathfrak{p}_i}(\alpha_{\mathfrak{p}_i}).$$

Aus (9.6) folgt nun die Behauptung entsprechend dem Beweis von Satz 9.3.□

Beispiel 9.5. Die Voraussetzungen von Satz 9.3 bzw. Satz 9.4 sind erfüllt, wenn k alle Einheitswurzeln von p-Potenzordnung enthält.

9.3. Körper, welche die p-ten Einheitswurzeln nicht enthalten

Wir nehmen jetzt an, daß der Grundkörper k von p verschiedene Charakteristik hat und die p-ten Einheitswurzeln nicht enthält. Wir setzen $k' = k(\zeta_p)$. Es gilt der folgende Reduktionssatz.

Satz 9.6. *Die Restriktion von $H^2(G(\hat{k}'/k))$ in $H^2(G(\hat{k}'/\hat{k}k'))$ sei trivial. Dann ist $H^2(G_k)$ isomorph zu $H^2(G_{k'})^{G(k'/k)}$.*

Beweis. Wir zeigen zunächst, daß $H^1(G(\hat{k}'/\hat{k}))$ verschwindet. Sei $\lambda \in H^1(G(\hat{k}'/\hat{k}))$, d. h., λ ist ein Homomorphismus von $G(\hat{k}'/\hat{k})$ in $\boldsymbol{Z}/p\boldsymbol{Z}$. Ker λ hat Index 1 oder p in $G(\hat{k}'/\hat{k})$ und ist Normalteiler von $G(\hat{k}'/\hat{k})$, d. h., der Fixkörper von Ker λ ist eine p-Erweiterung von $\hat{k}$ und daher gleich $\hat{k}$. Daraus folgt Ker $\lambda = G(\hat{k}'/\hat{k})$, d. h. $\lambda = 0$.

Wir betrachten nun die Inflation

$$H^2(G(\hat{k}/k)) \to H^2(G(\hat{k}'/k)). \tag{9.7}$$

Wegen $H^1(G(\hat{k}'/\hat{k})) = \{0\}$ und Satz 3.15 haben wir eine exakte Sequenz

$$0 \to H^2(G(\hat{k}/k)) \underset{\text{Inf}}{\to} H^2(G(\hat{k}'/k)) \underset{\text{Res}}{\to} H^2(G(\hat{k}'/\hat{k})).$$

Andererseits ist die Restriktion

$$H^2(G(\hat{k}'/\hat{k})) \to H^2(G(\hat{k}'/\hat{k}k'))$$

nach Satz 3.16 injektiv, da der Grad $[\hat{k}k' : \hat{k}]$ zu p prim ist. Mit

$$H^2(G(\hat{k}'/k)) \to H^2(G(\hat{k}'/\hat{k}k'))$$

ist daher auch

$$H^2(G(\hat{k}'/k)) \to H^2(G(\hat{k}'/\hat{k}))$$

trivial, d. h., (9.7) ist ein Isomorphismus.

Weiter folgt aus $(p, [k' : k]) = 1$ wieder nach Satz 3.16, daß die Restriktion

$$H^2(G(\hat{k}'/k)) \to H^2(G(\hat{k}'/k'))^{G(k'/k)} \tag{9.8}$$

ein Isomorphismus ist.

Durch Komposition von (9.7) mit (9.8) erhält man daher den gesuchten Isomorphismus von $H^2(G_k)$ auf $H^2(G_{k'})^{G(k'/k)}$. □

Nach Satz 9.3 und Satz 9.4 ist $H^2(G(\hat{k}'/\hat{k}k')) = 0$, wenn k ein lokaler oder globaler Körper ist. Die Voraussetzungen von Satz 9.6 sind also in diesem Fall erfüllt. Insbesondere gilt

Satz 9.7. *Es sei k ein lokaler p-unendlicher Körper oder globaler Körper mit der Eigenschaft, daß $k_{\mathfrak{p}}$ für alle endlichen Primstellen $\mathfrak{p}$ p-unendlich ist. Dann ist G_k eine freie Pro-p-Gruppe.*

Beispiel 9.8. Die Voraussetzungen von Satz 9.7 sind erfüllt, wenn k für alle $n \geqq 2$ die p-Erweiterung über dem Primkörper von k enthält, die im Körper der p^n-ten Einheitswurzeln enthalten ist.

§ 10. ENDLICHE LOKALE KÖRPER

In diesem Paragraphen untersuchen wir die maximale p-Erweiterung genauer für den Fall, daß k ein endlicher lokaler Körper ist. Wir bezeichnen mit $\mathfrak{p}$ den Primdivisor von k und mit $\chi(\mathfrak{p})$ die Charakteristik des Restklassenkörpers von k.

Die Erweiterung $\hat{k}/k$ enthält als ausgezeichnete Teilerweiterung die maximale unverzweigte p-Erweiterung T_k von k. Die Galoissche Gruppe von $G(T_k/k)$ ist nach § 8.3 und § 8.6 isomorph zu $\boldsymbol{Z}_p$ mit einer ausgezeichneten Erzeugenden σ_k, dem Frobenius-Automorphismus von T_k/k. Daraus ergibt sich das Problem der gruppentheoretischen Beschreibung der Pro-p-Gruppe $G(\hat{k}/k) = G_k$ mit dem ausgezeichneten Normalteiler $\mathfrak{T}_k = G(k/T_k)$, wobei die Faktorgruppe $G_k/\mathfrak{T}_k$ kanonisch isomorph zu $\boldsymbol{Z}_p$ ist.

In dem schwierigsten Fall, daß k ein $\mathfrak{p}$-adischer Zahlkörper, der die p-ten Einheitswurzeln enthält, und $\chi(\mathfrak{p}) = p$ ist, werden wir dieses Problem nur teilweise lösen.

10.1. Der Fall $\chi(\mathfrak{p}) \neq p$

Wir betrachten zunächst den Fall, daß die Charakteristik des Restklassenkörpers von k verschieden von p ist.

Wenn die p-ten Einheitswurzeln nicht in k liegen, d. h.

$$N(\mathfrak{p}) \not\equiv 1 \pmod p$$

gilt, ist $\hat{k}/k$ nach § 8.5 unverzweigt.

Satz 10.1. *Es sei $\chi(\mathfrak{p}) \neq p$ und $\delta(k) = 0$. Dann ist G_k isomorph zu $\boldsymbol{Z}_p$ und $\mathfrak{T}_k = \{1\}$.*

Wir nehmen jetzt an, daß die p-ten Einheitswurzeln in k liegen, dann ist

$$N(\mathfrak{p}) \equiv 1 \pmod p.$$

Durch Adjunktion einer primitiven p^n-ten Einheitswurzel ζ_{p^n} zu k erhält man eine p-Erweiterung, deren Grad mit n gegen Unendlich geht, d. h., es gilt

$$T_k = \bigcup_{n=1}^{\infty} k(\zeta_{p^n}).$$

Daher läßt sich nach § 8.5 jede endliche Teilerweiterung von $\hat{k}/k$ durch zwei Elemente ζ_{p^n} und $\sqrt[p^m]{\pi\zeta}$ erzeugen, wobei π ein festes Primelement von k und ζ eine Einheitswurzel aus T_k ist. Da dann auch $\sqrt[p^m]{\zeta}$ in T_k liegt, ist $\hat{k}$ Vereinigung der normalen Erweiterungen

$$K_n = k(\zeta_{p^n}, \sqrt[p^n]{\pi}), \quad n = 1, 2, \ldots.$$

Die Einheitswurzeln ζ_{p^n} seien so normiert, daß

$$\zeta_{p^n}^{p^m} = \zeta_{p^{n-m}}$$

für $n \geqq m$ gilt. $G(K_n/k)$ wird dann erzeugt von zwei Automorphismen σ_n, τ_n, die durch

$$\sigma_n(\zeta_{p^n}) = \zeta_{p^n}^{N(\mathfrak{p})}, \quad \sigma_n(\sqrt[p^n]{\pi}) = \sqrt[p^n]{\pi}$$

und

$$\tau_n(\zeta_{p^n}) = \zeta_{p^n}, \quad \tau_n(\sqrt[p^n]{\pi}) = \zeta_{p^n}\sqrt[p^n]{\pi}$$

definiert sind. σ_n ist eine Fortsetzung des Frobenius-Automorphismus von $k(\zeta_{p^n})/k$ und τ_n eine Erzeugende der zyklischen Trägheitsgruppe von K_n/k. Die Automorphismen σ_n und τ_n genügen der Vertauschungsrelation

$$\sigma_n\tau_n\sigma_n^{-1} = \tau_n^{N(\mathfrak{p})}. \tag{10.1}$$

Die Gruppe G_k ist inverser Limes des Systems $\{G(K_n/k)|n = 1, 2, \ldots\}$. Daher ist G_k eine Pro-p-Gruppe mit den Erzeugenden

$$\sigma = \prod_{n=1}^{\infty} \sigma_n, \quad \tau = \prod_{n=1}^{\infty} \tau_n,$$

die der Vertauschungsrelation

$$\sigma\tau\sigma^{-1} = \tau^{N(\mathfrak{p})} \tag{10.2}$$

genügen. σ ist Fortsetzung des Frobenius-Automorphismus der maximalen unverzweigten p-Erweiterung T_k/k und τ ist Erzeugende der Trägheitsgruppe $\mathfrak{T}_k$ von G_k. Nach Konstruktion ist $\mathfrak{T}_k$ isomorph zu $\boldsymbol{Z}_p$. Jede andere Fortsetzung σ' des Frobenius-Automorphismus von T_k/k hat die Form

$$\sigma' = \sigma\tau^a, \quad a \in \boldsymbol{Z}_p,$$

und genügt daher ebenfalls (11.2). Die Relation (11.2) bleibt auch erhalten, wenn man τ durch eine andere Erzeugende von $\mathfrak{T}_k$ ersetzt. Damit ist der folgende Satz bewiesen.

Satz 10.2. *Ist $\chi(\mathfrak{p}) \neq p$ und $\delta(k) = 1$, dann ist G_k eine Pro-p-Gruppe mit zwei Erzeugenden σ und τ, die der Beziehung*

$$\tau^{N(\mathfrak{p})-1}[\tau^{-1}, \sigma^{-1}] = 1$$

genügen. Dabei ist σ eine beliebige Fortsetzung des Frobenius-Automorphismus der maximalen unverzweigten p-Erweiterung von k auf $\hat{k}$ und τ eine beliebige Erzeugende der zu $\boldsymbol{Z}_p$ isomorphen Trägheitsgruppe von $\hat{k}/k$.

Nach Satz 10.2 ist G_k eine Pro-p-Gruppe vom Erzeugendenrang 2 und Relationenrang 1. Dieses Ergebnis hätte man auch aus Satz 9.2 entnehmen können.
In der Tat gilt folgender allgemeiner Satz:

Satz 10.3. *Ist k ein endlicher lokaler Körper mit von p verschiedener Charakteristik und $\delta(k) = 1$, dann ist G_k eine Pro-p-Gruppe der kohomologischen Dimension 2 mit dem Erzeugendenrang 2, wenn $\chi(\mathfrak{p}) \neq p$, bzw. $[k : \boldsymbol{Q}_p] + 2$, wenn $\chi(\mathfrak{p}) = p$ ist, und dem Relationenrang 1.*

Beweis. Den Erzeugendenrang berechnet man nach § 8.5 und Satz 9.2. Nach § 8.9 und Satz 9.2 ist $r(G_k) = 1$. Weiter wird

$$\chi_2(G_k) = \begin{cases} 0 & \text{für} \quad \chi(\mathfrak{p}) \neq p, \\ -[k : \boldsymbol{Q}_p] & \text{für} \quad \chi(\mathfrak{p}) = p. \end{cases}$$

Es sei nun U eine Untergruppe von G_k von endlichem Index. Dann ist der zu U gehörige Fixkörper $K(U)$ eine endliche p-Erweiterung von k, und es gilt im zweiten Fall

$$\chi_2(U) = -[K(U) : \boldsymbol{Q}_p] = -[K(U) : k]\,[k : \boldsymbol{Q}_p] = [G_k : U]\,\chi_2(G_k);$$

im ersten Fall wird trivialerweise $\chi_2(U) = [G_k : U]\,\chi_2(G_k)$. Nach Satz 5.5 ist daher die kohomologische Dimension von G_k gleich 2.□

10.2. Der Fall $\chi(\mathfrak{p}) = p$, $\delta(k) = 0$

Wenn k Primzahlcharakteristik hat, ist diese gleich der Restklassencharakteristik $\chi(\mathfrak{p})$. Für $\chi(\mathfrak{p}) = p$ befinden wir uns daher in der Situation von Satz 9.1. Es gilt

Satz 10.4. *Ist k eine endlicher lokaler Körper der Charakteristik p, dann ist G_k eine freie Pro-p-Gruppe von abzählbarem Erzeugendenrang.*

Das Erzeugendensystem von G_k kann in der Form $\{\sigma, \tau_1, \tau_2, \ldots\}$ gewählt werden, wobei σ eine Fortsetzung des Frobenius-Automorphismus von T_k/k ist und $\tau_1, \tau_2, \ldots$ aus $G(k/T_k)$ sind.

Beweis. Für den Erzeugendenrang $d(G_k)$ von G_k gilt nach § 8.7 $d(G_k) = \dim H^1(G_k) = \dim \operatorname{Char}(G_k/G_k^p[G_k, G_k]) = \dim \operatorname{Char}(k^\times/k^{\times p})$. Nach § 8.5 ist $k^\times/k^{\times p}$ direktes Produkt von abzählbar vielen zyklischen Gruppen der Ordnung p, woraus folgt, daß $d(G_k)$ abzählbar ist. Das läßt sich auch beweisen, indem man entsprechend Satz 9.1 die Dimension von $k^+/\wp k^+$ berechnet.

Es sei π ein Primelement von k und $\varepsilon_1, \varepsilon_2, \ldots$ entsprechend § 8.5 ein System von Einseinheiten von k, so daß sich jede Einseinheit ε von k eindeutig in der Form

$$\varepsilon = \prod_{\nu=1}^{\infty} \varepsilon_\nu^{a_\nu}, \quad a_\nu \in \boldsymbol{Z}_p,$$

darstellen läßt. Weiter sei $\bar{k}$ die maximale abelsche p-Erweiterung von k. Dann bilden

$$\sigma' = (\pi, \bar{k}/k), \quad \tau'_\nu = (\varepsilon_\nu, \bar{k}/k), \quad \nu = 1, 2, \ldots,$$

nach § 8.7 ein minimales Erzeugendensystem von $G(\bar{k}/k)$, wobei σ' eine Fortsetzung des Frobenius-Automorphismus von T_k/k ist und $\tau'_1, \tau'_2, \ldots$ in der Trägheitsgruppe von $\bar{k}/k$ liegen. Durch Fortsetzung dieser Automorphismen auf k entsprechend Satz 4.11 erhält man das gewünschte Erzeugendensystem von G_k.□

Es sei nun k ein Körper der Charakteristik 0, d. h. ein endlicher $\mathfrak{p}$-adischer Zahlkörper und $\delta(k) = 0$. Es gilt:

Satz 10.5. *Ist k ein endlicher $\mathfrak{p}$-adischer Zahlkörper mit $\chi(\mathfrak{p}) = p$, der die p-ten Einheitswurzeln nicht enthält, dann ist G_k eine freie Pro-p-Gruppe vom Erzeugendenrang* $[k : \boldsymbol{Q}_p] + 1 = n + 1$.
Das Erzeugendensystem von G_k kann in der Form $\{\sigma, \tau_1, \ldots, \tau_n\}$ gewählt werden, wobei σ eine Fortsetzung des Frobenius-Automorphismus von T_k/k ist und $\tau_1, \ldots, \tau_n$ in der Trägheitsgruppe von $\bar{k}/k$ liegen.

Beweis. Der Beweis von Satz 10.5 verläuft, die Aussagen über Erzeugende betreffend, analog zum Beweis von Satz 10.4. Für den Erzeugendenrang findet man nach § 8.5

$$d(G_k) = \dim \operatorname{Char}(k^\times / k^{\times p}) = [k : \boldsymbol{Q}_p] + 1. \tag{10.3}$$

Um zu beweisen, daß G_k frei ist, haben wir $\operatorname{cd} G_k \leqq 1$, d. h. $H^2(G_k) = \{0\}$ zu zeigen. Wir geben dafür zwei Beweise.

1. Analog zum Beweis von Satz 10.3 zeigt man, daß für jede Untergruppe U von G_k von endlichem Index

$$\chi_1(U) = [G_k : U]\, \chi_1(G_k)$$

gilt. Nach Satz 5.5 ist daher $\operatorname{cd} G_k \leqq 1$.

2. Wir wenden Satz 9.6 an. Die Voraussetzungen sind nach Satz 9.3 erfüllt. Es gilt also

$$H^2(G_k) \cong H^2(G_{k'})^{G(k'/k)}.$$

Wir zeigen nun, daß $H^2(G_{k'})^{G(k'/k)}$ verschwindet, und bemerken zunächst, daß nach § 8.9, (IV)

$$H^2(G_{k'}, \hat{k}'^\times)^{G(k'/k)} = H^2(G_{k'}, \hat{k}'^\times) \tag{10.4}$$

ist. Andererseits haben wir nach § 9.2 einen Isomorphismus

$$\varphi^*: H^2(G_{k'}) \to H^2(G_{k'}, \hat{k}'^{\times})_p,$$

der durch die Abbildung

$$\varphi(a) = \zeta_p^a, \quad a \in \boldsymbol{Z}/p\boldsymbol{Z},$$

induziert wird. Für $s \in G(k'/k)$ sei

$$s\zeta_p = \zeta_p^{a(s)}, \quad a(s) \in \boldsymbol{Z}/p\boldsymbol{Z}.$$

Dann gilt

$$s\varphi^* = a(s)\,\varphi^* s. \tag{10.5}$$

In der Tat wird $s\varphi^*$ induziert durch den Morphismus

$$G_{k'} \leftarrow G_{k'}: g \to \bar{s}^{-1} g \bar{s},\ g \in G_{k'},$$

$$\boldsymbol{Z}/p\boldsymbol{Z} \to \hat{k}'^{\times}: a \to \zeta_p^{aa(s)},\ a \in \boldsymbol{Z}/p\boldsymbol{Z},$$

$\varphi^* s$ wird induziert durch

$$G_{k'} \leftarrow G_{k'}: g \to \bar{s}^{-1} g \bar{s},\ g \in G_{k'},$$

$$\boldsymbol{Z}/p\boldsymbol{Z} \to \hat{k}'^{\times}: a \to \zeta_p^{a},\ a \in \boldsymbol{Z}/p\boldsymbol{Z},$$

wobei $\bar{s}$ eine Fortsetzung von s auf $G(\hat{k}'/k)$ ist.

Für $\alpha \in H^2(G_{k'})^{G(k'/k)}$ folgt nach (10.4) und (10.5)

$$a(s)\,\varphi^*(\alpha) = \varphi^*(\alpha) = 0$$

und daher $\alpha = 0$. □

10.3. Der Fall $\chi(\mathfrak{p}) = p, \quad \delta(k) = 1$

Wir nehmen zunächst

$$n = [k : \boldsymbol{Q}_p] \equiv 0 \pmod 2$$

an. Für $p \neq 2$ ist das wegen $[\boldsymbol{Q}_p(\zeta_p) : \boldsymbol{Q}_p] = p - 1$ immer der Fall.

Es sei $q = p^{\varkappa}$ die höchste Potenz von p, so daß die q-ten Einheitswurzeln in k liegen. Wir geben hier nur eine Beschreibung von G_k mod $G_k^{(3,q)} \cap G_k^{(1)}$.

Wir beweisen drei Hilfssätze.

Hilfssatz 10.6. *Es sei ζ_q eine primitive q-te Einheitswurzel und q' die höchste Potenz von p, für die*

$$k(\sqrt[q']{\zeta_q})/k$$

unverzweigt ist. Weiter sei g eine ganze rationale Zahl mit

$$\sigma \sqrt[q']{\zeta_q} = \sqrt[q']{\zeta_q}^{\,g}, \tag{10.6}$$

wobei σ der Frobenius-Automorphismus von $k(\sqrt[q]{\zeta_q})/k$ ist. Dann ist $g \equiv 1 \pmod q$, und es gibt eine Basis $\{\pi, \alpha_0, \alpha_1, \ldots, \alpha_n\}$ von $k^\times$ mod $k^{\times q}$, *die den folgenden Bedingungen genügt:*

(I) *π ist Primelement von k.*

(II) *α_0 ist q-primär, d. h., $k(\sqrt[q]{\alpha_0})/k$ ist unverzweigt.*

(III) *$\alpha_1, \ldots, \alpha_n$ sind Einheiten von k.*

(IV) (,) *bezeichne das Normenrestsymbol über k zur q-ten Potenz. Dann gilt*

$$(\alpha_0, \pi) = \zeta_q,$$

$$(\alpha_{2\nu-1}, \alpha_{2\nu}) = \zeta_q, \quad \nu = 1, 2, \ldots, n/2;$$

für alle übrigen Paare ungleicher Basiselemente ist das Normensymbol gleich 1.

(V) $\sigma \sqrt[q]{\alpha_0} = \zeta_q \sqrt[q]{\alpha_0}$.

(VI) $\zeta_q = \alpha_0^{\frac{g-1}{q}} \alpha_1^{q'}$.

Beweis. Aus (10.6) folgt

$$\sigma\zeta_q = \zeta_q = \zeta_q^g$$

und daher $g \equiv 1 \pmod q$.

Es sei α_0 ein q-primäres Element von k mit (V) und folglich $[k(\sqrt[q]{\alpha_0}) : k] = q$.

Wir nehmen zunächst $q' < q$ an. Dann ist

$$k(\sqrt[q']{\zeta_q}) = k(\sqrt[q']{\alpha_0})$$

und daher

$$\zeta_q = \alpha_0^x \alpha_1^{q'}, \quad \alpha_1 \in k,$$

mit einer Einheit α_1. Wegen (V) gilt

$$\sigma \sqrt[q']{\zeta_q} = \sqrt[q']{\zeta_q}^{\,g} = \zeta_q^{xqq'^{-1}} \sqrt[q']{\zeta_q}$$

und folglich

$$\frac{g-1}{q'} \equiv \frac{xq}{q'} \bmod q,$$

d. h.

$$x \equiv \frac{g-1}{q} \bmod q'.$$

Wir können daher o. B. d. A. annehmen, daß $x = \dfrac{g-1}{q}$ ist.

α_1 ist nicht von der Form $\alpha_0^a \beta^p$, $a \in \boldsymbol{Z}$, $\beta \in k$, da sonst $k(\sqrt[q'p]{\zeta_q})/k$ unverzweigt wäre, im Widerspruch zur Definition von q'.

Es sei nun $q' \geqq q$. Dann ist ζ_q selbst q-primär, und es gilt $k(\sqrt[q]{\zeta_q}) = k(\sqrt[q]{\alpha_0})$. Daher wird

$$\zeta_q = \alpha_0^x \alpha^q, \quad \alpha \in k, \quad x \not\equiv 0 \pmod p.$$

Wie oben zeigt man

$$x \equiv \frac{g-1}{q} \bmod q.$$

Man kann wieder o. B. d. A. $x = \dfrac{g-1}{q}$ annehmen, und da α_0 nur bis auf Faktoren, die q-te Potenzen sind, bestimmt ist, können wir α_0 so abändern, daß

$$\zeta_q = \alpha_0^{\frac{g-1}{q}} \alpha_1^{q'}$$

ist, wobei sich α_1 nicht in der Form $\alpha_0^a \beta^p$, $a \in \boldsymbol{Z}$, $\beta \in k$, darstellen läßt.

Für ein Primelement π von k gilt wegen (8.5) und (V)

$$(\alpha_0, \pi) \sqrt[q]{\alpha_0} = \left(\pi, k(\sqrt[q]{\alpha_0})/k\right) \sqrt[q]{\alpha_0} = \zeta_q \sqrt[q]{\alpha_0},$$

d. h. $(\alpha_0, \pi) = \zeta_q$.

Für eine Einheit α' von k wird entsprechend $(\alpha_0, \alpha') = 1$.

Es gibt eine Einheit α' mit $(\alpha_1, \alpha') = \zeta_q$: Angenommen, es ist $(\alpha_1, \alpha') = \zeta_q^{pb}$ für alle α'. Dann betrachten wir $\gamma = (\alpha_1 \alpha_0^{-c})^{qp^{-1}}$, wobei c der Beziehung $(\alpha_1, \pi) = \zeta_q^c$ genügt. γ ist nach Konstruktion keine q-te Potenz, und es gilt $(\beta, \gamma) = 1$ für alle $\beta \in k^\times$, im Widerspruch zu § 8.11, (IV).

Wir können daher π um eine Einheit so abändern, daß $(\pi, \alpha_1) = 1$ wird. $\alpha_1 k^{\times q}$ liegt daher in dem $\boldsymbol{Z}/q\boldsymbol{Z}$-Modul M, der von allen $\alpha k^{\times q}$ mit $(\pi, \alpha) = (\alpha_0, \alpha) = 1$ gebildet wird. Wegen $(\alpha_0, \alpha) = 1$ ist α Einheit. Das Normenrestsymbol definiert wegen § 8.11, (IV) in M eine nichtausgeartete Bilinearform. Es folgt, daß man $\alpha_2, \ldots, \alpha_n$ so bestimmen kann, daß die Bedingungen (III), (IV) erfüllt sind.

Die so konstruierten Elemente $\pi, \alpha_0, \alpha_1, \ldots, \alpha_n$ bilden eine Basis von $k^\times \bmod k^{\times q}$ und genügen den Forderungen (I) bis (VI). □

Hilfssatz 10.7. *Es sei* $\{\alpha_1, \ldots, \alpha_m\}$ *eine orthonormierte Basis von* $k^\times \bmod k^{\times q}$, *d. h., es sei*

$$(\alpha_{2\nu-1}, \alpha_{2\nu}) = \zeta_q, \quad \nu = 1, \ldots, m/2,$$

und für alle übrigen Paare von Basiselementen α_ν, α_μ *mit* $\nu < \mu$ *sei* $(\alpha_\nu, \alpha_\mu) = 1$.

Weiter sei

$$(\alpha_\nu, \zeta_q) = \zeta_q^{a_\nu}, \quad \nu = 1, \ldots, m,$$

und σ_ν sei ein Automorphismus von $\hat{k}/k$ mit

$$\sigma_\nu \sqrt[q]{\alpha_\nu} = \zeta_q \sqrt[q]{\alpha_\nu}, \tag{10.7}$$

$$\sigma_\nu \sqrt[q]{\alpha_\mu} = \sqrt[q]{\alpha_\mu}, \quad \mu \neq \nu, \quad \mu = 1, \ldots, m. \tag{10.8}$$

Dann ist $\{\sigma_1, \ldots, \sigma_m\}$ ein minimales Erzeugendensystem von G_k. Es sei

$$1 \to R \to F \to G_k \to 1$$

eine minimale Darstellung von G_k und $s_1, \ldots, s_m$ seien Urbilder von $\sigma_1, \ldots, \sigma_m$ in F. Die einzige erzeugende Relation von G_k kann in der Form

$$r = \left(\prod_{\nu=1}^{m} s_\nu^{a_\nu q}\right) [s_1, s_2] \cdots [s_{m-1}, s_m]\, r'$$

mit $r' \in F^{(3,q)}$ gewählt werden.

Beweis. Die Elemente $\sigma_1 G_k^{(2,q)}, \ldots, \sigma_m G_k^{(2,q)}$ bilden ein minimales Erzeugendensystem von $G_k/G_k^{(2,q)}$. Nach Satz 4.10 ist daher $\{\sigma_1, \ldots, \sigma_m\}$ minimales Erzeugendensystem von G_k.

Es sei $\chi_1, \ldots, \chi_m$ die zu $\{\sigma_1, \ldots, \sigma_m\}$ duale Basis von $H^1(G_k, \mathbf{Z}/q\mathbf{Z})$, d. h.

$$\chi_\nu(\sigma_\mu) = \delta_{\nu\mu}, \quad \nu, \mu = 1, \ldots, m.$$

Dann ist nach Satz 8.12 und Satz 8.13

$$\chi_{2\nu-1} \cup \chi_{2\nu} = -\xi_0, \quad \nu = 1, \ldots, m/2,$$

und für alle übrigen Paare von Basiselementen χ_ν, χ_μ mit $\nu < \mu$ ist das Cup-Produkt gleich 0. Dabei ist $\xi_0 = \psi^{-1}(\zeta_q)$ eine Erzeugende der zyklischen Gruppe $H^2(G_k, \mathbf{Z}/q\mathbf{Z})$ der Ordnung q.

Nach Satz 10.3 hat G_k den Relationenrang 1. Die Transgression vermittelt einen Isomorphismus von $H^1(R, \mathbf{Z}/q\mathbf{Z})^{G_k}$ auf $H^2(G_k, \mathbf{Z}/q\mathbf{Z})$. Es sei dementsprechend r eine erzeugende Relation mit

$$\mathrm{Tra}^{-1}\, \xi_0(r) = -\bar{1}.$$

Dann wird nach Satz 7.23 und Satz 7.24

$$r = \left(\prod_{\nu=1}^{m} s_\nu^{a_\nu q}\right) [s_1, s_2] \cdots [s_{m-1}, s_m]\, r', \quad r' \in F^{(3,q)}. \square$$

Hilfssatz 10.8. *Die Bezeichnungen seien die gleichen wie in Hilfssatz 10.7. Wir betrachten $\sigma_1, \ldots, \sigma_m$ als Automorphismen von $k^{(2,q)} = k(\sqrt[q]{\alpha_1}, \ldots, \sqrt[q]{\alpha_m})$. Dann gilt*

$$(\alpha_{2\nu-1}, k^{(2,q)}/k) = \sigma_{2\nu}^{-1} \sigma_{2\nu-1}^{\binom{q}{2} a_{2\nu-1}}, \tag{10.9}$$

$$(\alpha_{2\nu}, k^{(2,q)}/k) = \sigma_{2\nu-1} \sigma_{2\nu}^{\binom{q}{2} a_{2\nu}}, \quad \nu = 1, \ldots, m/2. \tag{10.10}$$

Beweis. Wir bemerken zunächst, daß die Norm von $\sqrt[q]{\alpha}$ bezüglich $k(\sqrt[q]{\alpha'})/k$ gleich $\zeta_q^{\binom{q}{2}}\alpha$ ist. Daher gilt

$$\left(\alpha, \zeta_q^{\binom{q}{2}}\alpha\right) = 1$$

und folglich

$$(\alpha_\nu, \alpha_\nu) = \left(\alpha_\nu, \zeta_q^{\binom{q}{2}}\right) = \zeta_q^{\binom{q}{2}a_\nu}.$$

Weiter ist für $\mu = 1, \ldots, m$, $\nu = 1, \ldots, m/2$

$$\begin{aligned}(\alpha_{2\nu-1}, k^{(2,q)}/k)\sqrt[q]{\alpha_\mu} &= \left(\alpha_{2\nu-1}, k(\sqrt[q]{\alpha_\mu})/k\right)\sqrt[q]{\alpha_\mu} = (\alpha_\mu, \alpha_{2\nu-1})\sqrt[q]{\alpha_\mu}\\ &= \sigma_{2\nu}^{-1}\sigma_{2\nu-1}^{\binom{q}{2}a_{2\nu-1}}\sqrt[q]{\alpha_\mu},\\ (\alpha_{2\nu}, k^{(2,q)}/k)\sqrt[q]{\alpha_\mu} &= \left(\alpha_{2\nu}, k(\sqrt[q]{\alpha_\mu})/k\right)\sqrt[q]{\alpha_\mu} = (\alpha_\mu, \alpha_{2\nu})\sqrt[q]{\alpha_\mu}\\ &= \sigma_{2\nu-1}\sigma_{2\nu}^{\binom{q}{2}a_{2\nu-1}}\sqrt[q]{\alpha_\mu}. \square\end{aligned}$$

Jetzt können wir leicht den folgenden Satz beweisen.

Satz 10.9. *Es sei k eine endliche Erweiterung von Q_p vom Grade n, $n \equiv 0 \pmod 2$, q bzw. $\hat{q}$ sei die größte p-Potenz, für welche die q-ten bzw. $\hat{q}$-ten Einheitswurzeln in k bzw. in der maximalen unverzweigten p-Erweiterung T_k von k liegen, $q \geqq p$. Dementsprechend sei $\zeta_{\hat{q}}$ eine primitive $\hat{q}$-te Einheitswurzel,*

$$\zeta_q = \zeta_{\hat{q}}^{q'}, \quad q' = \hat{q}q^{-1},$$

und g eine ganzrationale Zahl mit

$$\sigma'\zeta_{\hat{q}} = \zeta_{\hat{q}}^{g},$$

wobei σ' der Frobenius-Automorphismus von T_k/k ist.

Weiter sei $\{\pi, \alpha_0, \alpha_1, \ldots, \alpha_n\}$ eine Basis von $k^\times$ mod $k^{\times q}$, *die den Bedingungen* (I) *bis* (VI) *von Hilfssatz* 10.6 *genügt, σ eine beliebige Fortsetzung von σ' auf $\hat{k}$ mit*

$$\sigma G_k^{(2)} = (\pi, k^{(2)}/k),$$

und $\tau_0, \ldots, \tau_n$ seien beliebige Elemente aus G_k mit

$$\tau_\nu G_k^{(2)} = (\alpha_\nu, k^{(2)}/k), \quad \nu = 0, 1, \ldots, n,$$

wobei $k^{(2)}$ die maximale abelsche Erweiterung von k bezeichnet.

Dann liegen $\tau_0, \ldots, \tau_n$ in der Trägheitsgruppe von $\hat{k}/k$ und bilden zusammen mit σ ein minimales Erzeugendensystem von G_k. Es sei

$$1 \to R \to F \to G_k \to 1$$

eine minimale Darstellung von G_k, und $s, t_0, \ldots, t_n$ seien Urbilder von $\sigma, \tau_0, \ldots, \tau_n$ in F. Die einzige erzeugende Relation r von G_k kann in der Form

$$r = t_0^{g-1} t_1^{q} [t_0, s] [t_1, t_2] \cdots [t_{n-1}, t_n] r', \quad r' \in F^{(3,q)} \cap F^{(2)},$$

gewählt werden.

Beweis. Da $k^{(2)}$ die maximale unverzweigte Teilerweiterung T_k/k von $\hat{k}/k$ enthält, liegen $\tau_0, \ldots, \tau_n$ nach § 8.6 in $G(\hat{k}/T_k)$.

Wir setzen nun $\alpha_0 = \alpha_{n+1}$, $\pi = \alpha_{n+2}$, $n + 2 = m$ und wenden Hilfssatz 10.7 an.

Zunächst berechnen wir $a_1, \ldots, a_m$. Nach Hilfssatz 10.6 gilt $\zeta_q = \alpha_0^{\frac{g-1}{q}} \alpha_1^{q'}$ und daher

$$(\alpha_\nu, \zeta_q) = 1 \quad \text{für} \quad \nu = 3, 4, \ldots, m-1,$$

$$(\pi, \zeta_q) = \left(\pi, \alpha_0^{\frac{g-1}{q}}\right) = \zeta_q^{-\frac{g-1}{q}},$$

$$(\alpha_2, \zeta_q) = (\alpha_2, \alpha_1^{q'}) = \zeta_q^{-q'}.$$

Es bleibt (α_1, ζ_q) zu berechnen. Dazu zeigen wir $(\zeta_q, \zeta_q) = 1$.

Für $p \neq 2$ wird

$$(\zeta_q, \zeta_q) = (\zeta_q, \zeta_q)^{-1} = 1.$$

Für $p = 2$, $q \geqq 4$ erhält man aus $(-\zeta_q, \zeta_q) = 1$ durch Potenzieren mit $q/2$

$$(-1, \zeta_q) = 1$$

und damit $(\zeta_q, \zeta_q) = 1$. Für $p = q = 2$ wird nach § 8.6, (I)

$$(-1, -1)\sqrt{-1} = (-1, k(\sqrt{-1})/k)\sqrt{-1}$$

$$= (N_{k/Q_2}(-1), Q_2(\sqrt{-1})/Q_2)\sqrt{-1} = \sqrt{-1}$$

und folglich $(-1, -1) = 1$, da nach Voraussetzung $[k : Q_2] = n$ gerade ist.

Nun wird für $q' = 1$

$$(\alpha_1, \zeta_q) = (\zeta_q, \zeta_q) = 1$$

und für $q' \geqq p$

$$(\alpha_1, \zeta_q) = (\alpha_1, \alpha_1)^{q'} = 1.$$

Damit ergibt sich

$$a_2 = -q', \quad a_m = -\frac{g-1}{q}, \quad a_1 = a_3 = \cdots = a_{m-1} = 0.$$

Nach Hilfssatz 10.8 können wir $\sigma_1, \ldots, \sigma_n$ so wählen, daß die Beziehungen

$$\tau_0 = \sigma_m^{-1}, \quad \sigma = \sigma_{m-1}\sigma_m^{-\binom{q}{2}\frac{g-1}{q}},$$

$$\tau_1 = \sigma_2^{-1}, \quad \tau_2 = \sigma_1\sigma_2^{-\binom{q}{2}q'},$$

$$\tau_{2\nu-1} = \sigma_{2\nu}^{-1}, \quad \tau_{2\nu} = \sigma_{2\nu-1}, \quad \nu = 2, \ldots, n/2,$$

gelten. Es folgt, daß $\sigma, \tau_0, \ldots, \tau_n$ ein minimales Erzeugendensystem von G_k ist und daß die erzeugende Relation r_1 von G_k die Form

$$r_1 = t_0^{g-1}t_1^q \left[t_2 t_1^{\binom{q}{2}q}, t_1^{-1}\right][t_4, t_3^{-1}][t_6, t_5^{-1}] \cdots [t_n, t_{n-1}^{-1}] \left[s t_0^{\binom{q}{2}\frac{g-1}{q}}, t_0^{-1}\right] r_2$$

mit $r_2 \in F^{(3,q)}$ hat.

Daraus ergibt sich nach leichter Umformung

$$r_1 = t_0^{g-1}t_1^q[t_0, s][t_1, t_2] \cdots [t_{n-1}, t_n] r_3, \quad r_3 \in F^{(3,q)}. \tag{10.11}$$

Wegen $\zeta_q = \alpha_0^{\frac{g-1}{q}} \alpha_1^{q'}$ und

$$(\zeta_q, k^{(2)}/k)^q = 1$$

muß r_1 andererseits die Form

$$r_1 = (t_0^{g-1}t_1^q)^x r_4, \quad r_4 \in [F, F] = F^{(2)}, \quad x \in Z_p,$$

haben. Durch Vergleich mit (10.11) folgt $x \equiv 1 \pmod q$. Mit r_1 ist auch $r_1^{x-1} = r$ erzeugende Relation von G_k, und r leistet das Verlangte.□

Der noch verbleibende Fall $n \equiv 1 \pmod 2$ verläuft analog zu dem eben betrachteten. Wir können uns daher kurzfassen.

Wir haben $q = p = 2$, und die Erweiterung $k(\sqrt{-1})/k$ ist verzweigt, da sonst k/Q_2 geraden Verzweigungsexponenten hätte. Weiter gilt

$$(-1, -1) = -1.$$

In der Tat ist

$$(-1, -1)\sqrt{-1} = (-1, k(\sqrt{-1})/k)\sqrt{-1} = (N_{k/Q_2}(-1), Q_2(\sqrt{-1})/Q_2)$$
$$= (-1, Q_2(\sqrt{-1})/Q_2)\sqrt{-1} = -\sqrt{-1},$$

da -1 keine Norm bezüglich $Q_2(\sqrt{-1})/Q_2$ ist. Daher gilt

Hilfssatz 10.10. *Es gibt eine Basis* $\{\pi, \alpha_0, \alpha_1, \ldots, \alpha_n\}$ *von* $k^\times \bmod k^{\times 2}$, *die den folgenden Bedingungen genügt:*

(I) π *ist Primelement von* k.

(II) α_0 *ist 2-primär.*

(III) $\alpha_0, \alpha_1, \ldots, \alpha_n$ *sind Einheiten in* k.

(IV) $(\alpha_0, \pi) = -1, \quad (\alpha_1, \alpha_1) = -1,$

$$(\alpha_{2\nu}, \alpha_{2\nu+1}) = -1, \quad \nu = 1, \ldots, \frac{n-1}{2},$$

für alle übrigen Paare von Basiselementen ist das Normenrestsymbol gleich 1.

(V) $-1 = \alpha_1$.

Dem Hilfssatz 10.7 entspricht der folgende

Hilfssatz 10.11. *Die Bezeichnungen seien die gleichen wie in Hilfssatz* 10.10. *Wir setzen* $\alpha_{n+1} = \alpha_0, \alpha_{n+2} = \pi, m = n + 2$. $\sigma_1, \ldots, \sigma_m$ *seien Automorphismen von* $k^{(2)}/k$ *mit*

$$\sigma_\nu(\sqrt{\alpha_\mu}) = (-1)^{\delta_{\nu\mu}} \sqrt{\alpha_\mu}, \quad \nu, \mu = 1, \ldots, m.$$

Dann gilt

$$(\alpha_1, k^{(2)}/k) = \sigma_1,$$

$$(\alpha_{2\nu}, k^{(2)}/k) = \sigma_{2\nu+1},$$

$$(\alpha_{2\nu+1}, k^{(2)}/k) = \sigma_{2\nu}, \quad \nu = 1, \ldots, \frac{n-1}{2}.$$

Analog zu Satz 10.9 beweist man nun

Satz 10.12. *Es sei* k *eine endliche Erweiterung von* Q_2 *vom Grade* n, $n \equiv 1 \pmod 2$. $\{\pi, \alpha_0, \ldots, \alpha_n\}$ *sei eine Basis von* $k^\times \bmod k^{\times 2}$, *die den Bedingungen* (I) *bis* (V) *von Hilfssatz* 10.9 *genügt*; $\sigma, \tau_0, \ldots, \tau_n$ *seien beliebige Elemente von* G_k *mit*

$$\sigma G_k^{(2)} = (\pi, k^{(2)}/k),$$

$$\tau_\nu G_k^{(2)} = (\alpha_\nu, k^{(2)}/k), \quad \nu = 0, 1, \ldots, n.$$

Dann ist σ *Fortsetzung des Frobenius-Automorphismus von* T_k/k, $\tau_0, \ldots, \tau_n$ *liegen in der Trägheitsgruppe von* $\bar{k}/k$ *und bilden zusammen mit* σ *ein minimales Erzeugendensystem von* G_k. *Es sei*

$$1 \to R \to F \to G \to 1$$

eine minimale Darstellung von G *und* $s, t_0, \ldots, t_n$ *seien Urbilder von* $\sigma, \tau_0, \ldots, \tau_n$ *in* F. *Die einzige erzeugende Relation* r *von* G *kann in der Form*

$$r = t_1^2[t_0, s]\,[t_2, t_3] \cdots [t_{n-1}, t_n]\, r', \quad r' \in F^{(3,2)} \cap F^{(2)}$$

gewählt werden.

§ 11. ENDLICHE GLOBALE KÖRPER

Wir betrachten jetzt als Grundkörper endliche globale Körper k, d. h., k ist endliche Erweiterung von $\boldsymbol{Q}$ oder von $\boldsymbol{Z}/q\boldsymbol{Z}(x)$. Die Ergebnisse dieses Paragraphen bilden das Kernstück des Buches.

Wir beschäftigen uns mit der Galoisschen Gruppe G_S der maximalen p-Erweiterung von k, die außerhalb einer Primstellenmenge S von k unverzweigt ist, und untersuchen vor allem, wie weit man mit Hilfe der im vorigen Paragraphen abgeleiteten Sätze über die Struktur der Galoisschen Gruppe der maximalen p-Erweiterung eines lokalen Körpers Aussagen über G_S erhalten kann.

11.1. Die maximale p-Erweiterung

Es sei $\mathfrak{p}$ eine Primstelle von k und $k_\mathfrak{p}$ die Vervollständigung von k bezüglich $\mathfrak{p}$. Wir setzen $G(\hat{k}/k) = G$ und $G(\hat{k}_\mathfrak{p}/k_\mathfrak{p}) = G_\mathfrak{p}$. Einer Einbettung von $\hat{k}$ in $\hat{k}_\mathfrak{p}$ entspricht der Morphismus $\varphi_\mathfrak{p}$ von $G_\mathfrak{p}$ in G, der jedem Automorphismus aus $G_\mathfrak{p}$ seine Beschränkung auf $\hat{k}$ zuordnet. $\varphi_\mathfrak{p}$ induziert einen Homomorphismus

$$\varphi_\mathfrak{p}^*\colon H^\nu(G) \to H^\nu(G_\mathfrak{p}).$$

Der Homomorphismus $\varphi_\mathfrak{p}^*$ ist unabhängig von der Wahl der Einbettung $\psi_\mathfrak{p}\colon \hat{k} \to \hat{k}_\mathfrak{p}$. Wenn $\psi'_\mathfrak{p}\colon \hat{k} \to \hat{k}_\mathfrak{p}$ eine andere Einbettung ist, gibt es nach dem Fortsetzungssatz für Isomorphismen einen Automorphismus $\gamma\colon \hat{k}_\mathfrak{p} \to \hat{k}_\mathfrak{p}$, der das Diagramm

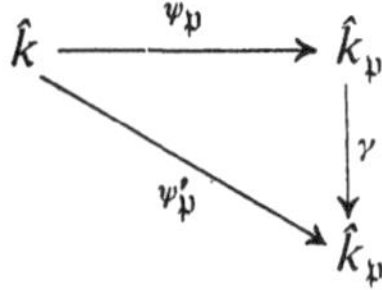

kommutativ macht. (11.1) entspricht ein kommutatives Diagramm

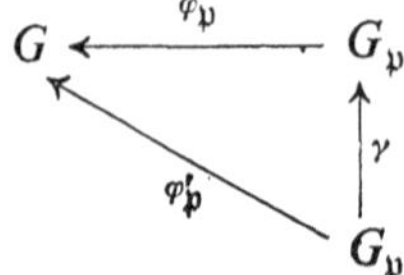

wobei γ jetzt die Abbildung $\tau \to \gamma^{-1}\tau\gamma$, $\tau \in G_{\mathfrak{p}}$, bezeichnet. Nach Satz 3.14 ist die induzierte Abbildung $\gamma^*\colon H^\nu(G_{\mathfrak{p}}) \to H^\nu(G_{\mathfrak{p}})$ die identische Abbildung. Daraus folgt die Behauptung.

Die Faktorgruppe von $G_{\mathfrak{p}}$ nach der Trägheitsgruppe $\mathfrak{T}_{\mathfrak{p}}$ von $\hat{k}_{\mathfrak{p}}/k_{\mathfrak{p}}$ ist für endliche Primstellen $\mathfrak{p}$ isomorph zu $\boldsymbol{Z}_p$. Für jedes $\mathfrak{p}$ fixieren wir eine Fortsetzung $\mathfrak{P}$ auf $\hat{k}$. Dann haben wir eine kanonische Einbettung von $\hat{k}$ in $\hat{k}_{\mathfrak{P}}$ (siehe § 8.1), und $\hat{k}_{\mathfrak{P}}$ kann als p-Erweiterung von $k_{\mathfrak{p}}$ in $\hat{k}_{\mathfrak{p}}$ eingebettet werden. Im folgenden bezeichnet $\varphi_{\mathfrak{p}}$ den Morphismus von $G_{\mathfrak{p}}$ in G, der durch die Einbettung $\hat{k} \to \hat{k}_{\mathfrak{P}} \to \hat{k}_{\mathfrak{p}}$ induziert wird.

Es sei V die Menge aller Primstellen von k. Die Familie $\{\varphi_{\mathfrak{p}} | \mathfrak{p} \in V\}$ ist zulässig bezüglich $\{\mathfrak{T}_{\mathfrak{p}} | \mathfrak{p} \in V\}$ im Sinne von § 6.2: Es sei U eine offene Untergruppe von G. Der Fixkörper $K(U)$ von U ist eine endliche Erweiterung von k. In $K(U)/k$ gibt es daher nur endlich viele verzweigte Primstellen. Andererseits ist das Bild von $\mathfrak{T}_{\mathfrak{p}}$ bei $\varphi_{\mathfrak{p}}$ die Trägheitsgruppe $\mathfrak{T}_{\mathfrak{P}}$ von $\mathfrak{P}$ in $\hat{k}$. Der Fixkörper $K(\mathfrak{T}_{\mathfrak{P}})$ ist der maximale Teilkörper von k, in dem $\mathfrak{P}$ unverzweigt ist. Für fast alle $\mathfrak{p}$ ist also $K(U) \subset K(\mathfrak{T}_{\mathfrak{P}})$, d. h. $\varphi_{\mathfrak{p}}(\mathfrak{T}_{\mathfrak{p}}) \subset U$.

Die Abbildung

$$\varphi^*\colon H^2(G) \to \sum_{\mathfrak{p}} H^2(G_{\mathfrak{p}}),$$

wobei die Summe über alle Primstellen $\mathfrak{p}$ von k zu erstrecken ist, ist also definiert. $H^2(G_{\mathfrak{p}})$ ist für eine unendliche Primstelle $\mathfrak{p}$ nur dann von 0 verschieden, wenn $p = 2$ und $\mathfrak{p}$ reell ist.

Satz 11.1. *Die Abbildung φ^* ist injektiv.*

Beweis. Wenn die Charakteristik von k gleich p ist, gilt Satz 11.1 wegen Satz 9.1. Es sei daher $\chi(k) \neq p$ und zunächst $\delta(k) = 1$, ζ_p eine primitive p-te Einheitswurzel, $\zeta_p \in k$. Das Diagramm von Paaren

$$\begin{array}{ccc} \{G, \boldsymbol{Z}/p\boldsymbol{Z}\} & \longrightarrow & \{G_{\mathfrak{p}}, \boldsymbol{Z}/p\boldsymbol{Z}\} \\ \downarrow & & \downarrow \\ \{G, \hat{k}^\times\} & \longrightarrow & \{G_{\mathfrak{p}}, \hat{k}_{\mathfrak{p}}^\times\} \end{array}$$

wobei die waagerechten Pfeile durch die Einbettung $\hat{k} \to \hat{k}_{\mathfrak{p}}$ und die senkrechten durch einen Isomorphismus von $\boldsymbol{Z}/p\boldsymbol{Z}$ auf (ζ_p) induziert sind, ergibt ein kommutatives Diagramm

$$\begin{array}{ccc} H^2(G) & \longrightarrow & \sum_{\mathfrak{p}} H^2(G_{\mathfrak{p}}) \\ \downarrow & & \downarrow \\ H^2(G, \hat{k}^\times)_p & \longrightarrow & \sum_{\mathfrak{p}} H^2(G_{\mathfrak{p}}, \hat{k}_{\mathfrak{p}}^\times)_p \end{array} \qquad (11.2)$$

Der untere waagerechte Pfeil in (11.2) ist wohldefiniert und injektiv, da wir erstens nach dem Hasseschen Lokal-global-Prinzip (§ 8.10) eine Injektion

$$H^2(G, \hat{k}^\times) \to \sum_{\mathfrak{p}} H^2(\mathfrak{Z}_{\mathfrak{P}}, \hat{k}_{\mathfrak{P}}^\times)$$

haben, wobei $\mathfrak{Z}_{\mathfrak{P}}$ die Galoissche Gruppe von $\hat{k}_{\mathfrak{P}}^\times/k_{\mathfrak{p}}$ bezeichnet und zweitens der durch die Einbettung $\hat{k}_{\mathfrak{P}} \to \hat{k}_{\mathfrak{p}}$ induzierte Homomorphismus

$$\varphi_{\mathfrak{P}}^*: H^2(\mathfrak{Z}_{\mathfrak{P}}, \hat{k}_{\mathfrak{P}}^\times)_p \to H^2(G_{\mathfrak{p}}, \hat{k}_{\mathfrak{p}}^\times)_p$$

ein Isomorphismus ist. In der Tat ist $\varphi_{\mathfrak{P}}^*$ nach § 8.9 ein Monomorphismus zyklischer Gruppen, deren Ordnungen gleich p oder 1 sind. Für endliche $\mathfrak{p}$ ist $\hat{k}_{\mathfrak{P}}/k_{\mathfrak{p}}$ immer eine echte Erweiterung, und daher ist die Ordnung von $H^2(\mathfrak{Z}_{\mathfrak{P}}, \hat{k}_{\mathfrak{P}}^\times)$ gleich p. Für unendliche $\mathfrak{p}$ ist $\hat{k}_{\mathfrak{P}} = \hat{k}_{\mathfrak{p}}$ der Körper der komplexen Zahlen.

Die senkrechten Pfeile in (11.2) bezeichnen nach Satz 9.2 Isomorphismen, woraus die Behauptung folgt.

Es sei jetzt $\delta(k) = 0$. Wir setzen $k' = k(\zeta_p)$, $G' = G(\hat{k}'/k')$. Den natürlichen Morphismen $G' \to G$ und $G_{\mathfrak{p}'} \to G_{\mathfrak{p}}$, wobei $\mathfrak{p}'$ einen Primdivisor von k' bezeichnet, entspricht ein kommutatives Diagramm

$$\begin{array}{ccc} H^2(G) & \xrightarrow{\varphi^*} & \sum_{\mathfrak{p}} H^2(G_{\mathfrak{p}}) \\ \downarrow & & \downarrow \\ H^2(G') & \xrightarrow{\varphi'^*} & \sum_{\mathfrak{p}'} H^2(G_{\mathfrak{p}'}) \end{array} \qquad (11.3)$$

wobei $\mathfrak{p}'$ alle Primdivisoren von k' durchläuft und $\alpha_{\mathfrak{p}} \in H^2(G_{\mathfrak{p}})$ auf

$$\sum_{\mathfrak{p}'|\mathfrak{p}} \theta_{\mathfrak{p}'}(\alpha_{\mathfrak{p}}), \quad \theta_{\mathfrak{p}'}: H^2(G_{\mathfrak{p}}) \to H^2(G_{\mathfrak{p}'})$$

abgebildet wird. Nach § 9.3 bezeichnen die senkrechten Pfeile in (11.3) Monomorphismen. Mit φ'^* ist daher auch φ^* injektiv.□

Nach Satz 6.14 bedeutet Satz 11.1, daß der Relationenmodul von G von den „lokalen Relationen" erzeugt wird, von denen es jeweils eine oder keine gibt, je nachdem, ob $\delta(k_{\mathfrak{p}}) = 1$ oder 0 ist. Wenn $\delta(k) = 1$ ist, kann eine beliebige der lokalen Relationen weggelassen werden nach dem folgenden

Satz 11.2. *Es sei* $\mathfrak{q}$ *eine beliebige Primstelle von* k *und*

$$\varphi_{\mathfrak{q}}^*: H^2(G) \to \sum_{\mathfrak{p} \neq \mathfrak{q}} H^2(G_{\mathfrak{p}})$$

die Abbildung, die aus φ^* *entsteht, wenn der Summand* $H^2(G_{\mathfrak{q}})$ *in der Bildgruppe weggelassen wird. Für* $\delta(k) = 1$ *ist* $\varphi_{\mathfrak{q}}^*$ *injektiv.*

Beweis. Zum Beweis ist nur zu bemerken, daß nach dem Hasseschen Lokal-global-Prinzip auch die Abbildung

$$H^2(G, \bar{k}^\times)_p \to \sum_{\mathfrak{p} \neq \mathfrak{q}} H^2(G_\mathfrak{p}, \bar{k}_\mathfrak{p}^\times)_p$$

noch injektiv ist. Der Beweis von Satz 11.1 läßt sich daher übertragen.□

11.2. Die maximale p-Erweiterung mit vorgegebenen Verzweigungsstellen

Es sei S eine beliebige Menge von Primstellen von k. Wir bezeichnen mit k_S die maximale p-Erweiterung von k, die nur für die Primstellen aus S verzweigt ist. k_S ist das Kompositum aller endlichen p-Erweiterungen von k, die nur für die Primstellen aus S verzweigt sind.

Die folgenden Arten von Primstellen $\mathfrak{p}$ können in einer p-Erweiterung nicht verzweigt sein:

(I) Primdivisoren $\mathfrak{p}$ mit $N(\mathfrak{p}) \not\equiv 1 \pmod p$.
In der Tat ist nach § 8.5 in diesem Fall $\delta(k_\mathfrak{p}) = 0$ und $\mathfrak{p}$ unverzweigt.

(II) Komplexe Primstellen.

(III) Im Fall $p \neq 2$ reelle Primstellen.

Im weiteren nehmen wir an, daß diese Primstellen nicht in S liegen.

In diesem Abschnitt wollen wir Satz 11.1 und Satz 11.2 auf $G(k_S/k) = G_S$ übertragen.

Der Abbildung φ^* entspricht die Abbildung

$$\varphi_S^*: H^2(G_S) \to \sum_{\mathfrak{p} \in S} H^2(G_\mathfrak{p}),$$

die durch den Morphismus $\varphi_\mathfrak{p}^S: G_\mathfrak{p} \to G \to G_S$ induziert ist. Wir bezeichnen den Kern von φ_S^* mit $Ш_S$.

Unsere Aufgabe besteht in einer Abschätzung der im allgemeinen von 0 verschiedenen Gruppe $Ш_S$. Dazu definieren wir

$$V_S = \{\alpha \in k^\times | (\alpha) = \mathfrak{a}^p,\ \alpha \in k_\mathfrak{p}^p \text{ für } \mathfrak{p} \in S\},$$

wobei (α) der α zugeordnete Hauptdivisor ist. Offenbar gilt $k^{\times p} \subset V_S$. Wir können daher

$$Б_S = \mathrm{Char}(V_S/k^{\times p})$$

setzen. $Б_S$ ist eine endliche Gruppe. Es sei zunächst $S = \emptyset$ die leere Menge.

Der Homomorphismus, der jedem $\alpha \in V_\emptyset$ das Ideal $\mathfrak{a}$ mit $(\alpha) = \mathfrak{a}^p$ zuordnet, induziert einen Epimorphismus von $V_\emptyset/k^{\times p}$ auf $Cl(k)_p$, dessen Kern zu ${}_pE$ isomorph ist, wobei E die Einheitengruppe von k bezeichnet. Daher ist

$$\dim Б_\emptyset = \dim Cl(k)_p + \dim {}_pE$$

endlich. Weiter ist

$$V_{S_1} \subset V_{S_2}$$

für $S_1 \supset S_2$. Daraus folgt die Behauptung.

Wir wollen nun den folgenden Satz beweisen, der die Hauptaussage des Buches darstellt.

Satz 11.3. *Es gibt eine natürliche Injektion von* Ш_S *in* Б_S.

Bemerkung. Nach Satz 6.1 besagt Satz 11.3 folgendes: Es sei

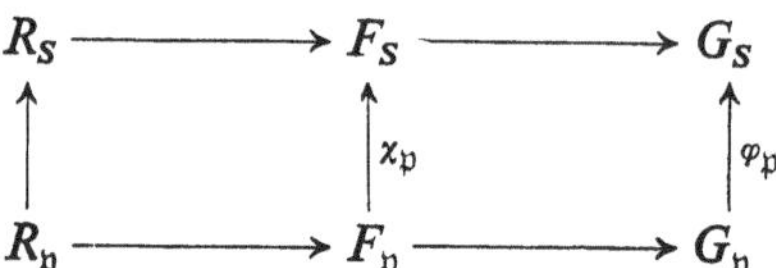

für $\mathfrak{p} \in S$ eine Familie kommutativer Diagramme, die bezüglich $\{\mathfrak{T}_{\mathfrak{P}} | \mathfrak{p} \in S\}$ zulässig im Sinne von Satz 6.7 ist. Die Darstellungen von G_S und $G_{\mathfrak{p}}$ seien dabei minimal. Dann wird R_S entsprechend Satz 6.11 erzeugt von den Bildern der Relationen von $R_{\mathfrak{p}}$ bei $\chi_{\mathfrak{p}}$ für $\mathfrak{p} \in S$ ($R_{\mathfrak{p}}$ wird nach § 10 von höchstens einer Relation erzeugt) und von einer minimalen Ergänzungsmenge von Relationen, die nach Satz 11.3 höchstens aus $\dim \text{Б}_S$ Elementen besteht.

Beweis von Satz 11.3. Für eine Primstelle $\mathfrak{p}$ von k sei $\mathfrak{P}$ der in § 11.1 fixierte Primteiler von $\mathfrak{p}$ in $\hat{k}$ und $\mathfrak{T}_S$ der Normalteiler von $G = G(\hat{k}/k)$, der von den Trägheitsgruppen $\mathfrak{T}_{\mathfrak{P}}$ für $\mathfrak{p} \notin S$ erzeugt wird. Da die Trägheitsgruppen der übrigen Primteiler von $\mathfrak{p}$ in $\hat{k}$ zu $\mathfrak{T}_{\mathfrak{P}}$ konjugiert sind, ist nach Satz 8.3 der Fixkörper von $\mathfrak{T}_S$ gleich k_S. Wir haben daher eine exakte Sequenz

$$1 \to \mathfrak{T}_S \to G \to G_S \to 1. \tag{11.4}$$

Auf (11.4) und den Modul $\boldsymbol{Z}/p\boldsymbol{Z}$ wenden wir Satz 3.15 an. Wir erhalten die exakte Sequenz

$$H^1(G) \xrightarrow[\text{Res}]{} H^1(\mathfrak{T}_S)^{G_*} \xrightarrow[\text{Tra}]{} H^2(G_S) \xrightarrow[\text{Inf}]{} H^2(G). \tag{11.5}$$

Andererseits ist das Diagramm

$$\begin{array}{ccc} H^2(G_S) & \longrightarrow & H^2(G) \\ \Big\downarrow{\scriptstyle \varphi_S *} & & \Big\downarrow{\scriptstyle \varphi *} \\ \sum\limits_{\mathfrak{p} \in S} H^2(G_{\mathfrak{p}}) & \xrightarrow[I]{} & \sum\limits_{\mathfrak{p}} H^2(G_{\mathfrak{p}}) \end{array} \tag{11.6}$$

in dem I die natürliche Injektion bezeichnet, kommutativ. In der Tat haben wir für $\mathfrak{p} \notin S$ das kommutative Diagramm

$$\begin{array}{ccc} G_{\mathfrak{p}} & \longrightarrow & G \\ \Big\downarrow & & \Big\downarrow \\ G_{\mathfrak{p}}/\mathfrak{T}_{\mathfrak{p}} & \longrightarrow & G_S \end{array}$$

wobei $\mathfrak{T}_\mathfrak{p}$ die Trägheitsgruppe von $\hat{k}_\mathfrak{p}/k_\mathfrak{p}$ bezeichnet. Nun ist $G_\mathfrak{p}/\mathfrak{T}_\mathfrak{p}$ isomorph zu $\boldsymbol{Z}_p$ oder $\{1\}$, je nachdem, ob $\mathfrak{p}$ endlich oder unendlich ist. In jedem Fall wird $H^2(G_\mathfrak{p}/\mathfrak{T}_\mathfrak{p}) = \{0\}$, woraus die Kommutativität von (11.6) folgt.

Nach Satz 11.1 ist φ^* injektiv. Aus (11.6) ergibt sich daher

$$\operatorname{Ker} \operatorname{Inf} = \operatorname{Ker} \varphi_S^* = Ш_S.$$

Nach (11.5) haben wir also exakte Sequenzen

$$H^1(G) \xrightarrow[\text{Res}]{} H^1(\mathfrak{T}_S)^{G_s} \to Ш_S \to 0$$

und

$$0 \to \operatorname{Char} Ш_S \to \operatorname{Char} H^1(\mathfrak{T}_S)^{G_s} \to \operatorname{Char} H^1(G).$$

Nun ist

$$H^1(G) = \operatorname{Char}(G/G^p[G, G])$$

und

$$H^1(\mathfrak{T}_S)^{G_S} = \operatorname{Char}(\mathfrak{T}_S/\mathfrak{T}_S^p[\mathfrak{T}_S, G]).$$

Daher ist

$$0 \to \operatorname{Char} Ш_S \to \mathfrak{T}_S/\mathfrak{T}_S^p[\mathfrak{T}_S, G] \xrightarrow[\psi]{} G/G^p[G, G]$$

exakt, wobei ψ durch die Einbettung $\mathfrak{T}_S \to G$ induziert wird.

Wir definieren nun einen Morphismus

$$\chi\colon \prod_{\mathfrak{p} \notin S} \mathfrak{T}_\mathfrak{p}/\mathfrak{T}_\mathfrak{p}^p[\mathfrak{T}_\mathfrak{p}, G_\mathfrak{p}] \to \mathfrak{T}_S/\mathfrak{T}_S^p[\mathfrak{T}_S, G].$$

Dazu betrachten wir die Menge $\mathfrak{M} = \{\mathfrak{T}_\mathfrak{P} | \mathfrak{p} \notin S\}$. In jeder offenen Untergruppe U von G liegen fast alle Gruppen $\mathfrak{T}_\mathfrak{P}$ aus $\mathfrak{M}$. In der Tat ist der Fixkörper von U eine endliche Erweiterung von k, in der daher nur endlich viele Primstellen verzweigt sind. Für die unverzweigten Primstellen $\mathfrak{p}$ gilt $\mathfrak{T}_\mathfrak{P} \subset U$.

Für $\tau_\mathfrak{p} \in \mathfrak{T}_\mathfrak{p}$ liegt $\varphi_\mathfrak{p}\tau_\mathfrak{p}$ in $\mathfrak{T}_\mathfrak{P}$. Daher ist

$$\prod_{\mathfrak{p} \notin S} \overline{\varphi_\mathfrak{p}\tau_\mathfrak{p}}$$

ein wohldefiniertes Element von $\mathfrak{T}_S/\mathfrak{T}_S^p[\mathfrak{T}_S, G]$. Da $\varphi_\mathfrak{p}\tau_\mathfrak{p}$ für $\tau_\mathfrak{p} \in \mathfrak{T}_\mathfrak{p}^p[\mathfrak{T}_\mathfrak{p}, G_\mathfrak{p}]$ in $\mathfrak{T}_S^p[\mathfrak{T}_S, G]$ liegt, können wir

$$\chi\Big(\prod_{\mathfrak{p} \notin S} \bar{\tau}_\mathfrak{p}\Big) = \prod_{\mathfrak{p} \notin S} \overline{\varphi_\mathfrak{p}\tau_\mathfrak{p}}$$

setzen und erhalten den gesuchten Morphismus χ.

Offensichtlich liegen die Klassen aus $\mathfrak{T}_S/\mathfrak{T}_S^p[\mathfrak{T}_S, G]$, die Vertreter in $\mathfrak{T}_\mathfrak{P}$ haben, in $\operatorname{Im} \chi$. Da diese Klassen die Gruppe $\mathfrak{T}_S/\mathfrak{T}_S^p[\mathfrak{T}_S, G]$ erzeugen, ist χ surjektiv.

Da $G_\mathfrak{p}/\mathfrak{T}_\mathfrak{p}$ zyklisch ist, gilt $[\mathfrak{T}_\mathfrak{p}, G_\mathfrak{p}] = [G_\mathfrak{p}, G_\mathfrak{p}]$. Nach der lokalen Klassenkörpertheorie (§ 8.7) ist daher $\mathfrak{T}_\mathfrak{p}/\mathfrak{T}_\mathfrak{p}^p[\mathfrak{T}_\mathfrak{p}, G_\mathfrak{p}]$ isomorph zu $E_\mathfrak{p}/E_\mathfrak{p}^p$, wobei $E_\mathfrak{p}$ die Einheitengruppe von $k_{\mathfrak{p}}$ bezeichnet. Andererseits ist nach § 8.7 die Gruppe $G/G^p[G, G]$ isomorph zu $\mathfrak{C}_k/\mathfrak{C}_k^p = J/J^p k^\times$, wobei zur Abkürzung $J(k) = J$ gesetzt wurde. Es ergibt sich ein kommutatives Diagramm

$$\begin{array}{ccccc} \prod_{\mathfrak{p}\notin S} \mathfrak{T}_{\mathfrak{p}}/\mathfrak{T}_{\mathfrak{p}}^p[\mathfrak{T}_{\mathfrak{p}}, G_{\mathfrak{p}}] & \longrightarrow & \mathfrak{T}_S/\mathfrak{T}_S^p[\mathfrak{T}_S, G] & \longrightarrow & G/G^p[G, G] \\ \downarrow & & & & \downarrow \\ \prod_{\mathfrak{p}\notin S} E_{\mathfrak{p}}/E_{\mathfrak{p}}^p & & \xrightarrow{\quad\eta\quad} & & J/J^p k^\times \end{array} \qquad (11.7)$$

wobei η durch die Einlagerung

$$\prod_{\mathfrak{p}\notin S} E_{\mathfrak{p}} \to J$$

induziert wird. Aus (11.7) erhält man einen Isomorphismus

$$\operatorname{Ker}\eta \to \operatorname{Ker}\psi\chi$$

und, da χ surjektiv ist, einen Epimorphismus

$$\operatorname{Ker}\psi\chi \to \operatorname{Ker}\psi.$$

Wir berechnen nun $\operatorname{Ker}\eta$:

Es sei U_S die Gruppe aller Idele von k, deren Komponenten für $\mathfrak{p} \in S$ gleich 1 und für $\mathfrak{p} \notin S$ Einheiten sind. (Für eine unendliche Primstelle $\mathfrak{p}$ werden alle Elemente von $k_{\mathfrak{p}}$ als Einheiten betrachtet.) Dann ist

$$\prod_{\mathfrak{p}\notin S} E_{\mathfrak{p}}/E_{\mathfrak{p}}^p \cong U_S J^p/J^p,$$

und $\operatorname{Ker}\eta$ ist isomorph zu

$$U_S J^p \cap J^p k^\times/J^p.$$

Wegen

$$U_S J^p \cap J^p k^\times = (U_S J^p \cap k^\times)\, J^p$$

ist $\operatorname{Ker}\eta$ isomorph zu

$$J_S J^p \cap k^\times/J^p \cap k^\times = V_S/k^{\times p}.$$

Insgesamt erhalten wir einen Epimorphismus

$$V_S/k^{\times p} \to \operatorname{Char} Ш_S$$

und daher einen Monomorphismus

$$Ш_S \to Б_S. \square$$

Wir betrachten nun wieder den Fall $\delta(k) = 1$. Es sei $\mathfrak{q} \in S$, $S' = S - \mathfrak{q}$ und $\varphi_{S'}^*$ die Abbildung

$$H^2(G_S) \to \sum_{\mathfrak{p}\in S'} H^2(G_{\mathfrak{p}}).$$

Satz 11.4. *Für* $\delta(k) = 1$ *ist*

$$Ш_S = \operatorname{Ker} \varphi_{S'}^*.$$

Beweis. Wir haben ein kommutatives Diagramm

$$\begin{array}{ccc} H^2(G_S) & \xrightarrow{\text{Inf}} & H^2(G) \\ \downarrow{\scriptstyle \varphi_{S'}^*} & & \downarrow{\scriptstyle \varphi_{\mathfrak{q}}^*} \\ \sum_{\mathfrak{p} \in S'} H^2(G_{\mathfrak{p}}) & \longrightarrow & \sum_{\mathfrak{p} \neq \mathfrak{q}} H^2(G_{\mathfrak{p}}) \end{array}$$

Da $\varphi_{\mathfrak{q}}^*$ injektiv ist, gilt

$$Ш_S = \operatorname{Ker} \operatorname{Inf} = \operatorname{Ker} \varphi_{S'}^*.$$

Aus Satz 11.3 und Satz 11.4 erhält man als Folgerung

Satz 11.5. *Es sei S eine endliche Menge von Primstellen von k. Dann gilt für den Relationenrang $r(G_S)$ von G_S die Abschätzung*

$$r(G_S) \leqq \sum_{\mathfrak{p} \in S} \delta(k_{\mathfrak{p}}) - \delta(k) + \dim Б_S + \theta, \tag{11.8}$$

wobei $\theta = \theta(k, S) = 1$ für $\delta(k) = 1$ und $S = \emptyset$ und $\theta = 0$ in allen anderen Fällen ist.

Beweis. Nach Definition von $Ш_S$ und Satz 11.4 gilt

$$r(G_S) = \dim H^2(G_S) \leqq \dim Ш_S + \sum_{\mathfrak{p} \in S} \delta(k_{\mathfrak{p}}) - \delta(k) + \theta.$$

Nach Satz 11.3 ist

$$\dim Ш_S \leqq \dim Б_S.$$

Daraus folgt die Behauptung.□

Beispiel 11.6 Ist $\chi(k) = p$ und $Cl(k)_p = \{1\}$, dann ist G_S für alle Primstellenmengen S von k eine freie Pro-p-Gruppe.

11.3. Erzeugendenrang

Das Hauptziel dieses Abschnittes besteht in der Berechnung des Erzeugendenranges $d(G_S) = \dim H^1(G_S)$ für den Fall, daß S endlich ist. Wir stellen zunächst eine exakte Sequenz auf, die für beliebige S gilt.

Dazu betrachten wir folgende Gruppen und Morphismen:

Nach Definition ist

$$H^1(G_S) = \operatorname{Char}(G_S/G_S^*) \quad \text{mit} \quad G_S^* = G_S^p[G_S, G_S].$$

G_S/G_S^* ist die Galoissche Gruppe der maximalen abelschen p-elementaren Erweiterung, die außerhalb S unverzweigt ist. Die Klassenkörpertheorie (§ 8.6, § 8.7) liefert einen Isomorphismus

$$G_S/G_S^* \to J/U_S J^p k^\times. \tag{11.9}$$

Es sei $U = U_\emptyset$. Wir haben einen natürlichen Isomorphismus

$$U/U_S U^p \to \prod_{\mathfrak{p} \in S} E_\mathfrak{p}/E_\mathfrak{p}^p. \tag{11.10}$$

Wegen

$$V_S = U_S J^p \cap k^\times, \quad V_\emptyset/k^{\times p} \cong UJ^p \cap J^p k^\times/J^p$$

hat man eine natürliche Sequenz

$$0 \to V_S/k^{\times p} \underset{\varphi_1}{\longrightarrow} V_\emptyset/k^{\times p} \underset{\varphi_2}{\longrightarrow} U/U_S U^p \underset{\varphi_3}{\longrightarrow} J/U_S J^p k^\times \underset{\varphi_4}{\longrightarrow} J/UJ^p k^\times \to 0, \tag{11.11}$$

deren Exaktheit sich leicht verifizieren läßt. Unter Beachtung von (11.9), (11.10) und

$$\mathrm{Char}(E_\mathfrak{p}/E_\mathfrak{p}^p) = \mathrm{Char}(\mathfrak{T}_\mathfrak{p}/\mathfrak{T}_\mathfrak{p}[\mathfrak{T}_\mathfrak{p}, G_\mathfrak{p}]) = H^1(\mathfrak{T}_\mathfrak{p})^{G_\mathfrak{p}}$$

erhält man durch Dualisierung

Satz 11.7. *Die Sequenz*

$$0 \to H^1(G_\emptyset) \underset{\mathrm{Inf}}{\longrightarrow} H^1(G_S) \underset{\varphi_3^*}{\longrightarrow} \sum_{\mathfrak{p} \in S} H^1(\mathfrak{T}_\mathfrak{p})^{G_\mathfrak{p}} \underset{\varphi_2^*}{\longrightarrow} Б_\emptyset \underset{\varphi_1^*}{\longrightarrow} Б_S \to 0$$

ist exakt. Die Abbildung φ_3^* wird durch die Morphismen

$$\mathfrak{T}_\mathfrak{p} \to G_\mathfrak{p} \underset{\varphi_\mathfrak{p}}{\longrightarrow} G \to G_S$$

induziert.

Wie bereits in § 11.2 festgestellt wurde, ist

$$\dim Б_\emptyset = \dim Cl(k)_p + \dim {}_pE$$

endlich. Andererseits ist $J/UJ^p k^\times$ isomorph zu ${}_pCl(k)$. Für algebraische Zahlkörper k ist $Cl(k)$ endlich und daher

$$\dim Cl(k)_p = \dim {}_pCl(k).$$

Dagegen hat man für Funktionenkörper k die exakte Sequenz

$$0 \to Cl_0(k) \to Cl(k) \underset{\deg}{\longrightarrow} \mathbf{Z},$$

wobei $Cl_0(k)$ die Gruppe der Divisorenklassen vom Grad 0 und deg den Grad der Divisorklasse bezeichnet. $Cl_0(k)$ ist endlich. Daher wird

$$Cl(k)_p = Cl_0(k)_p \cong {}_pCl_0(k)$$

und

$$\dim {}_pCl(k) = \dim {}_pCl_0(k) + 1 = \dim Cl(k)_p + 1.$$

Die Einheitengruppe E besteht für einen Funktionenkörper nur aus den Einheitswurzeln in k. Daher gilt

$$\dim {}_pE = \delta(k).$$

Für einen algebraischen Zahlkörper k ist

$$\dim {}_pE = \delta(k) + r_1 + r_2 - 1,$$

wobei r_1 die Anzahl der reellen und r_2 die halbe Anzahl der komplexen Konjugierten von k ist.

Für den endlichen lokalen Körper $k_{\mathfrak{p}}$ ist nach § 8.5

$$\dim H^1(\mathfrak{T}_{\mathfrak{p}})^{G_{\mathfrak{p}}} = \dim E_{\mathfrak{p}}/E_{\mathfrak{p}}^p = \begin{cases} \delta(k_{\mathfrak{p}}) & \text{für} \quad \chi(\mathfrak{p}) \neq p, \\ [k_{\mathfrak{p}} : Q_p] + \delta(k_{\mathfrak{p}}) & \text{für} \quad \chi(\mathfrak{p}) = p, \quad \chi(k) = 0, \\ \aleph_0 & \text{für} \quad \chi(k) = p. \end{cases}$$

Zusammenfassend können wir nun den Erzeugendenrang von G_S mit Hilfe von Satz 11.7 angeben:

Satz 11.8. *Der Erzeugendenrang $d(G_S)$ von G_S ist genau dann endlich, wenn einer der beiden folgenden Fälle vorliegt:*

(I) $\chi(k) \neq p$ *und die Anzahl der Primstellen $\mathfrak{p}$ von S mit $\delta(k_{\mathfrak{p}}) = 1$ ist endlich.*

(II) $\chi(k) = p$ *und $S = \emptyset$.*

In beiden Fällen gilt

$$d(G_S) = \sum_{\substack{\mathfrak{p} \in S \\ \chi(\mathfrak{p}) = p}} [k_{\mathfrak{p}} : Q_p] - \delta(k) - r + 1 + \sum_{\mathfrak{p} \in S} \delta(k_{\mathfrak{p}}) + \dim Б_S,$$

wobei r die Anzahl der archimedischen Primstellen von k bezeichnet.

Durch Kombination von Satz 11.5 mit Satz 11.8 erhält man für die in § 5.2 definierte partielle Euler-Poincarésche Charakteristik

$$\chi_2(G_S) = 1 - d(G_S) + r(G_S) \leqq -\sum_{\substack{\mathfrak{p} \in S \\ \chi(\mathfrak{p}) = p}} [k_{\mathfrak{p}} : Q_p] + r + \theta(k, S). \tag{11.12}$$

Der auf der rechten Seite von (11.12) stehende Ausdruck

$$H(k, S) = -\sum_{\substack{\mathfrak{p} \in S \\ \chi(\mathfrak{p}) = p}} [k_{\mathfrak{p}} : Q_p] + r + \theta(k, S)$$

verhält sich für $\theta(k, S) = 0$ und, wenn S keine unendlichen Primstellen enthält, multiplikativ im folgenden Sinne:

Es sei $\bar{k}/k$ eine endliche Teilerweiterung von k_S/k und $\bar{S}$ die Menge der Primteiler in $\bar{k}$ von Primstellen aus S. Dann ist $\bar{k}_{\bar{S}} = k_S$ und

$$H(\bar{k}, \bar{S}) = [\bar{k} : k]\, H(k, S).$$

Mit Hilfe von Satz 5.5 erhält man nun

Satz 11.9. *Es sei $\theta(k, S) = 0$, S enthalte keine unendlichen Primstellen, $d(G_S)$ sei endlich, und in* (11.12) *stehe für alle endlichen Teilerweiterungen $\bar{k}/k$ von $k_{\mathfrak{p}}/k$ das Gleichheitszeichen. Dann ist G_S eine Pro-p-Gruppe der kohomologischen Dimension $\leqq 2$.*

Beweis. Es sei H eine Untergruppe von endlichem Index in G_S. Der Fixkörper von H ist eine endliche Teilerweiterung $\bar{k}/k$ von k_S/k. Nach der Voraussetzung in Satz 11.9 wird daher

$$\chi_2(H) = \chi_2(G_{\bar{S}}) = H(\bar{k}, \bar{S}) = [\bar{k} : k]\, H(k, S) = [G : H]\, \chi_2(G_S).$$

Satz 5.5 liefert nun die Behauptung. □

Auf die Frage, wann in (11.12) das Gleichheitszeichen steht, kommen wir in § 13 zurück.

11.4. Explizite Berechnung von Erzeugenden und Relationen

Wir wollen in diesem Abschnitt explizite Ausdrücke für die erzeugenden Relationen von G_S angeben, wobei wir ein minimales Erzeugendensystem von G_S „möglichst günstig" wählen. Wir beschränken uns auf den Fall $\text{Б}_S = \{0\}$, da dann nach Satz 11.3 $\text{Ш}_S = \{0\}$ ist, was nach Satz 6.14 bedeutet, daß der Relationenmodul von G_S von den lokalen Relationen erzeugt wird. Für $\chi(k) = p$ ist G_S in diesem Fall frei, wir nehmen daher hier $\chi(k) \neq p$ an.

Wir beginnen mit der Wahl eines minimalen Erzeugendensystems von G_S und führen folgende Bezeichnungen ein:

Es sei $\dim {}_pCl(k) = h$ und $\mathfrak{a}_1, \ldots, \mathfrak{a}_h$ ein System von Idelen von k, deren Bilder bei der Abbildung

$$J \to J/UJ^pk^\times = {}_pCl(k)$$

eine Basis von ${}_pCl(k)$ bilden. Für den Funktionenkörper habe $\mathfrak{a}_1$ kleinstmöglichen positiven Grad, und der Grad von $\mathfrak{a}_2, \ldots, \mathfrak{a}_h$ sei gleich 0.

Es sei ζ eine Erzeugende der Gruppe aller Einheitswurzeln in k und $\varepsilon_1, \ldots, \varepsilon_{r-1}$ eine Basis der Einheitengruppe von k. Für $\delta(k) = 1$ setzen wir $\zeta = \varepsilon_r$.

Für einen Primdivisor $\mathfrak{p}$ von k sei $\pi_{\mathfrak{p}}$ ein Primelement und $\alpha_{1\mathfrak{p}}, \ldots, \alpha_{n_{\mathfrak{p}}\mathfrak{p}}$ eine Basis von $E_{\mathfrak{p}}$ mod $E_{\mathfrak{p}}^p$. Dabei ist

$$n_{\mathfrak{p}} = \begin{cases} 1 & \text{für} \quad \chi(\mathfrak{p}) \neq p, \\ [k_{\mathfrak{p}} : Q_p] + \delta(k_{\mathfrak{p}}) & \text{für} \quad \chi(\mathfrak{p}) = p. \end{cases}$$

Für $\delta(k_\mathfrak{p}) = 1$, $\chi(\mathfrak{p}) = p$ seien $\pi_\mathfrak{p} = \pi$, $\alpha_{1\mathfrak{p}} = \alpha_1, \ldots, \alpha_{n_\mathfrak{p}-1,\mathfrak{p}} = \alpha_n$, $\alpha_{n_\mathfrak{p}\mathfrak{p}} = \alpha_0$ so gewählt, daß sie den Bedingungen von Hilfssatz 10.5 bzw. Hilfssatz 10.9 genügen. Für $p = 2$ und eine unendliche reelle Primstelle $\mathfrak{p}$ ist $\alpha_{1\mathfrak{p}} = -1$ Erzeugende von $E_\mathfrak{p} = R^\times \bmod E_\mathfrak{p}^2$.

Für $\alpha \in k_\mathfrak{p}^\times$ bezeichnen wir das Idele, dessen $\mathfrak{p}$-Komponente gleich α ist und dessen übrige Komponenten gleich 1 sind, ebenfalls mit α. Es sei $\mathfrak{P}$ ein fixierter Primteiler von $\mathfrak{p}$ in k_S. Für Primdivisoren $\mathfrak{p} \in S$ bezeichne $\sigma_\mathfrak{p}$ ein Element aus G_S mit folgenden Eigenschaften:

(I) $\sigma_\mathfrak{p}$ ist Fortsetzung des Frobenius-Automorphismus von $\mathfrak{P}$ bezüglich der maximalen Teilerweiterung von k_S/k, in der $\mathfrak{P}$ unverzweigt ist.

(II) Die Beschränkung von $\sigma_\mathfrak{p}$ auf die maximale abelsche Teilerweiterung $k_S^{(2)}/k$ von k_S/k ist $(\pi_\mathfrak{p}, k_S^{(2)}/k)$.

Für alle Primstellen $\mathfrak{p} \in S$ und $\nu = 1, \ldots, n_\mathfrak{p}$ bezeichne $\tau_{\nu\mathfrak{p}}$ ein Element aus G_S mit

(I) $\tau_{\nu\mathfrak{p}}$ liegt in der Trägheitsgruppe $\mathfrak{T}_\mathfrak{P}$ von $\mathfrak{P}$ in k_S/k.

(II) Die Beschränkung von $\tau_{\nu\mathfrak{p}}$ auf $k_S^{(2)}/k$ ist $(\alpha_{\nu\mathfrak{p}}, k_S^{(2)}/k)$.
ω_ν sei eine Fortsetzung von $(\mathfrak{a}_\nu, k_S^{(2)}/k)$ auf G_S, $\nu = 1, \ldots, h$.

Die Automorphismen $\omega_1, \ldots, \omega_h, \tau_{1\mathfrak{p}}, \ldots, \tau_{n_\mathfrak{p}\mathfrak{p}}$, $\mathfrak{p} \in S$, bilden ein Erzeugendensystem $\mathfrak{E}$ von G_S. Dazu hat man zu zeigen, daß erstens in jeder offenen Untergruppe H von G_S fast alle Elemente aus $\mathfrak{E}$ liegen und daß zweitens $\mathfrak{E}$ die Gruppe G_S erzeugt.

1. Der zu H gehörige Fixkörper ist eine endliche Teilerweiterung von k_S/k, in der also nur endlich viele Primstellen verzweigt sind. Für die übrigen $\mathfrak{p} \in S$ gilt $\tau_{1\mathfrak{p}}, \ldots, \tau_{n_\mathfrak{p}\mathfrak{p}} \in H$.

2. Nach dem Burnsideschen Basissatz (Satz 4.10) genügt es zu zeigen, daß $\mathfrak{E} \bmod G_S^p[G_S, G_S]$ ein Erzeugendensystem von $G_S/G_S^p[G_S, G_S] \cong J/U_S J^p k^\times$ ist, d. h., es ist zu zeigen, daß

$$\{\mathfrak{a}_1, \ldots, \mathfrak{a}_h\} \cup \{\alpha_{1\mathfrak{p}}, \ldots, \alpha_{n_\mathfrak{p}\mathfrak{p}} | \mathfrak{p} \in S\}$$

ein Erzeugendensystem von $J \bmod U_S J^p k^\times$ ist. Das folgt aber nach (11.10) und (11.11) aus der Definition der $\mathfrak{a}_\nu$, $\alpha_{\mu\mathfrak{p}}$.

Im allgemeinen ist $\mathfrak{E}$ kein minimales Erzeugendensystem. Unter der Voraussetzung $Б_S = \{0\}$ ergibt sich aus (11.11), daß man noch

$$\dim Б_\emptyset = \dim {}_pE + \dim Cl(k)_p$$

Elemente aus $\mathfrak{E}$ wegzulassen hat.

Dazu bestimmen wir ein minimales Erzeugendensystem von $J \bmod U_S J^p k^\times$. Es sei k zunächst ein algebraischer Zahlkörper.

Nach Konstruktion ist $\{\alpha_{1\mathfrak{p}}, \ldots, \alpha_{n_\mathfrak{p}\mathfrak{p}} | \mathfrak{p} \in S\}$ ein minimales Erzeugendensystem von $U \bmod U_S U^p$. Aus diesem System haben wir Elemente wegzulassen, so daß der

Rest zusammen mit $\operatorname{Ker}\varphi_3 = \operatorname{Im}\varphi_2$ ein minimales Erzeugendensystem von $U \bmod U_S U^p$ bildet.

Es sei q_ν die kleinste positive ganze Zahl mit $\mathfrak{a}_\nu^{q_\nu} \in Uk^\times$ und β_ν ein Element aus k mit $\mathfrak{a}_\nu^{q_\nu}(\beta_\nu) \in U$, $\nu = 1, \ldots, h$. Dann ist

$$\{(\varepsilon_\mu), \mathfrak{a}_\nu^{q_\nu}(\beta_\nu) \mid \mu = 1, \ldots, r - 1 + \delta(k), \nu = 1, \ldots, h\} \bmod U_S U^p$$

eine Basis von $\operatorname{Im}\varphi_2$. Das zugehörige Gleichungssystem

$$\left.\begin{aligned} (\varepsilon_\mu) &= \prod_{\mathfrak{p}\in S} \gamma_{\mathfrak{p}\mu}\alpha_{1\mathfrak{p}}^{a_{1\mathfrak{p}\mu}} \cdots \alpha_{n_\mathfrak{p}\mathfrak{p}}^{a_{n_\mathfrak{p}\mathfrak{p}\mu}}, \quad a_{\lambda\mathfrak{p}\mu} \in \mathbf{Z}_p, \quad \mu = 1, \ldots, r - 1 + \delta(k), \\ \mathfrak{a}_\nu^{q_\nu}(\beta_\nu) &= \prod_{\mathfrak{p}\in S} \delta_{\mathfrak{p}\nu}\alpha_{1\mathfrak{p}}^{b_{1\mathfrak{p}\mu}} \cdots \alpha_{n_\mathfrak{p}\mathfrak{p}}^{b_{n_\mathfrak{p}\mathfrak{p}\nu}}, \quad b_{\lambda\mathfrak{p}\nu} \in \mathbf{Z}_p, \quad \nu = 1, \ldots, h, \end{aligned}\right\} \tag{11.13}$$

wobei $\gamma_{\mathfrak{p}\mu}$ und $\delta_{\mathfrak{p}\nu}$ im Fall $\chi(\mathfrak{p}) \neq p$ Produkt einer Einheitswurzel von zu p primer Ordnung und einer Einseinheit aus k im Fall $\lambda(\mathfrak{p}) = p$ eine Einheitswurzel von zu p primer Ordnung aus k und für unendliche $\mathfrak{p}$ aus $k_\mathfrak{p}^p$ sind, hat daher eine Koeffizientenmatrix

$$\begin{pmatrix} a_{\lambda_\mathfrak{p}\mathfrak{p}\mu} \\ b_{\lambda_\mathfrak{p}\mathfrak{p}\nu} \end{pmatrix}_{\lambda_\mathfrak{p}\mathfrak{p};\mu\nu},$$

deren Rang $\bmod p$ gleich $r - 1 + \delta(k) + h$ ist. (11.13) entspricht klassenkörpertheoretisch das Gleichungssystem

$$\left.\begin{aligned} \prod_{\mathfrak{p}\in S} \bar{\tau}_{1\mathfrak{p}}^{a_{1\mathfrak{p}\mu}} \cdots \bar{\tau}_{n_\mathfrak{p}\mathfrak{p}}^{a_{n_\mathfrak{p}\mathfrak{p}\mu}} &= 1, \quad \mu = 1, \ldots, r - 1 + \delta(k), \\ \prod_{\mathfrak{p}\in S} \bar{\tau}_{1\mathfrak{p}}^{b_{1\mathfrak{p}\nu}} \cdots \bar{\tau}_{n_\mathfrak{p}\mathfrak{p}}^{b_{n_\mathfrak{p}\mathfrak{p}\nu}} &= \bar{\omega}_\nu^{q_\nu}, \quad \nu = 1, \ldots, h, \end{aligned}\right\} \tag{11.14}$$

aus dem man bestimmen kann, welche Erzeugenden von $\mathfrak{E}$ wegzulassen sind. Der Querstrich bezeichnet in (11.14) die Klasse mod $[G_S, G_S]$.

Die Betrachtungen im Fall, daß k ein Funktionenkörper ist, verlaufen völlig analog. Man hat nur zu beachten, daß sich für $\mathfrak{a}_1$ keine Gleichung ergibt, da der zu $\mathfrak{a}_1$ gehörige Divisor einen von 0 verschiedenen Grad hat.

Es sei $\mathfrak{E}_0 \subset \mathfrak{E}$ ein minimales Erzeugendensystem von G_S. Die Elemente von $\mathfrak{D} = \mathfrak{E} - \mathfrak{E}_0$ können wir mit Hilfe von (11.14) bis auf Faktoren aus $[G_S, G_S]$ ausdrücken.

Wir gehen nun zur Bestimmung eines erzeugenden Relationensystems von G_S über und drücken zunächst $\sigma_\mathfrak{p}$ durch die Elemente von $\mathfrak{E}_0$ aus.

Da die $\mathfrak{a}_1, \ldots, \mathfrak{a}_h$ eine Basis von $J \bmod UJ^p k^\times$ bilden und $\mathfrak{a}_1$ im Fall eines Funktionenkörpers kleinstmöglichen positiven Grad hat, gibt es ein $c_\mathfrak{p} \in \mathbf{Z}$ mit $c_\mathfrak{p} \not\equiv 0 \pmod p$, so daß $\pi_\mathfrak{p}^{c_\mathfrak{p}}$ eine Darstellung

$$\pi_\mathfrak{p}^{c_\mathfrak{p}} = \left(\prod_{\nu=1}^{h} \mathfrak{a}_\nu^{c'_{\mathfrak{p}\nu}}\right)\left(\prod_{\mathfrak{q}} \alpha_\mathfrak{q}\alpha_{1\mathfrak{q}}^{c'_{1\mathfrak{q}\mathfrak{p}}} \cdots \alpha_{n_\mathfrak{q}\mathfrak{q}}^{c'_{n_\mathfrak{q}\mathfrak{q}\mathfrak{p}}}\right)(\beta_\mathfrak{p}) \tag{11.15}$$

hat. Dabei ist $\alpha_{\mathfrak{q}}$ für $\chi(\mathfrak{q}) \neq p$ Produkt einer Einheitswurzel von zu p primer Ordnung mit einer Einseinheit, für $\chi(\mathfrak{q}) = p$ eine Einseinheit von zu p primer Ordnung, und für archimedische $\mathfrak{q}$ ist $\alpha_{\mathfrak{q}} \in k_{\mathfrak{q}}^{p}$. Weiter ist $\beta_{\mathfrak{p}} \in k$, $c'_{\mathfrak{p}\nu}$, $c'_{\lambda_{\mathfrak{q}}\mathfrak{q}\mathfrak{p}} \in \boldsymbol{Z}_p$.

Aus (11.15) folgt, wenn man noch

$$c_{\mathfrak{p}\nu} = c'_{\mathfrak{p}\nu} c_{\mathfrak{p}}^{-1}, \quad c_{\lambda_{\mathfrak{q}}\mathfrak{q}\mathfrak{p}} = c'_{\lambda_{\mathfrak{q}}\mathfrak{q}\mathfrak{p}} c_{\mathfrak{p}}^{-1}$$

setzt,

$$\bar{\sigma}_{\mathfrak{p}} = \prod_{\nu=1}^{h} \bar{\omega}_{\nu}^{c_{\mathfrak{p}\nu}} \prod_{\mathfrak{q} \in S} \bar{\tau}_{1\mathfrak{q}}^{c_{1\mathfrak{q}\mathfrak{p}}} \cdots \bar{\tau}_{n_{\mathfrak{q}}\mathfrak{q}}^{c_{n_{\mathfrak{q}}\mathfrak{q}\mathfrak{p}}} \quad \text{für} \quad \mathfrak{p} \in S. \tag{11.16}$$

Es sei nun F die freie Pro-p-Gruppe mit dem $\mathfrak{E}_0$ entsprechenden Erzeugendensystem

$$\{w_1, \ldots, w_h\} \cup \{t_{\lambda_{\mathfrak{p}}\mathfrak{p}} \mid \lambda_{\mathfrak{p}} = 1, \ldots, n_{\mathfrak{p}}, \mathfrak{p} \in S, \tau_{\lambda_{\mathfrak{p}}\mathfrak{p}} \in \mathfrak{E}_0\}$$

und

$$1 \to R \to F \underset{\psi}{\to} G_S \to 1 \tag{11.17}$$

die minimale Darstellung von G_S, die durch

$$\psi w_\nu = \omega_\nu, \quad \nu = 1, \ldots, h,$$

$$\psi t_{\lambda_{\mathfrak{p}}\mathfrak{p}} = \tau_{\lambda_{\mathfrak{p}}\mathfrak{p}}, \; \mathfrak{p} \in S, \; \lambda_{\mathfrak{p}} = 1, \ldots, n_{\mathfrak{p}}, \; \tau_{\lambda_{\mathfrak{p}}\mathfrak{p}} \in \mathfrak{E}_0,$$

gegeben ist.

Für $\tau_{\lambda_{\mathfrak{p}}\mathfrak{p}} \in \mathfrak{D}$ sei $t_{\lambda_{\mathfrak{p}}\mathfrak{p}}$ ein Urbild in F, das mod $[F, F]$ durch die Darstellung von $\bar{\tau}_{\lambda_{\mathfrak{p}}\mathfrak{p}}$ durch $\mathfrak{E}_0$ mod $[G_S, G_S]$ entsprechend (11.14) gegeben ist. $s_{\mathfrak{p}}$ sei ein Urbild von $\sigma_{\mathfrak{p}}$ in F, das mod $[F, F]$ durch die Darstellung (11.16) von $\bar{\sigma}_{\mathfrak{p}}$ gegeben ist, d. h.

$$s_{\mathfrak{p}} = \prod_{\nu=1}^{h} w_{\nu}^{c_{\mathfrak{p}\nu}} \prod_{\mathfrak{q} \in S} t_{1\mathfrak{q}}^{c_{1\mathfrak{q}\mathfrak{p}}} \cdots t_{n_{\mathfrak{q}}\mathfrak{q}}^{c_{n_{\mathfrak{q}}\mathfrak{q}\mathfrak{p}}} s'_{\mathfrak{p}}, \quad s'_{\mathfrak{p}} \in [F, F]. \tag{11.18}$$

Wegen $\text{Б}_S = \{0\}$ ist nach Satz 11.3 die Abbildung

$$H^2(G_S) \to \sum_{\mathfrak{p} \in S} H^2(G_{\mathfrak{p}})$$

injektiv, und für $\delta(k) = 1$ ist nach Satz 11.4 sogar

$$H^2(G_S) \to \sum_{\mathfrak{p} \in S - \{\mathfrak{p}_0\}} H^2(G_{\mathfrak{p}})$$

injektiv, wobei $\mathfrak{p}_0$ eine beliebige Primstelle aus S bezeichnet. Wir wollen Satz 6.14 anwenden und benutzen die Ergebnisse von § 10.

Da $G_{\mathfrak{p}}$ bei $\varphi_{\mathfrak{p}}$ auf die Zerlegungsgruppe $\mathfrak{Z}_{\mathfrak{P}}$ abgebildet wird, können wir die Erzeugenden $\sigma, \tau_1, \ldots, \tau_{n_{\mathfrak{p}}}$ von $G_{\mathfrak{p}}$ so wählen, daß

$$\varphi_{\mathfrak{p}}\sigma = \sigma_{\mathfrak{p}}, \quad \varphi_{\mathfrak{p}}\tau_1 = \tau_{1\mathfrak{p}}, \ldots, \varphi_{\mathfrak{p}}\tau_{n_{\mathfrak{p}}} = \tau_{n_{\mathfrak{p}}\mathfrak{p}}$$

gilt. Dem entspricht nach § 6.2 für jedes $\mathfrak{p} \in S$ ein exaktes und kommutatives Diagramm

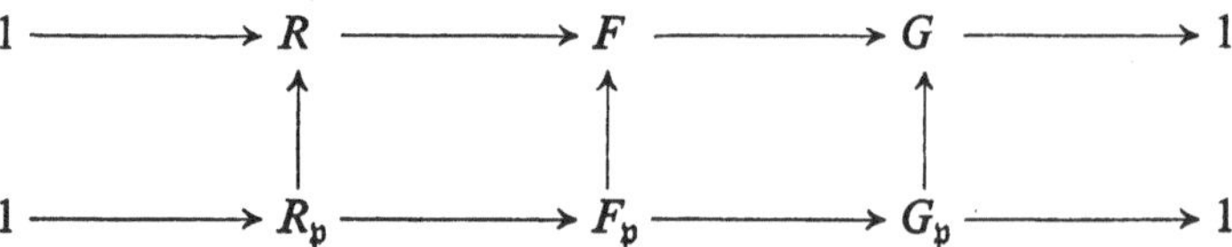

$$\begin{array}{ccccccccc} 1 & \longrightarrow & R & \longrightarrow & F & \longrightarrow & G & \longrightarrow & 1 \\ & & \uparrow & & \uparrow & & \uparrow & & \\ 1 & \longrightarrow & R_\mathfrak{p} & \longrightarrow & F_\mathfrak{p} & \longrightarrow & G_\mathfrak{p} & \longrightarrow & 1 \end{array}$$

Für eine endliche Primstelle $\mathfrak{p}$ mit $\delta(k_\mathfrak{p}) = 1$ erhält man folgende Relationen in R:

$$r_\mathfrak{p} = t_{1\mathfrak{p}}^{N(\mathfrak{p})-1}[t_{1\mathfrak{p}}^{-1}, s_\mathfrak{p}^{-1}] \quad \text{für} \quad \chi(\mathfrak{p}) \neq p \text{ (Satz 10.2)}$$

(in diesem Fall schreiben wir auch $t_\mathfrak{p}$ für $t_{1\mathfrak{p}}$),

$$r_\mathfrak{p} = t_{0\mathfrak{p}}^{q-1} t_{1\mathfrak{p}}^{\hat{q}}[t_{0\mathfrak{p}}, s_\mathfrak{p}]\,[t_{1\mathfrak{p}}, t_{2\mathfrak{p}}] \cdots [t_{n_\mathfrak{p}-2,\mathfrak{p}}, t_{n_\mathfrak{p}-1,\mathfrak{p}}]\, r'_\mathfrak{p}$$

mit $r'_\mathfrak{p} \in F^{(3,q)} \cap F^{(2)}$, $t_{0\mathfrak{p}} = t_{n_\mathfrak{p}\mathfrak{p}}$ für $\chi(\mathfrak{p}) = p$, $q \neq 2$ (Satz 10.9),

$$r_\mathfrak{p} = t_{1\mathfrak{p}}^{2}[t_{0\mathfrak{p}}, s_\mathfrak{p}]\,[t_{1\mathfrak{p}}, t_{2\mathfrak{p}}] \cdots [t_{n_\mathfrak{p}-2,\mathfrak{p}}, t_{n_\mathfrak{p}-1,\mathfrak{p}}]\, r'_\mathfrak{p}$$

mit $r'_\mathfrak{p} \in F^{(3,2)} \cap F^{(2)}$, $t_{0\mathfrak{p}} = t_{n_\mathfrak{p}\mathfrak{p}}$ für $\chi(\mathfrak{p}) = p$, $q = 2$ (Satz 10.12).

Für eine reelle Primstelle $\mathfrak{p}$ ist die maximale 2-Erweiterung von $k_\mathfrak{p} = \boldsymbol{R}$ der Körper der komplexen Zahlen. Die zugehörige Relation in R hat daher die Form

$$r_\mathfrak{p} = t_{n\mathfrak{p}}^2 = t_\mathfrak{p}^2.$$

Wir wenden nun Satz 6.14 auf (11.18) an und erhalten

Satz 11.10. *Es sei S eine Menge von Primstellen von k mit* $\text{Б}_S = \{0\}$. *Dann wird der Relationenmodul R in der minimalen Darstellung* (11.17) *von G_S erzeugt von den Relationen $r_\mathfrak{p}$ für $\mathfrak{p} \in S$, $\delta(k_\mathfrak{p}) = 1$. Bei $\delta(k) = 1$ darf eine beliebige dieser Relationen fortgelassen werden.*

Durch die oben durchgeführte klassenkörpertheoretische Rechnung über k sind die Relationen $r_\mathfrak{p}$ bestimmt bis auf Faktoren aus $[F, F]^p\,[[F, F], F]$.

Beweis. Da wir $s_\mathfrak{p}$ und $t_{\lambda_\mathfrak{p}\mathfrak{p}}$ bis auf Faktoren aus $[F, F]$ bestimmt haben, ergibt sich die Behauptung aus der Struktur der Relationen $r_\mathfrak{p}$, wobei

$$F^{(3,p)} \cap F^{(2)} = [F, F]^p\,[[F, F], F]$$

zu berücksichtigen ist. □

Besonders einfache Verhältnisse liegen vor, wenn k der Körper der rationalen Zahlen, ein imaginär-quadratischer Zahlkörper mit zu p primer Klassenzahl oder ein Funktionenkörper mit zu p primer Charakteristik und Klassenzahl ist. In jedem dieser Fälle wird

$$\text{Б}_\emptyset = \delta(k).$$

Von den Erzeugenden $\tau_{1\mathfrak{p}}, \ldots, \tau_{n_\mathfrak{p}\mathfrak{p}}$, $\mathfrak{p} \in S$, hat man daher bei $Б_S = \{0\}$ für $\delta(k) = 0$ keine und für $\delta(k) = 1$ eine wegzulassen. Es sei dies $\tau_{\varkappa\mathfrak{p}_0}$. Unser Erzeugendensystem $\mathfrak{E}_0$ ist dann

$$\begin{array}{ll} \{\tau_{1\mathfrak{p}}, \ldots, \tau_{n_\mathfrak{p}\mathfrak{p}} | \mathfrak{p} \in S\} & \text{für } \delta(k) = 0, \chi(k) = 0, \\ \{\omega_1\} \cup \{\tau_{1\mathfrak{p}} | \mathfrak{p} \in S\} & \text{für } \delta(k) = 0, \chi(k) \text{ Primzahl} \neq p, \\ \{\tau_{1\mathfrak{p}}, \ldots, \tau_{n_\mathfrak{p}\mathfrak{p}} | \mathfrak{p} \in S\} - \{\tau_{\varkappa\mathfrak{p}_0}\} & \text{für } \delta(k) = 1, \chi(k) = 0, \\ \{\omega_1\} \cup \{\tau_{1\mathfrak{p}} | \mathfrak{p} \in S\} - \{\tau_{1\mathfrak{p}_0}\} & \text{für } \delta(k) = 1, \chi(k) \text{ Primzahl} \neq p. \end{array}$$

In den beiden letzten Fällen lassen wir die zu $\mathfrak{p}_0$ gehörige Relation fort. Man überzeugt sich nun leicht, daß mit Ausnahme des Falles $\delta(k) = 1$, $\chi(k) = 0$ auf Grund unserer klassenkörpertheoretischen Rechnung über k die Relationen $r_\mathfrak{p}$ sogar bis auf Faktoren aus $F^{(3)}$ bestimmt sind.

Beispiel 11.11. Es sei $k = Q$ und $p \neq 2$. Dann ist $Б_S = \{0\}$ für alle S. Für $q \in S$ können wir

$$\alpha_{1q} = \alpha_q = \begin{cases} \text{Primitivwurzel mod } q \text{ bei } q \equiv 1 \pmod p, \\ 1 + p \qquad \text{bei } q = p \end{cases}$$

setzen. Dann erhält man die $c_{1q'q} = c_{q'q}$, $q', q \in S$ mit Hilfe von

$$\frac{1}{q} \equiv \alpha_{q'}^{c_{q'q}} \pmod{q'} \quad \text{für} \quad q' \neq p,$$
$$\frac{1}{q} = (1+p)^{c_{pq}}.$$

Für $q \neq p$ ergibt sich die Relation

$$r_q = t_q^{q-1} \prod_{q' \in S} [t_q, t_{q'}]^{c_{q'q}} r'_q, \quad r'_q \in F^{(3)}.$$

Beispiel 11.12. Es sei $k = Q$ und $p = 2$. Dann ist $Б_S = \{0\}$, wenn in S eine der Primstellen ∞, 2 oder q mit $q \equiv 3 \pmod 4$ liegt. Für $q \in S - \{2\}$ können wir

$$\alpha_{1q} = \alpha_q = \begin{cases} -1 \text{ für } q = \infty, \\ \text{positive Primitivwurzel mod } q \text{ für } q \equiv 1 \pmod 2 \end{cases}$$

setzen. Für $q = 2$ genügt die Basis $\{2, 5, -1\}$ von $Q_2^\times$ mod $Q_2^{\times 2}$ den Bedingungen von Hilfssatz 10.9. Wir können daher $\alpha_{12} = -1$, $\alpha_{22} = 5$ setzen. $V_\phi/Q^{\times 2}$ wird von -1 erzeugt. Es ergibt sich daher folgende Beziehung zwischen den Erzeugenden $\tau_{12}, \tau_{22}, \tau_q$, $q \in S - \{2\}$:

$$\tau_{12}\tau_\infty \prod_{q \equiv 1 (p)} \tau_q^{\frac{q-1}{2}} \equiv 1 \pmod{G_S^{(2)}}.$$

Um ein minimales Erzeugendensystem zu erhalten, hat man daher eines der Elemente

$$\tau_{12}, \tau_\infty, \tau_q, q \equiv 3 \pmod 4$$

aus dem Erzeugendensystem wegzulassen.

Wir nehmen jetzt $\infty \in S$ an und lassen τ_∞ aus dem Erzeugendensystem von G_S sowie r_∞ aus dem Relationensystem von G_S weg.

Für $q \neq 2$ erhält man $c_{q'q}$, q', $q \in S$ aus

$$\frac{1}{q} \equiv \alpha_{q'}^{c_{q'q}} \pmod{q'} \text{ für } q' \equiv 1 \pmod 2,$$

$$c_{\infty q} = 0.$$

Weiter wird

$$\frac{1}{q} = (-1)^{c_{12q}} 5^{c_{22q}}.$$

Wir erhalten folgende Relationen.

Für $q \equiv 1 \pmod 2$:

$$r_q = t_q^{q-1} \prod_{q' \in S} [t_q, t_{q'}]^{c_{q'q}} [t_q, t_{12}^{c_{12q}} t_{22}^{c_{22q}}] r'_q, \quad r'_q \in F^{(3)},$$

für $q = 2$:

$$r_2 = t_{12}^2 \prod_{q' \in S'} [t_{22}, t_q]^{c_{q'2}} r'_2, \quad r'_2 \in F^{(3,2)} \cap F^{(2)},$$

wobei $S' = S - \{2, \infty\}$ gesetzt ist.

Beispiel 11.13. Es sei $k = k_0(x)$ Funktionenkörper von Primzahlcharakteristik $q \neq p$ und $\delta(k_0) = 0$. Dann ist $Б_S = \{0\}$ für alle S. Für $\mathfrak{p} \in S$ sei $\alpha_{1\mathfrak{p}} = \alpha_\mathfrak{p}$ primitive $(N(\mathfrak{p}) - 1)$-te Einheitswurzel aus $k_0[x]/\varphi_\mathfrak{p}(x)$, wobei $\varphi_\mathfrak{p}(x)$ das normierte Primpolynom für $\mathfrak{p}$ bezeichnet. Für die Gradbewertung $\mathfrak{u}$ setzen wir $\varphi_\mathfrak{u}(x) = \frac{1}{x}$. $\mathfrak{a}_1$ sei das Idele, das für $\mathfrak{u}$ gleich $\frac{1}{x}$ und sonst gleich 1 ist. Wir können $\pi_\mathfrak{p} = \varphi_\mathfrak{p}(x)$ setzen. Dann ist $c_\mathfrak{p} = c_{\mathfrak{p}1}$ gleich dem Grad von $\varphi_\mathfrak{p}(x)$. Weiter wird für $\mathfrak{p}', \mathfrak{p} \in S$

$$\frac{1}{\varphi_\mathfrak{p}(x)} \equiv \alpha_{\mathfrak{p}'}^{c_{\mathfrak{p}'\mathfrak{p}}} \bmod \mathfrak{p}',$$

und die zu $\mathfrak{p} \in S$ gehörige Relation $r_\mathfrak{p}$ nimmt die Form

$$r_\mathfrak{p} = t_\mathfrak{p}^{N(\mathfrak{p})-1} [t_\mathfrak{p}, w_1]^{c_\mathfrak{p}} \prod_{\mathfrak{p}' \in S} [t_\mathfrak{p}, t_{\mathfrak{p}'}]^{c_{\mathfrak{p}'\mathfrak{p}}} r'_\mathfrak{p}, \quad r'_\mathfrak{p} \in F^{(3)},$$

an.

Beispiel 11.14. Es sei $k = k_0(x)$ Funktionenkörper von Primzahlcharakteristik $q \neq p$, $\delta(k_0) = 1$. Es sei m die Anzahl der Elemente des Konstantenkörpers k_0 und p^s die größte p-Potenz, die in $m - 1$ aufgeht. Wegen $\delta(k_0) = 1$ ist $s \geqq 1$.

$Б_S$ ist gleich $\{0\}$, wenn S einen Primdivisor $\mathfrak{p}_0$ mit

$$N(\mathfrak{p}_0) \not\equiv 1 \pmod{p^{s+1}} \tag{11.19}$$

enthält.

Es sei ζ primitive $(m - 1)$-te Einheitswurzel aus k_0 und $\alpha_{1\mathfrak{p}} = \alpha_\mathfrak{p}$ primitive $(N(\mathfrak{p}) - 1)$-te Einheitswurzel aus $k_0[x]/\varphi_\mathfrak{p}(x)$ mit

$$\alpha_\mathfrak{p}^{\frac{N(\mathfrak{p})-1}{m-1}} = \zeta$$

bzw. $\alpha_{1\mathfrak{p}} = \alpha_\mathfrak{p} = \zeta$ für die Gradbewertung. $V_\phi/k^{\times p}$ wird von ζ erzeugt. Daher ergibt sich folgende Beziehung zwischen den Erzeugenden $\tau_\mathfrak{p}$, $\mathfrak{p} \in S$, von G_S:

$$\prod_{\mathfrak{p} \in S} \tau_\mathfrak{p}^{\frac{N(\mathfrak{p})-1}{m-1}} \equiv 1 \pmod{G_S^{(2)}}.$$

Dementsprechend können wir $\tau_{\mathfrak{p}_0}$ weglassen.

Die Größen $\mathfrak{a}_1$, $c_\mathfrak{p}$, $c_{\mathfrak{p}'\mathfrak{p}}$ bestimmen wir wie in Beispiel 11.13. Es ist jedoch zu beachten, daß jetzt auch Primdivisoren ersten Grades verzweigt sein können. Für die Gradbewertung $\mathfrak{u}$ ergibt sich

$$\frac{x^{c_\mathfrak{p}}}{\varphi_\mathfrak{p}(x)} \equiv \zeta^{c_{\mathfrak{u}\mathfrak{p}}} \bmod \mathfrak{u}$$

und daher $c_{\mathfrak{u}\mathfrak{p}} = 0$.

Wegen

$$t_{\mathfrak{p}_0} \equiv \prod_{\mathfrak{p}\in S-\{\mathfrak{p}_0\}} t_\mathfrak{p}^{-\frac{N(\mathfrak{p})-1}{N(\mathfrak{p}_0)-1}} \bmod F^{(2)}$$

nimmt die zu $\mathfrak{p} \in S - \{\mathfrak{p}_0\}$ gehörige Relation $r_\mathfrak{p}$ die Form

$$r_\mathfrak{p} = t_\mathfrak{p}^{N(\mathfrak{p})-1}[t_\mathfrak{p}, w_1]^{c_\mathfrak{p}} \prod_{\mathfrak{p}'\in S-\{\mathfrak{p}_0\}} [t_\mathfrak{p}, t_{\mathfrak{p}'}]^{d_{\mathfrak{p}'\mathfrak{p}}} r'_\mathfrak{p}, \quad r'_\mathfrak{p} \in F^{(3)},$$

mit

$$d_{\mathfrak{p}'\mathfrak{p}} = c_{\mathfrak{p}'\mathfrak{p}} - c_{\mathfrak{p}_0\mathfrak{p}} \frac{N(\mathfrak{p})-1}{N(\mathfrak{p}_0)-1}$$

an.

11.5. Vollständige Bestimmung der Struktur von G_S in Spezialfällen

In gewissen Fällen reicht die in den letzten beiden Abschnitten gewonnene Information zur vollständigen Bestimmung der Struktur von G_S aus. Wir betrachten in diesem Abschnitt solche Fälle, wobei wir uns auf algebraische Zahlkörper beschränken.

(I) Es sei $Б_S = \{0\}$ und $G_S^{(3,p)} = G_S^{(4,p)}$. Die letzte Bedingung läßt sich, wenn S und damit $d(G_S)$ endlich ist, nach einem von A. I. Skopin [2] allgemein entwickelten Algorithmus verifizieren. Man zeigt dann durch vollständige Induktion $G_S^{(n,p)} = G_S^{(n+1,p)}$ für $n \geqq 3$, und wegen

$$\bigcap_{n=1}^{\infty} G_S^{(n,p)} = \{1\}$$

folgt daraus $G_S^{(3,p)} = \{1\}$. G_S ist in diesem Fall endlich. Bezüglich näherer Einzelheiten verweisen wir auf H. Koch [4], S. 56, [6] und auf das folgende Beispiel.

Beispiel 11.15. Es sei $k = \mathbf{Q}$, $p \neq 2$, $S = \{p_1, p_2\}$,

$$p_\nu \equiv 1 \pmod{p}, \quad p_\nu \not\equiv 1 \pmod{p^2}, \quad \nu = 1, 2,$$

$$p_1 \not\equiv x^p \pmod{p_2} \quad \text{für} \quad x \in \mathbf{Z}.$$

Dann ist G_S isomorph zu der nichtkommutativen Gruppe der Ordnung p^3 mit dem Exponenten p^2.

(II) Wir betrachten jetzt den Fall, daß die in den Zerlegungsgruppen von G_S für zahm verzweigtes $\mathfrak{p}$ auftretenden Elemente $\sigma_\mathfrak{p}$ und $\tau_\mathfrak{p}$ ein minimales Erzeugendensystem von G_S bilden. Dazu setzen wir voraus, daß S Primteiler von p enthält.

Wir wollen folgenden Satz beweisen

Satz 11.16. *Es sei k ein endlicher algebraischer Zahlkörper und S eine Primstellenmenge von k, die den folgenden Bedingungen genügt:*

1. *S enthält eine nicht leere Teilmenge S_1 von Primteilern von p, wobei im Fall $\delta(k) = 0$ auch $\delta(k_\mathfrak{p}) = 0$ für alle $\mathfrak{p} \in S_1$ gilt und im Fall $\delta(k) = 1$ die Menge S_1 nur aus einem Element besteht.*

2. *Es gilt die Ungleichung*

$$d = \sum_{\mathfrak{p} \in S_1} n_\mathfrak{p} - r - h + 1 - \delta(k) \geqq 0.$$

3. *$S_2 = S - S_1$ besteht aus h Primdivisoren $\mathfrak{p}_\nu$ mit $N(\mathfrak{p}_\nu) \equiv 1 \pmod{p}$, $\nu = 1, \ldots, h$, die eine Basis von ${}_pCl(k)$ repräsentieren, d weiteren Primdivisoren $\mathfrak{p}_\nu$ mit $N(\mathfrak{p}_\nu) \equiv 1 \pmod{p}$, $\nu = h + 1, \ldots, h + d$, und für $p = 2$ noch aus allen reellen Primstellen: $\mathfrak{p}_{h+d+1}, \ldots, \mathfrak{p}_u$.*

4. *Es gilt $Б_S = \{0\}$.*

5. *$\prod_{\mathfrak{p} \in S_1} E_\mathfrak{p}/E_\mathfrak{p}^p$ wird erzeugt von den Elementen der Form $\prod_{\mathfrak{p} \in S_1} \alpha E_\mathfrak{p}^p$ mit $\alpha \in k$, $v_\mathfrak{q}(\alpha) \equiv 0 \pmod{p}$ für alle Primdivisoren $\mathfrak{q}$ von k, die nicht in S_2 liegen.*

Dann hat G_S die Darstellung

$$1 \to R \to F \to G_S \to 1,$$

wobei F die freie Pro-p-Gruppe mit dem Erzeugendensystem

$$\{s_{\mathfrak{p}_\nu}, t_{\mathfrak{p}_\mu} | \nu = 1, \ldots, h + d, \mu = 1, \ldots, u\}$$

ist und R als Normalteiler von F von den Relationen

$$t_{\mathfrak{p}_\nu}^{N(\mathfrak{p}_\nu) - 1}[t_{\mathfrak{p}_\nu}^{-1}, s_{\mathfrak{p}_\nu}^{-1}], \quad \nu = 1, \ldots, h + d,$$

und

$$t_{\mathfrak{p}_\mu}^2, \quad \mu = h + d = 1, \ldots, u,$$

erzeugt wird.

Beweis. Wir können

$$\omega_\nu = \sigma_{\mathfrak{p}_\nu}, \quad \nu = 1, \ldots, h,$$

setzen. Die Elemente

$$\{\sigma_{\mathfrak{p}_\nu}, \tau_{\mathfrak{p}_\mu} | \nu = 1, \ldots, h + d, \mu = 1, \ldots, u\}$$

bilden nach § 11.4 genau dann ein minimales Erzeugendensystem von G_S, wenn die Determinante

$$\begin{vmatrix} a_{\lambda_\mathfrak{p} \mathfrak{p} \nu} \\ b_{\lambda_\mathfrak{p} \mathfrak{p} \mu} \\ c_{\lambda_\mathfrak{p} \mathfrak{p} \varkappa} \end{vmatrix} \tag{11.20}$$

mit den Zeilenindizes $\mathfrak{p} \in S$, $\mathfrak{p}|p$, $\lambda_\mathfrak{p} = 1, \ldots, n_\mathfrak{p}$ und den Spaltenindizes $\nu = 1, \ldots, h$, $\mu = 1, \ldots, r - 1 + \delta(k)$, $\varkappa = h + 1, \ldots, h + d$ des Gleichungssystems

$$\bar{\sigma}_{\mathfrak{p}_\nu}^{a_\nu} \prod_{\mathfrak{p} \in S_2} \bar{\tau}_\mathfrak{p}^{-a_{\mathfrak{p}\nu}} = \prod_{\mathfrak{p} \in S_1} \prod_{\lambda_\mathfrak{p}=1}^{n_\mathfrak{p}} \bar{\tau}_{\lambda_\mathfrak{p}\mathfrak{p}}^{a_{\lambda_\mathfrak{p}\mathfrak{p}\nu}}, \quad \nu = 1, \ldots, h,$$

$$\prod_{\mathfrak{p} \in S_2} \bar{\tau}_\mathfrak{p}^{-b_{\mathfrak{p}\mu}} = \prod_{\mathfrak{p} \in S_1} \prod_{\lambda_\mathfrak{p}=1}^{n_\mathfrak{p}} \bar{\tau}_{\lambda_\mathfrak{p}\mathfrak{p}}^{b_{\lambda_\mathfrak{p}\mathfrak{p}\mu}}, \quad \mu = 1, \ldots, r - 1 + \delta(k),$$

$$\bar{\sigma}_{\mathfrak{p}_\lambda} \prod_{i=1}^{h} \bar{\sigma}_{\mathfrak{p}_i}^{-c_{\lambda i}} \prod_{\mathfrak{p} \in S_2} \bar{\tau}_\mathfrak{p}^{-c_{\mathfrak{p}\lambda}} = \prod_{\mathfrak{p} \in S_1} \prod_{\lambda_\mathfrak{p}=1}^{n_\mathfrak{p}} \bar{\tau}_{\lambda_\mathfrak{p}\mathfrak{p}}^{c_{\lambda_\mathfrak{p}\mathfrak{p}\lambda}},$$

$$c_{\lambda_\mathfrak{p}\mathfrak{p}\lambda} = c_{\lambda_\mathfrak{p}\mathfrak{p}\mathfrak{p}_\lambda}, \quad \lambda = h + 1, \ldots, h + d,$$

inkongruent 0 mod p ist.

In der Tat kann man in diesem und nur in diesem Fall die aus $\mathfrak{E}$ wegzulassenden Elemente aus der Menge

$$\{\tau_{\lambda_\mathfrak{p}\mathfrak{p}} | \lambda = 1, \ldots, n_\mathfrak{p}, \mathfrak{p} \in S, \mathfrak{p}|p\} \tag{11.21}$$

wählen und die in $\mathfrak{E}_0$ verbleibenden Elemente aus (11.21) gegen die Elemente $\sigma_{\mathfrak{p}_\lambda} | \lambda = h + 1, \ldots, h + d$ austauschen. Wie man leicht sieht, ist die Determinante (11.20) genau dann $\not\equiv 0 \pmod p$, wenn die Bedingung 5 erfüllt ist. Satz 11.16 folgt daher aus Satz 11.10 unter Berücksichtigung der Tatsache, daß man bei $\delta(k) = 1$ die zu $\mathfrak{p}|p$, $\mathfrak{p} \in S$, gehörige Relation weglassen kann und daß bei $\delta(k) = 0$ keine Relation für $\mathfrak{p}|p$, $\mathfrak{p} \in S$, auftritt.□

Beispiel 11.17. Es sei $k = Q$, $p \neq 2$ und $S = \{p, q\}$, $q \not\equiv 1 \pmod{p^2}$. Dann ist G_S Faktorgruppe der freien Gruppe F mit den Erzeugenden s_q, t_q nach dem Normalteiler R mit der erzeugenden Relation $t_q^{q-1}[t_q^{-1}, s_q^{-1}]$.

Beispiel 11.18. Es sei $k = Q$, $p = 2$ und $S = \{2, q, \infty\}$, $q \equiv \pm 3 \pmod 8$. Dann ist G_S Faktorgruppe der freien Gruppe F mit den Erzeugenden s_q, t_q, t_∞ nach dem Normalteiler mit den erzeugenden Relationen $t_q^{q-1}[t_q^{-1}, s_q^{-1}]$ und t_∞^2.

Beispiel 11.19. Es sei $k = Q(\sqrt{-23})$, $p = 3$ und $S = \{\mathfrak{p}_1, \mathfrak{p}_2, q, \mathfrak{p}\}$, wobei $\mathfrak{p}_1, \mathfrak{p}_2$ die Primteiler von 3 sind, q eine in $Q(\sqrt{-23})$ träge Primzahl mit $q \not\equiv 1 \pmod 9$ und $\mathfrak{p}$ ein Primdivisor ist, der nicht Hauptdivisor ist ($Q(\sqrt{-23})$ hat die Klassenzahl 3). Dann ist G_S Faktorgruppe der freien Pro-p-Gruppe F mit den Erzeugenden s_q, t_q, $s_\mathfrak{p}$, $t_\mathfrak{p}$ nach dem Normalteiler mit den erzeugenden Relationen

$$t_q^{q-1}[t_q^{-1}, s_q^{-1}], \quad t_\mathfrak{p}^{N(\mathfrak{p})-1}[t_\mathfrak{p}^{-1}, s_\mathfrak{p}^{-1}].$$

§ 12. p-KLASSENGRUPPE UND p-KLASSENKÖRPERTURM

Wir wenden jetzt die Ergebnisse von § 11 zum Studium der p-Klassengruppe, d. h. der p-Komponente der Idealklassengruppe, und des p-Klassenkörperturms, d. h. der maximalen unverzweigten p-Erweiterung, an. Wir beschränken uns auf algebraische Zahlkörper.

Der Ausgangspunkt unserer Betrachtungen besteht in folgendem: Es sei k ein endlicher algebraischer Zahlkörper und K eine endliche p-Erweiterung von k. Die Menge der in K/k verzweigten Primstellen sei S. Der p-Klassenkörperturm $K_\emptyset$ von K ist in k_S enthalten. Wir wollen p-Klassengruppe und p-Klassenkörperturm von K mit Hilfe von Betrachtungen über k untersuchen. Es sei $H_K = G(k_S/K)$. Dann gilt

Satz 12.1. *Für jedes $\mathfrak{p} \in S$ sei ein Primteiler $\mathfrak{P}$ in k_S fixiert. Die Trägheitsgruppe von $\mathfrak{P}$ bezüglich k_S/k werde mit $\mathfrak{T}_\mathfrak{p}$ bezeichnet. $G(K_\emptyset/k)$ ist isomorph zur Faktorgruppe von G_S nach dem Normalteiler, der von den Gruppen $\mathfrak{T}_\mathfrak{p} \cap H_K$ für $\mathfrak{p} \in S$ erzeugt wird.*

Beweis. $\mathfrak{T}_\mathfrak{p} \cap H_K$ ist nach § 8.2 die Trägheitsgruppe von $\mathfrak{P}$ bezüglich k_S/K. Der Fixkörper des von den $\mathfrak{T}_\mathfrak{p} \cap H_K$, $\mathfrak{p} \in S$, erzeugten Normalteilers ist daher nach Satz 8.3 die maximale p-Erweiterung von K, in der die $\mathfrak{P}$ und damit $\mathfrak{p}$ unverzweigt sind. □

Im folgenden ziehen wir einige Folgerungen aus Satz 12.1, die aber in keiner Weise alle Anwendungsmöglichkeiten dieses Satzes ausschöpfen.

12.1. Ein Kriterium für zu p prime Klassenzahl

Es sei K/k eine endliche abelsche p-Erweiterung, die klassenkörpertheoretisch zur Untergruppe X von $\mathfrak{C}_k$ gehört. Wir beschränken uns auf Erweiterungen K/k, die den folgenden Bedingungen genügen:

A. Es sei S die Menge der in K/k verzweigten Primstellen. Dann ist $\text{Б}_S = \{0\}$.

B. Es sei $X_\mathfrak{p}$ bzw. $Y_\mathfrak{p}$ das Urbild von X bei der natürlichen Abbildung von E_g bzw. $k_\mathfrak{p}^\times$ in $\mathfrak{C}_k$ und $S_1 = \{\mathfrak{p} \mid \mathfrak{p} \in S, \mathfrak{p} \mid p\}$. Dann ist die aus (11.11) abgeleitete Abbildung

$$U_S U^p \prod_{\mathfrak{p} \in S_1} X_\mathfrak{p} / U_S U^p \to J / U_S J^p k^\times \tag{12.1}$$

injektiv.

Bedingung A garantiert, daß die Betrachtungen in § 11.4 anwendbar sind. Bedingung B bedeutet folgendes: Wählt man für $\mathfrak{p} \in S$, $\mathfrak{p}|p$ das minimale Erzeugendensystem $\{\tau_{1\mathfrak{p}}, \ldots, \tau_{w_\mathfrak{p}\mathfrak{p}}\}$ von $\mathfrak{T}_\mathfrak{p}$ als Normalteiler der Zerlegungsgruppe $\mathfrak{Z}_\mathfrak{p} = \mathfrak{Z}_\mathfrak{P}$ (etwas abweichend von dem Vorgehen in § 11.4) so, daß $\tau_{1\mathfrak{p}}, \ldots, \tau_{v_\mathfrak{p}\mathfrak{p}}$ minimales Erzeugendensystem von $\mathfrak{T}_\mathfrak{p} H_K$ mód H_K als Normalteiler von $\mathfrak{Z}_\mathfrak{p} H_K/H_K$ ist und die Erzeugenden $\tau_{v_\mathfrak{p}+1,\mathfrak{p}}, \ldots, \tau_{w_\mathfrak{p},\mathfrak{p}}$ in $\mathfrak{T}_\mathfrak{p} \cap H_K$ liegen, so kann man das minimale Erzeugendensystem $\mathfrak{E}_0$ von G_S so wählen, daß $\mathfrak{E}_0$ die Elemente $\tau_{v_\mathfrak{p}+1,\mathfrak{p}}, \ldots, \tau_{w_\mathfrak{p}\mathfrak{p}}$ für $\mathfrak{p} \in S$, $\mathfrak{p}|p$ enthält.

Insbesondere ist B immer erfüllt, wenn S keine Primstellen mit $\mathfrak{p}|p$ enthält.

Es sei $V(X)$ der $\mathbf{Z}/p\mathbf{Z}$-Vektorraum $J/U_S J^p k^\times \prod_{\mathfrak{p} \in S_1} X_\mathfrak{p}$ und $V(X) \wedge V(X)$ sein äußeres Produkt. Für $\alpha \in k_\mathfrak{p}$ bezeichne $\bar{\alpha}$ das Bild von α bei der natürlichen Abbildung $k_\mathfrak{p} \to V(X)$. Es gilt

Satz 12.2. *Es sei $p \neq 2$ und $K|k$ eine Erweiterung, die den oben angegebenen Bedingungen* A, B *genügt. Dann ist die Klassenzahl von K genau dann prim zu p, wenn*

1. *K den p-Klassenkörper von k enthält,*

2. *$V(X) \wedge V(X)$ von den Elementen der Form*

$$\bar{\alpha} \wedge \bar{\beta} \quad mit \quad \alpha, \beta \in k_\mathfrak{p}, \mathfrak{p} \in S,$$

erzeugt wird.

Bemerkung. Ein entsprechender, aber komplizierter zu formulierender Satz gilt für $p = 2$. In dem folgenden Beweis lassen wir zunächst auch $p = 2$ zu.

Beweis von Satz 12.2. Wir gehen aus von der Darstellung von G_S als Faktorgruppe von F entsprechend (11.17) und wollen daraus zunächst eine Darstellung von $G(K_\emptyset/k)$ als Faktorgruppe von F ableiten. Dazu wählen wir Erzeugendensysteme der Gruppen $\mathfrak{T}_\mathfrak{p} \cap H_K$. Für unendliche $\mathfrak{p} \in S$ ist $\mathfrak{T}_\mathfrak{p}$ von der Ordnung höchstens 2, und da $\mathfrak{T}_\mathfrak{p} \cap H_K$ eine echte Untergruppe von $\mathfrak{T}_\mathfrak{p}$ ist, gilt $\mathfrak{T}_\mathfrak{p} \cap H_K = \{1\}$. Für zahm verzweigte endliche $\mathfrak{p} \in S$ ist $\mathfrak{T}_\mathfrak{p}$ zyklisch, und $\mathfrak{T}_\mathfrak{p} \cap H_K$ wird von einer Potenz $\tau_\mathfrak{p}^{q_\mathfrak{p}}$ mit $p|q_\mathfrak{p}|N(\mathfrak{p}) - 1$ der Erzeugenden $\tau_\mathfrak{p}$ von $\mathfrak{T}_\mathfrak{p}$ erzeugt. Für $\mathfrak{p}|p$, $\mathfrak{p} \in S$, wählen wir ein Erzeugendensystem von $\mathfrak{T}_\mathfrak{p}$ als Normalteiler von $\mathfrak{Z}_\mathfrak{p}$ in der oben beschriebenen Weise. $\mathfrak{T}_\mathfrak{p} \cap H_K$ wird dann als Normalteiler von $\mathfrak{Z}_\mathfrak{p}$ erzeugt von

$$\tau_{1\mathfrak{p}}^{q_{1\mathfrak{p}}}, \ldots, \tau_{v_\mathfrak{p}\mathfrak{p}}^{q_{v_\mathfrak{p}\mathfrak{p}}}, \tau_{v_\mathfrak{p}+1,\mathfrak{p}}, \ldots, \tau_{w_\mathfrak{p}\mathfrak{p}} \quad \text{mit} \quad p|q_{\nu_\mathfrak{p}\mathfrak{p}}, \nu_\mathfrak{p} = 1, \ldots, v_\mathfrak{p},$$

und den Kommutatoren $[\xi_\mathfrak{p}, \eta_\mathfrak{p}]$ mit $\xi_\mathfrak{p}, \eta_\mathfrak{p} \in \mathfrak{Z}_\mathfrak{p}$. Wegen der Bedingung B können wir das minimale Erzeugendensystem $\mathfrak{E}_0$ von G_S so wählen, daß für $\mathfrak{p}|p$, $\mathfrak{p} \in S$, die Elemente $\tau_{v_\mathfrak{p}+1,\mathfrak{p}}, \ldots, \tau_{w_\mathfrak{p}\mathfrak{p}}$ in $\mathfrak{E}_0$ liegen.

Wegen Satz 12.1 erhalten wir nun $G(K_\emptyset/k)$ als Faktorgruppe von F, indem wir wie in § 11.4 Urbilder $s_\mathfrak{p}$, $t_\mathfrak{p} = t_{1\mathfrak{p}}$ bzw. $t_{\nu\mathfrak{p}}$ von $\sigma_\mathfrak{p}$, $\tau_\mathfrak{p}$ bzw. $\tau_{\nu\mathfrak{p}}$ in F wählen und F

nach dem Normalteiler R_1 faktorisieren, der von R und den Elementen

$$t_{\mathfrak{p}}^{q_{\mathfrak{p}}} \quad \text{für} \quad N(\mathfrak{p}) \equiv 1 \pmod p),\ \mathfrak{p} \in S,$$

$$t_{1\mathfrak{p}}^{q_{1\mathfrak{p}}}, \ldots, t_{v_{\mathfrak{p}}\mathfrak{p}}^{q_{v_{\mathfrak{p}}\mathfrak{p}}}, t_{v_{\mathfrak{p}}+1,\mathfrak{p}}, \ldots, t_{w_{\mathfrak{p}}\mathfrak{p}}, \quad [x_{\mathfrak{p}}, y_{\mathfrak{p}}] \text{ mit } x_{\mathfrak{p}}, y_{\mathfrak{p}} \in H_{\mathfrak{p}} \text{ für } \mathfrak{p}|p,\ \mathfrak{p} \in S,$$

erzeugt wird, wobei $H_{\mathfrak{p}}$ die von $s_{\mathfrak{p}}, t_{1\mathfrak{p}}, \ldots, t_{w_{\mathfrak{p}}\mathfrak{p}}$ erzeugte Untergruppe von F bezeichnet.

Unter Berücksichtigung der Struktur von $\varrho_{\mathfrak{p}}$ ergibt sich, daß R_1 von den Elementen

$$\begin{array}{lll} t_{\mathfrak{p}}^{q_{\mathfrak{p}}}, [x_{\mathfrak{p}}, y_{\mathfrak{p}}] \text{ mit } x_{\mathfrak{p}}, y_{\mathfrak{p}} \in H_{\mathfrak{p}} & \text{für } N(\mathfrak{p}) \equiv 1 \pmod p), & \mathfrak{p} \in S, \\ t_{\mathfrak{p}}^2 & \text{für } \mathfrak{p} \text{ reell}, & \mathfrak{p} \in S, \\ t_{1\mathfrak{p}}^{q_{1\mathfrak{p}}}, \ldots, t_{v_{\mathfrak{p}}\mathfrak{p}}^{q_{v_{\mathfrak{p}}\mathfrak{p}}}, t_{v_{\mathfrak{p}}+1,\mathfrak{p}}, \ldots, t_{w_{\mathfrak{p}}\mathfrak{p}}, \ [x_{\mathfrak{p}}, y_{\mathfrak{p}}] \text{ mit } x_{\mathfrak{p}}, y_{\mathfrak{p}} \in H_{\mathfrak{p}} & & \\ & \text{für } \mathfrak{p}|p, & \mathfrak{p} \in S, \end{array}$$

erzeugt wird.

Die Klassenzahl von K ist genau dann prim zu p, wenn $K\emptyset = K$ ist, d. h. genau dann, wenn $[F, F]$ in R_1 und der p-Klassenkörper von k in K enthalten ist.

Wir setzen jetzt $p \neq 2$ voraus. Sind $a_1, \ldots, a_m$ beliebige Elemente aus F, so folgt wegen (7.7) aus $a_1^{p\nu_1} \cdots a_m^{p\nu_m} \in F^{(2)}$ schon

$$a_1^{p\nu_1} \cdots a_m^{p\nu_m} \in F^{(2)p}F^{(3)}.$$

Daher ist die Bedingung $R_1 \supset [F, F]$ gleichbedeutend damit, daß die Elemente der Form $[x_{\mathfrak{p}}, y_{\mathfrak{p}}]$ mit $x_{\mathfrak{p}}, y_{\mathfrak{p}} \in H_{\mathfrak{p}}$, $\mathfrak{p} \in S$, $\mathfrak{p}$ endlich, und $[x, t_{\nu_{\mathfrak{p}}\mathfrak{p}}]$ mit $x \in F$, $\nu_{\mathfrak{p}} = v_{\mathfrak{p}} + 1, \ldots, w_{\mathfrak{p}}$, $\mathfrak{p} \in S$, $\mathfrak{p}|p$ ganz $F^{(2)}$ als Normalteiler von F erzeugen.

Es sei N bzw. M der von den $t_{\nu_{\mathfrak{p}}\mathfrak{p}}$ bzw. $\tau_{\nu_{\mathfrak{p}}\mathfrak{p}}$ mit $\nu_{\mathfrak{p}} = v_{\mathfrak{p}} + 1, \ldots, w_{\mathfrak{p}}$, $\mathfrak{p} \in S$, $\mathfrak{p}|p$ erzeugte Normalteiler von F bzw. G_S. Wegen Bedingung B ist

$$F/F^{(2,p)}N \cong G_S/G_S^{(2,p)}M \cong J/U_S J^p k^{\times} \prod_{\mathfrak{p} \in S_1} X_{\mathfrak{p}} = V(X).$$

Da für eine beliebige freie Pro-p-Gruppe F_1 mit endlich vielen Erzeugenden der $\boldsymbol{Z}/p\boldsymbol{Z}$-Vektorraum $F_1^{(2)}/F_1^{(2)p}F_1^{(3)}$ zum äußeren Produkt von $F_1/F_1^{(2,p)}$ isomorph ist (siehe M. Hall [1], chap. 11.1), folgt hieraus die Behauptung.□

Wir wollen nun Beispiele angeben, in denen die Bedingungen A und B erfüllt sind. Dazu beweisen wir zunächst den folgenden Satz, der auch in § 13 von Bedeutung sein wird.

Satz 12.3. *Ist $\delta(k) = 1$ und S eine Menge von Primstellen von k, die alle Primteiler von p enthält, dann ist Б_S isomorph zur Faktorgruppe ${}_pCl(k)_S$ von ${}_pCl(k)$ nach der Untergruppe, die von den Klassen erzeugt wird, in denen Primdivisoren $\mathfrak{p} \in S$ liegen.*

Beweis. Es sei $\bar{k}$ das Kompositum aller unverzweigten zyklischen Erweiterungen vom Grade p, in denen die Primstellen aus S voll zerlegt sind. Nach der Kummerschen Theorie der zyklischen Erweiterungen vom Grade p über k ist jedem $\chi \in Б_S$ durch

$$\sqrt[p]{\alpha} \to \chi(\alpha)\sqrt[p]{\alpha}, \quad \alpha \in V_S,$$

ein Element der Galoisschen Gruppe $G(\bar{k}/k)$ zugeordnet. Diese Abbildung ist ein Isomorphismus von $Б_S$ auf $G(\bar{k}/k)$. Andererseits ist nach der Klassenkörpertheorie (siehe § 8.8) $G(\bar{k}/k)$ isomorph zu ${}_pCl(k)_S$.□

Beispiel 12.4. Es sei ζ_{p^n} eine primitive p^n-te Einheitswurzel. $Q(\zeta_{p^n})$ hat genau dann zu p prime Klassenzahl, wenn $Q(\zeta_p)$ zu p prime Klassenzahl hat.

Die Behauptung von Beispiel 12.4 kann man leicht direkt aus Satz 12.1 ableiten: Es sei $\mathfrak{p}_n$ der einzige Primteiler von p in $k = Q(\zeta_{p^n})$ und $S = \{\mathfrak{p}_1\}$. Wenn die Klassenzahl von k prim zu p ist, ist $\mathfrak{p}_1$ in k_S/k voll verzweigt und folglich auch $\mathfrak{p}_n$ in $k_S/Q(\zeta_{p^n})$ voll verzweigt, d. h., $Q(\zeta_{p^n})$ hat nach Satz 12.1 zu p prime Klassenzahl. Die Umkehrung ergibt sich direkt aus der Klassenkörpertheorie.

Beispiel 12.5. Es sei $p \neq 2$ und $k = Q$. Wenn in K/Q mehr als drei Primzahlen verzweigt sind, ist die Klassenzahl von K durch p teilbar.

12.2. Der p-Klassenkörper einer zyklischen Erweiterung vom Grade p

Wir spezialisieren die Betrachtungen in § 12.1 jetzt noch, indem wir zusätzlich zu den Bedingungen A und B fordern, daß der Grundkörper k zu p prime Klassenzahl hat und die Erweiterung K/k zyklisch vom Grade p ist. Wir wollen Erzeugende und Relationen von $G(K_\emptyset/K)$ untersuchen.

Wir behalten alle Bezeichnungen von § 12.1 bei. Auf Grund unserer zusätzlichen Annahmen ergeben sich folgende Vereinfachungen:

Das minimale Erzeugendensystem $\mathfrak{E}_0$ enthält wegen ${}_pCl(k) = \{0\}$ nur Automorphismen aus den Gruppen $\mathfrak{T}_\mathfrak{p}$, $\mathfrak{p} \in S$. Da K/k zyklisch vom Grade p ist, wird

$$v_\mathfrak{p} = 1 \quad \text{für} \quad \mathfrak{p}|p, \mathfrak{p} \in S,$$

und

$$q_\mathfrak{p} = q_{1\mathfrak{p}} = p \quad \text{für} \quad \mathfrak{p} \in S.$$

Der Relationenmodul R_1 wird erzeugt von

$$\begin{array}{lll} t_\mathfrak{p}^p,\ [t_\mathfrak{p}, s_\mathfrak{p}] & \text{für } N(\mathfrak{p}) \equiv 1 \,(\mathrm{mod}\, p), & \mathfrak{p} \in S, \\ t_\mathfrak{p}^2 & \text{für } \mathfrak{p} \text{ reell}, & \mathfrak{p} \in S, \\ t_\mathfrak{p}^p,\ [t_\mathfrak{p}, s_\mathfrak{p}],\ t_{2\mathfrak{p}}, \ldots, t_{w_\mathfrak{p}\mathfrak{p}} & \text{für } \mathfrak{p}|p, & \mathfrak{p} \in S. \end{array}$$

Dabei haben wir $t_{1\mathfrak{p}} = t_\mathfrak{p}$ gesetzt.

Um alle endlichen Primstellen in gleicher Weise behandeln zu können, gehen wir über zur Faktorgruppe von F nach dem Normalteiler N, der von den Elementen $t_{2\mathfrak{p}}, \ldots, t_{w_\mathfrak{p}\mathfrak{p}}$ für alle $\mathfrak{p}|p$, $\mathfrak{p} \in S$, erzeugt wird, und setzen

$$F_1 = F/N, \quad R_2 = R_1/N.$$

Es sei u die Anzahl der Primstellen in S und n die Anzahl der Primstellen $\mathfrak{p}$ mit $\tau_{\mathfrak{p}} \in \mathfrak{G}_0$. Wir numerieren die Primstellen aus S und setzen

$$t_\nu = t_{\mathfrak{p}_\nu} N, \quad s_\nu = s_{\mathfrak{p}_\nu} N \quad \text{für} \quad \nu = 1, \ldots, u.$$

Dann ist F_1 freie Pro-p-Gruppe mit dem minimalen Erzeugendensystem $t_1, \ldots, t_n$, und R_2 wird als Normalteiler von F_1 erzeugt von den Elementen

$$t_1^p, \ldots, t_u^p, \quad [t_1, s_1], \ldots, [t_u, s_u],$$

wobei für unendliche Primstellen $\mathfrak{p}_\nu$

$$s_\nu = 1$$

zu setzen ist.

Wir wollen folgenden Satz beweisen.

Satz 12.6. *Es sei K/k eine zyklische Erweiterung vom Grade p, die den Bedingungen* A *und* B *genügt. Die Klassenzahl von k sei prim zu p. Weiter bezeichne $m(X)$ die Dimension des Teilraums von $V(X)$, der von den Elementen $\bar{\alpha}_{\mathfrak{p}}$ mit $\alpha_{\mathfrak{p}} \in Y_{\mathfrak{p}}$, $\mathfrak{p} \in S$, erzeugt wird.*

Für den Erzeugendenrang $d(\emptyset)$ von $G(K_\emptyset/K)$ gilt dann im Fall $p \neq 2$

$$2(n-1) - m(X) \leqq d(\emptyset) \leqq (p-1)(n-1) - (p-2)\, m(X).$$

Für $p = 2$ ist

$$d(\emptyset) = n - 1.$$

Bemerkung. Für $p = 3$ ergibt sich

$$d(\emptyset) = 2(n-1) - m(X).$$

Beweis von Satz 12.6. Es sei H das Urbild von $G(K_\emptyset/K)$ bei der Abbildung $F_1 \to G(K_\emptyset/k)$. Dann ist H freie Pro-p-Gruppe vom Index p in F_1, und wir haben die (nichtminimale) Darstellung

$$1 \to R_2 \to H \to G(K_\emptyset/K) \to 1.$$

Da alle $\mathfrak{p} \in S$ in K/k verzweigt sind, liegt t_ν für $\nu = 1, \ldots, u$ nicht in H. Wir können o. B. d. A. annehmen, daß $t_1, \ldots, t_u$ so gewählt sind, daß $t_1 t_\nu^{-1}$ und damit $t_\mu t_\nu^{-1}$ für $\nu, \mu = 1, \ldots, u$ in H liegt. Dann wird H, wie man leicht sieht, als Pro-p-Gruppe erzeugt von den Elementen

$$t_1^p, \; t_1^\nu t_1 t_\mu^{-1} t_1^{-\nu} = v_{\mu\nu} \quad \text{mit} \quad \nu = 0, \ldots, p-1, \; \mu = 2, \ldots, n. \tag{12.2}$$

Die Gleichung (12.2) besteht aus $1 + p(n-1)$ Elementen und ist daher nach Beispiel 6.3 minimales Erzeugendensystem von H.

Wegen

$$t_1^p = v_{\mu,p-1} v_{\mu,p-2} \cdots {}_\mu v_0 t_\mu^p \tag{12.3}$$

kann man (12.2) ersetzen durch das Erzeugendensystem

$$\{t_1^p, t_\mu^p, v_{\mu\nu} | \nu = 0, \dots, p-2, \mu = 2, \dots, n\}.$$

Es sei Q der Normalteiler von H, der von den Elementen $t^p, \dots, t_n^p$ erzeugt wird. Q ist sogar Normalteiler von F_1. In der Tat gilt

$$t_1 t_\mu^p t_1^{-1} = t_1 t_\mu^{-1} t_\mu^p (t_1 t_\mu^{-1})^{-1} \in Q.$$

Wegen $t_\mu^p \in R_2$ für $\mu = 1, \dots, n$ können wir zu den Faktorgruppen $F_2 = F_1/Q$, $H_1 = H/Q$, $R_3 = R_2/Q$ übergehen und erhalten die Darstellung

$$1 \to R_3 \to H_1 \to G(K_\emptyset/K) \to 1, \tag{12.4}$$

wobei H_1 freie Pro-p-Gruppe mit dem minimalen Erzeugendensystem

$$\{\bar{v}_{\mu\nu} | \nu = 0, \dots, p-2, \mu = 2, \dots, n\} \tag{12.5}$$

ist. Für $p = 2$ ist die Darstellung (12.4) minimal, da $\{t_1 t_\mu^{-1} | \mu = 2, \dots, n\}$ zusammen mit t_1 ein minimales Erzeugendensystem von F_1 bildet.

Für $p \geqq 3$ ist (12.4) im allgemeinen nicht minimal. Um die Abschätzung in Satz 12.6 zu beweisen, hat man die Struktur der Relationen in R_3 zu betrachten.

Die Relationen der Form $\bar{t}_\mu^p$, $\mu = n + 1, \dots, u$, liegen in $H_1^{(2,p)}$, wie sich aus dem folgenden Hilfssatz ergibt.

Hilfssatz 12.7. *Ist $g \in F_1$, dann liegt g^p in $QH^{(2,p)}$.*

Beweis. Für $g \in H$ gibt es nichts zu beweisen. Es sei daher $g \notin H$. Dann genügt g einer Kongruenz

$$g \equiv t_1^\nu \prod_{\mu=2}^{n} \prod_{\varkappa=0}^{p-1} v_{\mu\varkappa}^{a_{\mu\varkappa}} \pmod{QH^{(2,p)}}$$

für gewisse ν, $a_{\mu\varkappa} \in \mathbf{Z}$ mit $0 \leqq \nu \leqq p-1$. Den Index $\varkappa$ in $v_{\mu\varkappa}$ können wir bei Kongruenzen mod Q als Kongruenzwert mod p betrachten. Wegen

$$v_{\mu\varkappa} t_1^\nu \equiv t_1^\nu v_{\mu,\varkappa-\nu} \pmod{Q}$$

ergibt sich

$$g^p \equiv t_1^{p\nu} \prod_{\mu=2}^{n} \prod_{\varkappa=0}^{p-1} v_{\mu\varkappa}^{b_{\mu\varkappa}} \pmod{QH^{(2,p)}}$$

mit

$$b_{\mu\varkappa} = \sum_{i=0}^{p-1} a_{\mu,\varkappa+\nu i}$$

und daher

$$b_{\mu\varkappa} = b_{\mu 0} \quad \text{für} \quad \varkappa = 1, \dots, p-1.$$

Wegen (12.3) erhält man hieraus die Behauptung. □

Die Relationen der Form $\overline{[t_\nu, s_\nu]}$, $\nu = 1, \ldots, u$, liegen dagegen für $p \geqq 3$ im allgemeinen nicht in $H_1^{(2,p)}$. Da s_ν nur bis auf Multiplikation mit einer Potenz von t_ν bestimmt ist, können wir $s_\nu \in H$ annehmen. Da es uns jetzt nur auf die Struktur der Relationen mod $H_1^{(2,p)}$ ankommt, können wir wegen

$$\overline{[t_\nu, s_\nu]} \equiv \overline{[t_1, s_\nu]} \quad (\text{mod } H_1^{(2,p)})$$

zu $\overline{[s_\nu, t_1]} = \overline{[t_1, s_\nu]}^{-1}$ übergehen.

Wir konstruieren noch ein anderes minimales Erzeugendensystem von H_1: Dabei setzen wir

$$[\cdots[[x_1, x_2], x_3] \ldots, x_\varkappa] = [x_1, \ldots, x_\varkappa].$$

Hilfssatz 12.8. *Die Elemente*

$$w_\mu = \bar{v}_{\mu 0}, \quad w_{\mu 1} = [\bar{v}_{\mu 0}, \bar{t}_1], \ldots, w_{\mu, p-2} = [\bar{v}_{\mu 0}, \bar{t}_1, \ldots, \bar{t}_1], \quad \mu = 2, \ldots, n,$$

bilden ein minimales Erzeugendensystem von H_1.

Beweis. Das Erzeugendensystem (12.5) ist offenbar äquivalent mit dem System

$$\{\bar{v}_{\mu 0}, [\bar{v}_{\mu 0}, \bar{t}_1^\nu] \mid \mu = 2, \ldots, n, \nu = 1, \ldots, p-2\}.$$

Wegen

$$[x, t_1^\varkappa] = [x, t_1^{\varkappa-1}]\,[x, t_1]\,[x, t_1, t_1^{\varkappa-1}] \quad \text{für} \quad x \in H,$$

folgt hieraus die Behauptung durch Induktion über das Gewicht des Kommutators $[\bar{v}_{\mu 0}, \bar{t}_1, \ldots, \bar{t}_1]$.□

Es sei entsprechend (11.18)

$$s_\nu \equiv t_1^{c_{1\nu}} t_2^{c_{2\nu}} \cdots t_n^{c_{n\nu}} \,(\text{mod } QF_1^{(2)}).$$

O.B.d.A. können wir $s_\nu \in H$ für $\nu = 1, \ldots, u$ annehmen. Dann ist

$$s_\nu \equiv v_{20}^{-c_{2\nu}} \cdots v_{n0}^{-c_{n\nu}} \,(\text{mod } QF_1^{(2)})$$

und

$$[s_\nu, t_1] \equiv [v_{20}, t_1]^{-c_{2\nu}} \cdots [v_{n0}, t_1]^{-c_{n\nu}} \,(\text{mod } QF_1^{(3)}).$$

Wenn die Elemente

$$\overline{[v_{20}, t_1]}^{-c_{2\nu}} \cdots \overline{[v_{n0}, t_1]}^{-c_{n\nu}} H_1^{(2,p)} F_2^{(3,p)}, \quad \nu = 1, \ldots, u,$$

in $H_1/H_1^{(2,p)} F_2^{(3,p)}$ einen Teilvektorraum der Dimension m erzeugen, erzeugen die Elemente

$$\overline{[s_\nu, t_1]}\, H_1^{(2,p)}, \quad \nu = 1, \ldots, u,$$

und die daraus abgeleiteten

$$\overline{[s_\nu, t_1, t_1]}\, H_1^{(2,p)}, \ldots, \overline{[s_\nu, \underbrace{t_1, \ldots, t_1}_{p-2}]}\, H_1^{(2,p)}, \quad \nu = 1, \ldots, u,$$

einen Teilvektorraum von $H_1/H_1^{(2,p)}$, der mindestens die Dimension

$$(p-2)\,m$$

und höchstens die Dimension

$$m + (n-1)(p-3)$$

hat.

Hiernach erhält man für $d(\emptyset)$ die Abschätzung

$$2(n-1) - m \leqq d(\emptyset) \leqq (p-1)(n-1) - (p-2)\,m.$$

Zum Beweis von Satz 12.6 genügt es daher, $m = m(X)$ zu zeigen.

Dazu konstruieren wir einen Monomorphismus

$$\varphi\colon X/J^p U_S k^\times \prod_{\mathfrak{p}\in S_1} X_{\mathfrak{p}} \xrightarrow{\sim} H/F_1^{(2,p)} \to H_1/H_1^{(2,p)} F_2^{(3,p)}.$$

Wir setzen für $g \in H$

$$\varphi(gF_1^{(2,p)}) = \overline{[g, t_1]}\, H_1^{(2,p)} F_2^{(3,p)}.$$

Es ist leicht zu sehen, daß φ ein wohldefinierter Homomorphismus ist. Es sei nun $gF_1^{(2,p)} \in \operatorname{Ker}\varphi$ und

$$g \equiv v_{20}^{a_2} \cdots v_{n0}^{a_n} \pmod{F_1^{(2,p)}}$$

mit $0 \leqq a_\nu \leqq p-1$ für $\nu = 2, \ldots, n$. Dann ist

$$1 = \varphi(gF_1^{(2,p)}) = w_{21}^{a_2} \cdots w_{n1}^{a_n} H_1^{(2,p)} F_2^{(3,p)},$$

woraus nach Hilfssatz 12.8 und Satz 7.22

$$a_2 = a_3 = \cdots = a_n = 0$$

folgt. Aus der Injektivität von φ ergibt sich die Behauptung.□

Wir gehen nun zur genaueren Betrachtung des Relationenmoduls R_3 über.

Satz 12.9. *Die Voraussetzungen seien die gleichen wie in Satz* 12.6. *$G(K_\emptyset/K)$ hat die Darstellung*

$$1 \to R_3 \to H_1 \to G(K_\emptyset/K) \to 1, \tag{12.6}$$

wobei H_1 freie Pro-p-Gruppe mit dem minimalen Erzeugendensystem

$$\{t_1^{\nu+1} t_\mu^{-1} t_1^{-\nu} Q \mid \nu = 0, \ldots, p-2,\ \mu = 2, \ldots, n\}$$

ist. R_3 wird als Normalteiler von H_1 erzeugt von dem Relationensystem

$$\{t_\mu^p Q,\ [s_\nu, t_\nu^\varkappa]\, Q \mid \mu = n+1, \ldots, u,\ \nu = 1, \ldots, u,\ \varkappa = 1, \ldots, p-1\}. \tag{12.7}$$

Die Darstellung (12.6) *ist für $p = 2$ minimal.*

Beweis. Nach dem Vorhergehenden haben wir lediglich noch zu zeigen, daß das Relationensystem (12.7) R_3 als Normalteiler von H_1 erzeugt.

Durch Induktion über $\varkappa$ zeigt man zunächst

$$[s_\nu, t_\nu^\varkappa] \in R_2 .$$

Dabei hat man die Identität

$$[s_\nu, t_\nu^{\varkappa+1}] = [s_\nu, t_\nu] [s_\nu, t_\nu^\varkappa] [s_\nu, t_\nu^\varkappa, t_\nu]$$

zu benutzen.

Das Relationensystem (12.7) erzeugt R_3 als Normalteiler von F_1. Außerdem ist

$$t_1 t_\mu^p t_1^{-1} \equiv t_1 t_\mu^{-1} t_\mu^p (t_1 t_\mu^{-1})^{-1}$$

und

$$t_1^{-1}[s_\nu, t_\nu^\varkappa]\, t_1 = t_1^{-1} t_\nu,\ t_\nu^{-1}[s_\nu, t_\nu^\varkappa]\, t_\nu,\ (t_1^{-1} t_\nu)^{-1},$$

$$t_\mu^{-1}[s_\nu, t_\nu^\varkappa]\, t_\mu = [s_\nu, t_\nu^\varkappa] [s_\nu, t_\nu^\varkappa, t_\nu] = [s_\nu, t_\nu]^{-1} [s_\nu, t_\nu^{\varkappa+1}].$$

Wegen

$$[s_\nu, t_\nu^\varkappa] \equiv [s_\nu, t_\nu^{\varkappa+p}] \pmod Q$$

folgt daraus die Behauptung.□

Der folgende Satz zeigt, daß man mit Hilfe von klassenkörpertheoretischen Rechnungen über k für $p = 2$ und in Spezialfällen für $p \geqq 3$ die Gruppe $G(K_\emptyset/K)$ mod $G(K_\emptyset/K)^{(3,p)}$ berechnen kann.

Satz 12.10. *Die Voraussetzungen seien die gleichen wie in Satz 12.6. Für $p \geqq 3$ sei außerdem $m(X) = n - 1$. Dann gilt*

$$F_1^{(\varkappa,p)} R_2 = H^{(\varkappa,p)} R_2 \quad \textit{für} \quad \varkappa = 2, 3, \ldots$$

Beweis. Wir bemerken zunächst, daß $H^{(\varkappa,p)}$ für alle $\varkappa = 1, 2, \ldots$ Normalteiler von F_1 ist. Wir beweisen Satz 12.10 durch Induktion über $\varkappa$.

Wegen $m(X) = n - 1$ gilt für $p \geqq 3$

$$[v_{\mu 0}, t_1] \in H^{(2,p)} R_2, \quad \mu = 2, \ldots, n. \tag{12.8}$$

(12.8) gilt auch für $p = 2$, wie man unmittelbar nachrechnet (genauer gilt $[v_{\mu 0}, t_1] \in H^{(2,2)} Q$).

Es sei für $g_0, g_1, g_2 \in F_1$ bereits

$$[g_0, g_1], [g_0, g_2] \in H^{(2,p)} R_2$$

bewiesen. Dann gilt

$$[g_0, g_1 g_2] = [g_0, g_2] [g_0, g_1] [g_0, g_1, g_2] \in H^{(2,p)} R_2 . \tag{12.9}$$

Aus (12.8) folgt daher

$$[v_{\mu 0}, g] \in H^{(2,p)} R_2 \tag{12.10}$$

für alle $g \in F_1$. Aus (12.10) erhält man mit Hilfe von (12.9)

$$[h, g] \in H^{(2,p)}R_2$$

für $h \in H$, $g \in F_1$, und wegen

$$[t_1, t_1^{\nu}h] = [t_1, h] = [h, t_1]^{-1}$$

gilt

$$[g_1, g_2] \in H^{(2,p)}R_2 \tag{12.11}$$

für alle $g_1, g_2 \in F_1$.

Weiter wird

$$(t_1^{\nu}h)^p \equiv t_1^{\nu p}h^p \equiv 1 \pmod{H^{(2,p)}R_2}. \tag{12.12}$$

Zusammen mit (12.11) ergibt (12.12) die Behauptung für $\varkappa = 2$.

Wir nehmen jetzt an,

$$F_1^{(\varkappa,p)}R_2 = H^{(\varkappa,p)}R_2 \tag{12.13}$$

sei für ein gewisses $\varkappa \geqq 2$ schon bewiesen, und zeigen

$$F_1^{(\varkappa+1,p)}R_2 = H^{(\varkappa+1,p)}R_2. \tag{12.14}$$

Für $g_\varkappa \in F^{(\varkappa,p)}$, $g \in F$, haben wir

$$[g_\varkappa, g], \quad g_\varkappa^p \in H^{(\varkappa+1,p)}R_2 \tag{12.15}$$

zu zeigen. Wegen (12.13) können wir $g_\varkappa \in H^{(\varkappa,p)}$ annehmen. Daher ist $g_\varkappa^p \in H^{(\varkappa+1,p)}R_2$. Weiter genügt es, $[g_\varkappa, g] \in H^{(\varkappa+1,p)}R_2$ für Elemente $g_\varkappa$ der Form

$$g_\varkappa = [h_{\varkappa-1}, h], \quad g_\varkappa = h_{\varkappa-1}^p$$

mit $h_{\varkappa-1} \in H^{(\varkappa-1,p)}$, $h \in H$, zu zeigen.

Dazu benutzen wir die Identität

$$y^{-1}[x, y^{-1}, z]\, y \cdot z^{-1}[y, z^{-1}, x]\, z \cdot x^{-1}[z, x^{-1}, y]\, x = 1$$

für $x = h_{\varkappa-1}$, $y = h^{-1}$, $z = g$. Da $[g, h_{\varkappa+1}^{-1}, h^{-1}]$ wegen (12.13) und $[h^{-1}, g^{-1}, h_{\varkappa-1}]$ wegen (12.11) und (7.4) in $H^{(\varkappa+1,p)}R_2$ liegen, folgt

$$[h_{\varkappa-1}, h, g] \in H^{(\varkappa+1,p)}R_2.$$

Weiter gilt

$$[h_{\varkappa-1}^p, g] \equiv [h_{\varkappa-1}, g]^p \equiv 1 \pmod{H^{(\varkappa+1,p)}R_2}. \square$$

B e m e r k u n g. Es sei $G = G(K_\emptyset/K)$.

Nach Satz 12.10 wird

$$G/G^{(3,p)} = H/H^{(3,p)}R_2 = H/F_1^{(3,p)}R_2.$$

Zur Berechnung von $G/G^{(3,p)}$ genügt es daher, die Relationen von R_2 mod $F_1^{(3,p)}$ zu kennen.

Satz 12.11. *Die Voraussetzungen seien die gleichen wie in Satz 12.6. Für $p = 2$ gilt*

$$F_1^{(\varkappa,p)}Q = H^{(\varkappa,p)}Q, \quad \varkappa = 2, 3, \ldots,$$

und daher

$$F_2^{(\varkappa,p)} = H_1^{(\varkappa,p)}, \quad \varkappa = 2, 3, \ldots$$

Der Beweis von Satz 12.11 verläuft analog zum Beweis von Satz 12.10.□

Beispiel 12.12. Für $p \neq 2$ sei

$$p^* = (-1)^{\frac{p-1}{2}} p.$$

Weiter bezeichne 2^* eine der Zahlen $-4, 8, -8$. Dann läßt sich jeder quadratische Zahlkörper eindeutig in der Form $Q(\sqrt{p_1^* \cdots p_n^*})$ darstellen, wobei $p_1, \ldots, p_n$ beliebige voneinander verschiedene Primzahlen bezeichnen.

Für $a \in Z$ und eine von 2 verschiedene Primzahl p sei $[a, p]$ definiert durch

$$[a, p] = 1 \quad \text{für} \quad p \nmid a, \quad \left(\frac{a}{p}\right) = -1,$$

$$[a, p] = 0 \quad \text{sonst.}$$

Weiter setzen wir

$$[p^*, 2] = 1 \quad \text{für} \quad p^* \equiv 5 \ (\mathrm{mod}\ 8),$$

$$[p^*, 2] = 0 \quad \text{sonst.}$$

Es sei $K = Q(\sqrt{p_1^* \cdots p_n^*})$ ein imaginär-quadratischer Zahlkörper und L/K die maximale unverzweigte 2-Erweiterung. Dann hat $G(L/K)$ eine minimale Darstellung

$$1 \to R_3 \to H_1 \to G(L/K) \to 1,$$

wobei H_1 die freie Pro-p-Gruppe mit den Erzeugenden $w_2, \ldots, w_n$ ist und R_3 als Normalteiler von H_1 von Relationen $\varrho_1, \ldots, \varrho_n$ mit

$$\varrho_1 \equiv \prod_{\nu=2}^{n} w_\nu^{2[p_\nu^*, p_1]} \ (\mathrm{mod}\ H_1^{(3,p)}),$$

$$\varrho_\mu \equiv w_\mu^{2[p_1^*, p_\mu]} \prod_{\nu=2}^{n} (w_\nu^2 w_\mu^2 [w_\nu, w_\mu])^{[p_\nu^*, p_\mu]} \ (\mathrm{mod}\ H_1^{(3,p)}), \quad \mu = 2, \ldots, n,$$

erzeugt wird.

Beispiel 12.13. Ist $K = Q(\sqrt{p_1^* \cdots p_n^*})$ ein reell-quadratischer Zahlkörper und L/K die maximale 2-Erweiterung, in der nur unendliche Primstellen verzweigt sind, dann gilt für $G(L/K)$ die gleiche Darstellung wie für $G(L/K)$ in Beispiel 12.12.

Beispiel 12.14. Es sei $K = Q(\sqrt{p_1^* p_2^* p_3^*})$ und L wie in Beispiel 12.12 und 12.13 definiert. $G(L/K)$ ist genau dann isomorph zur Kleinschen Vierergruppe, wenn

$$\left(\frac{p_i^*}{p_j}\right) = 1, \left(\frac{p_j^*}{p_i}\right) = \left(\frac{p_i^*}{p_l}\right) = \left(\frac{p_l^*}{p_j}\right) = -1$$

ist für eine Permutation ijl der Ziffern 123.

$G(L/K)$ ist genau dann isomorph zur Quaternionengruppe, wenn

$$\left(\frac{p_2^* p_3^*}{p_1}\right) = \left(\frac{p_3^* p_1^*}{p_2}\right) = \left(\frac{p_1^* p_2^*}{p_3}\right) = 1$$

und

$$\left(\frac{p_i^*}{p_j}\right) = \left(\frac{p_j^*}{p_i}\right) = -1$$

ist für zwei verschiedene der Ziffern 123.

12.3. Ein Kriterium für die Unendlichkeit des p-Klassenkörpertums

Im folgenden ist k ein endlicher algebraischer Zahlkörper und K/k eine beliebige endliche p-Erweiterung. Wir wollen einen Satz beweisen, der besagt, daß der p-Klassenkörperturm von K unendlich ist, wenn die Anzahl der verzweigten Primstellen in K/k größer als eine nur von k abhängige Schranke ist:

Satz 12.15. *Es sei $p \neq 2$ und K/k eine endliche p-Erweiterung mit u Verzweigungsstellen. m bezeichne den p-Rang der Einheitengruppe von k, d. h.*

$$m = r(k) - 1 + \delta(k),$$

wobei $r(k)$ die Anzahl der unendlichen Primstellen von k bezeichnet.

Ist

$$u \geqq \begin{cases} 2m + 5 & \text{für} \quad p \geqq 5 \\ 2m + 6 & \text{für} \quad p = 3, \end{cases} \tag{12.16}$$

dann ist der p-Klassenkörperturm von K unendlich.

Genauer genügt für u die Schranke

$$u \geqq m + a + \sqrt{a^2 + 2am} \tag{12.17}$$

mit

$$a = \frac{2^{p-1}}{2^{p-2} - 1} \quad \text{für} \quad p \geqq 5,$$

$$a = \frac{27}{10} \quad \text{für} \quad p = 3.$$

Beweis. Aus

$$u \geqq 2m + 5$$

folgt

$$u \geqq m + \frac{5}{2} + \sqrt{\left(\frac{5}{2}\right)^2 + 2\left(\frac{5}{2}\right) m + m^2} \geqq m + \frac{5}{2} + \sqrt{\left(\frac{5}{2}\right)^2 + 2\left(\frac{5}{2}\right) m}.$$

Wegen

$$a = \frac{2^{p-1}}{2^{p-2} - 1} \leqq \frac{5}{2} \quad \text{für} \quad p \geqq 5$$

folgt daraus, daß für $p \geqq 5$ die Schranke (12.17) schärfer als (12.16) ist. Entsprechendes gilt für $p = 3$.

Im weiteren verwenden wir die in der Einleitung von § 12 eingeführten Bezeichnungen. Wir haben zu zeigen, daß

$$G(K_\emptyset/k) \cong G_S/(\mathfrak{T}_\mathfrak{p} \cap H_K | \mathfrak{p} \in S)_{G_S}$$

unendlich ist.

Nach Hilfssatz 4.14 gibt es einen Normalteiler $H_\mathfrak{p}$ der Zerlegungsgruppe $\mathfrak{Z}_\mathfrak{p}$, der in H_K den Index p hat und $\mathfrak{T}_\mathfrak{p}$ umfaßt. Es genügt zu zeigen, daß

$$G = G_S/(H_\mathfrak{p} | \mathfrak{p} \in S)_{G_S}$$

unendlich ist.

Für ein $\mathfrak{p} \in S$ mit $N(\mathfrak{p}) \equiv 1 \pmod p$ wird $H_\mathfrak{p}$ durch $\tau_\mathfrak{p}^p$ erzeugt. Für $\mathfrak{p} \in S$, $\mathfrak{p}|p$ wird $\mathfrak{Z}_\mathfrak{p}$ nach § 11.4 erzeugt von Elementen

$$\sigma_\mathfrak{p}, \tau_{1\mathfrak{p}}, \ldots, \tau_{n_\mathfrak{p}\mathfrak{p}}, \quad n_\mathfrak{p} = [k_\mathfrak{p} : \mathbf{Q}_p] + \delta(k_\mathfrak{p})$$

mit $\tau_{1\mathfrak{p}}, \ldots, \tau_{n_\mathfrak{p}\mathfrak{p}} \in \mathfrak{T}_\mathfrak{p}$. Wir setzen $\tau_{1\mathfrak{p}} = \tau_\mathfrak{p}$. Die $\tau_{1\mathfrak{p}}, \ldots, \tau_{n_\mathfrak{p}\mathfrak{p}}$ können so gewählt werden, daß $H_\mathfrak{p}$ als Normalteiler von $\mathfrak{Z}_\mathfrak{p}$ erzeugt wird durch

$$\tau_\mathfrak{p}^p, \tau_{2\mathfrak{p}}, \ldots, \tau_{n_\mathfrak{p}\mathfrak{p}}, [\sigma_\mathfrak{p}, \tau_\mathfrak{p}].$$

Es sei

$$1 \to R \to F \to G_S \to 1$$

eine minimale Darstellung von G_S. Nach der Bemerkung zu Satz 11.3 wird R als Normalteiler von F erzeugt von den lokalen Relationen und höchstens $\dim Б_S$ weiteren Relationen. Man hat daher entsprechend den Betrachtungen in den vorhergehenden Abschnitten für G eine Darstellung

$$1 \to R_1 \to F \to G \to 1, \tag{12.18}$$

wobei R_1 von den Relationen

$$t_\mathfrak{p}^p, [s_\mathfrak{p}, t_\mathfrak{p}] \quad \text{für} \quad \mathfrak{p} \in S, \quad N(\mathfrak{p}) \equiv 1 \pmod p,$$

$$t_\mathfrak{p}^p, [s_\mathfrak{p}, t_\mathfrak{p}], t_{2\mathfrak{p}}, \ldots, t_{n_\mathfrak{p}\mathfrak{p}} \quad \text{für} \quad \mathfrak{p} \in S, \quad \mathfrak{p}|p$$

sowie höchstens $\dim Б_S$ weiteren Relationen erzeugt wird.

Wir wenden nun Satz 7.20 an. Die Relationen der Form $t_{\nu\mathfrak{p}}$ haben eine Stufe $\geqq 1$. $[s_\mathfrak{p}, t_\mathfrak{p}]$ sowie die „unbekannten" Relationen, von denen es höchstens $\dim Б_S$ gibt, haben eine Stufe $\geqq 2$, und $t_\mathfrak{p}^p$ hat nach Satz 7.12 eine Stufe $\geqq p$. Wir können daher in Satz 7.20

$$r_1 = \sum_{\substack{\mathfrak{p} \in S \\ \mathfrak{p}|p}} (n_\mathfrak{p} - 1), \quad r_2 = u + \dim Б_S, \quad r_p = u$$

und $r_\nu = 0$ für $\nu \geqq 3$, $\nu \neq p$ setzen.

Weiter ist nach Satz 11.8

$$d = d(F) = d(G_S) = \sum_{\substack{\mathfrak{p} \in S \\ \mathfrak{p} | p}} (n_\mathfrak{p} - 1) - m + u + \dim \text{Б}_S.$$

Angenommen, G ist endlich. Dann gilt

$$\varphi(t) = 1 - (u + \dim \text{Б}_S - m)\, t + (u + \dim \text{Б}_S)\, t^2 + ut^p > 0$$

für $0 < t < 1$. Dann gilt erst recht

$$1 - (u - m)\, t + ut^2 + ut^p > 0$$

für $0 < t < 1$.

Setzen wir nun für t den Wert

$$t = \frac{u - m}{2u}$$

ein, so ergibt sich

$$1 - \frac{(u-m)^2}{u}\,\frac{1}{4} + \left(\frac{u-m}{u}\right)^{p-2} \frac{(u-m)^2}{u2^p} > 0. \tag{12.19}$$

Andererseits folgt aus (12.17)

$$(u - m - a)^2 \geqq a^2 + 2am$$

und daher

$$(u - m)^2 \geqq 2ua. \tag{12.20}$$

Wir setzen in (12.20) den Wert $a = \dfrac{2^{p-1}}{2^{p-2} - 1}$ ein und erhalten nach leichter Umformung

$$1 - \frac{(u-m)^2}{4u} + \frac{(u-m)^2}{u2^p} \leqq 0.$$

Wegen

$$\frac{u - m}{u} \leqq 1$$

liefert das einen Widerspruch zu (12.19). Daher ist G unendlich.

Damit ist Satz 12.15 für $p \geqq 5$ bewiesen. Für $p = 3$ erhält man Satz 12.15, indem man

$$t = \frac{u - m}{3u}$$

setzt und das gleiche Verfahren anwendet. □

Der Schluß beim Beweis von Satz 12.15 läßt sich auch im Fall $p = 2$ anwenden. Für unendliche Primstellen wird $H_K \cap \mathfrak{T}_\mathfrak{p} = \{1\}$, d. h., unendliche Primstellen liefern keine „zusätzlichen" Relationen. Da die zweiten Einheitswurzeln im Grundkörper k liegen, kann eine Relation weggelassen werden. Wenn die Anzahl der unendlichen Primstellen, die in K/k verzweigt sind, gleich z ist, gilt daher entsprechend dem Beweis von Satz 12.15: Der 2-Klassenkörperturm von K ist unendlich, wenn

$$\varphi(t) = 1 - (u - m)\,t + (2u - z - 1)\,t^2 \leqq 0$$

für ein t mit $0 < t < 1$ ist. $\varphi(t)$ nimmt seinen kleinsten Wert für

$$t_0 = \frac{(u - m)^2}{2(2u - z - 1)}$$

an. Es wird

$$\varphi(t_0) = 1 - \frac{(u - m)^2}{4(2u - z - 1)}.$$

$\varphi(t_0) \leqq 0$ ist gleichbedeutend mit

$$u \geqq m + 4 + \sqrt{16 + 8m - 4(z - 1)}. \tag{12.21}$$

Satz 12.16. *Ist K/k eine endliche 2-Erweiterung, dann ist der 2-Klassenkörperturm von k unendlich, wenn* (12.21) *gilt.*

Beispiel 12.17. Im Fall des Paradebeispiels eines imaginär-quadratischen Zahlkörpers K liefert Satz 12.16 nicht das bestmögliche Ergebnis. In diesem Fall genügen sechs verzweigte Primzahlen in K/Q dafür, daß der 2-Klassenkörperturm von K unendlich ist.

Beispiel 12.18. Wenn man in Beispiel 12.12 dafür sorgt, daß alle Symbole $[p_\nu^*, p_\mu]$ verschwinden, erhält man Relationen einer Stufe $\geqq 3$. Nach Satz 7.21 gibt es daher unendlich viele imaginär-quadratische Zahlkörper K/Q mit vier verzweigten Primstellen und unendlichem 2-Klassenkörperturm.

§ 13. DIE KOHOMOLOGISCHE DIMENSION VON G_S

In diesem Paragraphen ist k ein beliebiger endlicher globaler Körper. Wir beschäftigen uns genauer mit den Kohomologiegruppen $H^\nu(G_S)$ und zeigen insbesondere, daß unter gewissen Voraussetzungen $H^3(G_S)$ verschwindet.

Im folgenden bezeichnet S immer eine Primstellenmenge von k, die den Forderungen in § 11.2 genügt und für $p = 2$ alle unendlichen reellen Primstellen enthält. Für eine endliche Erweiterung K/k bezeichnet $\mathfrak{A}_S(K)$ die Gruppe aller zu S primen Divisoren von K und $E_S(K)$ die S-Einheitengruppe von K, d. h. die Gruppe aller $\alpha \in K$, in deren Primdivisorzerlegung nur Primteiler von Primdivisoren aus S aufgehen. Für eine unendliche Erweiterung K/k setzen wir

$$\mathfrak{A}_S(K) = \varinjlim \mathfrak{A}_S(K_\nu), \quad E_S(K) = \varinjlim E_S(K_\nu),$$

wobei der induktive Limes über alle endlichen Teilerweiterungen K_ν/k von K/k zu erstrecken ist. Speziell setzen wir

$$\mathfrak{A}_S(k_S) = \mathfrak{A}_S, \quad E_S(k_S) = E_S.$$

13.1. Kohomologie der S-Einheitengruppe

Wir definieren einen Homomorphismus φ von $k_S^\times/E_S$ in $\mathfrak{A}_S$, indem wir jedem αE_S, $\alpha \in k_S^\times$, die zu S prime Komponente des Hauptdivisors (α) zuordnen. φ ist offenbar injektiv. In der zugehörigen exakten Sequenz

$$0 \to k_S^\times/E_S \to \mathfrak{A}_S \to \mathfrak{B}_S \to 0 \tag{13.1}$$

ist $\mathfrak{B}_S$ eine Torsionsgruppe von Elementen von zu p primer Ordnung: Für einen algebraischen Zahlkörper k beweist man das folgendermaßen. Ist $\mathfrak{a} \in \mathfrak{A}_S$ und liegt $\mathfrak{a}$ in der endlichen Erweiterung K von k, so wird eine zu p prime Potenz $\mathfrak{a}^x$ von $\mathfrak{a}$ im p-Klassenkörper von K Hauptdivisor (Satz 8.8). Für Funktionenkörper schließt man entsprechend mit Hilfe von Satz 8.11.

Es folgt nach Satz 3.20, daß $H^\nu(G_S, \mathfrak{B}_S)$ für $\nu \geqq 1$ verschwindet. Nach (13.1) haben wir also einen Isomorphismus

$$H^\nu(G_S, k_S^\times/E_S) \to H^\nu(G_S, \mathfrak{A}_S)$$

für $\nu \geqq 1$.

Die Kohomologiegruppen $H^\nu(G_S, \mathfrak{A}_S)$ lassen sich leicht berechnen. Es gilt allgemein

Satz 13.1. *Ist K/k eine normale Erweiterung, die außerhalb S unverzweigt ist, $G = G(K/k)$, dann gibt es für $\nu \geqq 1$ einen Isomorphismus*

$$\gamma_S\colon H^\nu(G, \mathfrak{A}_S(K)) \to \sum_{\mathfrak{p}\notin S} H^\nu(\mathfrak{Z}_\mathfrak{P}, \boldsymbol{Z}), \tag{13.2}$$

wobei $\mathfrak{P}$ jeweils einen fixierten Primteiler von $\mathfrak{p}$ in K bezeichnet und $\mathfrak{Z}_\mathfrak{P}$ auf $\boldsymbol{Z}$ trivial wirkt.

Beweis. Es sei zunächst K/k endlich. Dann gilt die G-Modulzerlegung

$$\mathfrak{A}_S(k) = \sum_{\mathfrak{p}\notin S} \mathfrak{A}_\mathfrak{p},$$

wobei $\mathfrak{A}_\mathfrak{p}$ die Gruppe aller Divisoren bezeichnet, die von den Primteilern von $\mathfrak{p}$ erzeugt wird. Weiter ist $\mathfrak{A}_\mathfrak{p}$ als G-Modul isomorph zu $M_G^{\mathfrak{Z}_\mathfrak{P}}(\boldsymbol{Z})$: Man erhält einen Isomorphismus, indem man

$$\mathfrak{a} = \prod_{\mathfrak{Q}|\mathfrak{p}} \mathfrak{Q}^{\nu_\mathfrak{Q}(\mathfrak{a})}$$

die Funktion $f_\mathfrak{a}$ aus $M_G^{\mathfrak{Z}_\mathfrak{P}}(\boldsymbol{Z})$ mit

$$f_\mathfrak{a}(g) = \nu_{g^{-1}\mathfrak{P}}(\mathfrak{a}) \quad \text{für} \quad g \in G$$

zuordnet. Die Behauptung folgt daher aus dem Satz von Shapiro (Satz 3.9).

Da $\mathfrak{p} \notin S$ nach Voraussetzung in K/k unverzweigt ist, bereitet der Übergang zu unendlichen Erweiterungen K/k keine Schwierigkeiten. □

Wir bemerken noch, daß der Isomorphismus (13.2) durch die Abbildung $\nu_\mathfrak{P}\colon \mathfrak{A}_S \to \boldsymbol{Z}$ induziert wird. Das Diagramm

$$\begin{array}{ccccc} k_S^\times & \longrightarrow & k_S^\times/E_S & \longrightarrow & \mathfrak{A}_S \\ \downarrow & & & & \downarrow \nu_\mathfrak{P} \\ (k_S)_\mathfrak{P}^\times & & \xrightarrow{\quad\nu\quad} & & \boldsymbol{Z} \end{array} \tag{13.3}$$

in dem ν die auf kleinsten positiven Wert 1 normierte Exponentenbewertung bezeichnet, ist kommutativ.

Die Abbildung

$$E_S \to k_S^\times \to (k_S)_\mathfrak{P}^\times$$

induziert einen Homomorphismus

$$\psi\colon H^2(G_S, E_S) \to \sum_{\mathfrak{p}\in S} H^2(\mathfrak{Z}_\mathfrak{P}, (k_S)_\mathfrak{P}^\times),$$

wobei $\mathfrak{P}$ wie oben ein fixierter Primteiler von $\mathfrak{p}$ in k_S ist. Weiter sei χ die Abbildung

$$\sum_{\mathfrak{p}\in S} H^2(\mathfrak{Z}_{\mathfrak{P}}, (k_S)_{\mathfrak{P}}^{\times}) \to \boldsymbol{Q}/\boldsymbol{Z},$$

die jedem $\sum\limits_{\mathfrak{p}\in S} \alpha_{\mathfrak{p}}$ die Summe der Invarianten der $\alpha_{\mathfrak{p}}$ zuordnet (siehe § 8.9). Dann gilt

Satz 13.2. *Ist S eine Primstellenmenge von k, die im Fall $p = 2$ alle reellen Primstellen enthält und für $\chi(k) \neq 0$ nicht leer ist, dann ist die Sequenz*

$$0 \to H^2(G_S, E_S) \underset{\psi}{\longrightarrow} \sum_{\mathfrak{p}\in S} H^2(\mathfrak{Z}_{\mathfrak{P}}, (k_S)_{\mathfrak{P}}^{\times}) \underset{\chi}{\longrightarrow} \boldsymbol{Q}/\boldsymbol{Z}$$

exakt.

Beweis. Aus der Sequenz

$$0 \to E_S \to k_S^{\times} \to k_S^{\times}/E_S \to 0 \tag{13.4}$$

folgt die Exaktheit der Sequenz

$$H^1(G_S, k_S^{\times}/E_S) \to H^2(G_S, E_S) \to H^2(G_S, k_S^{\times}) \to H^2(G_S, k_S^{\times}/E_S).$$

Nach Satz 13.1 und der vorhergehenden Bemerkung ist $H^1(G_S, k_S^{\times}/E_S) = \{0\}$. Der Morphismus $\boldsymbol{v}$ induziert nach § 8.9 einen Isomorphismus

$$H^2(\mathfrak{Z}_{\mathfrak{P}}, (k_S)_{\mathfrak{P}}^{\times}) \to H^2(\mathfrak{Z}_{\mathfrak{P}}, \boldsymbol{Z}).$$

(13.3) induziert daher das kommutative Diagramm

$$\begin{array}{ccccccc}
 & & & & 0 & & \\
 & & & & \downarrow & & \\
0 & \longrightarrow & H^2(G_S, E_S) & \longrightarrow & H^2(G_S, k_S^{\times}) & \longrightarrow & H^2(G_S, k_S^{\times}/E_S) \\
 & & & & \downarrow & & \downarrow{\scriptstyle \gamma_*} \\
 & & & & \sum\limits_{\mathfrak{p}} H^2(\mathfrak{Z}_{\mathfrak{P}}, (k_S)_{\mathfrak{P}}^{\times}) & \longrightarrow & \sum\limits_{\mathfrak{p}\notin S} H^2(\mathfrak{Z}_{\mathfrak{P}}, \boldsymbol{Z}) \\
 & & & & \downarrow & & \\
 & & & & \boldsymbol{Q}/\boldsymbol{Z} & &
\end{array}$$

wobei die erste vertikale Sequenz die Sequenz (8.10) für $K = k_S$ ist. Nach dem Hasseschen Lokal-global-Prinzip ist diese Sequenz exakt.

Zum Beweis von Satz 13.2 ist nun nur noch zu bemerken, daß wegen § 8.9 das Bild des Homomorphismus

$$H^2(G_S, E_S) \to H^2(G_S, k_S^{\times}) \to \sum_{\mathfrak{p}\notin S} H^2(\mathfrak{Z}_{\mathfrak{P}}, (k_S)_{\mathfrak{P}}^{\times})$$

verschwindet und daß γ_S nach Satz 13.1 ein Isomorphismus ist. □

Satz 13.3. *Ist S eine Primstellenmenge von k, die im Fall $p = 2$ alle unendlichen Primstellen enthält und für $\chi(k) = 0$ nicht leer ist, $\mathfrak{K}_S$ die Faktorgruppe der Divisorenklassengruppe von k nach der Untergruppe, die von den endlichen Primstellen aus S erzeugt wird, dann gibt es einen Isomorphismus*

$$H^1(G_S, E_S) \to (\mathfrak{K}_S)(p).$$

Beweis. Nach (13.4) und Satz 3.19 ist die Sequenz

$$k^\times \to (k_S^\times/E_S)^{G_S} \to H^1(G_S, E_S) \to 0$$

exakt. Aus (13.1) erhält man die exakte Sequenz

$$0 \to (k_S^\times/E_S)^{G_S} \to \mathfrak{A}_S(k) \to \mathfrak{B}_0 \to 0,$$

wobei $\mathfrak{B}_0$ eine p-prime Torsionsgruppe ist. Der Kern der natürlichen Surjektion $\mathfrak{A}_S(k) \to \mathfrak{K}_S$ kann mit $k^\times E_S/E_S$ identifiziert werden.

Insgesamt ergibt sich ein kommutatives und exaktes Diagramm

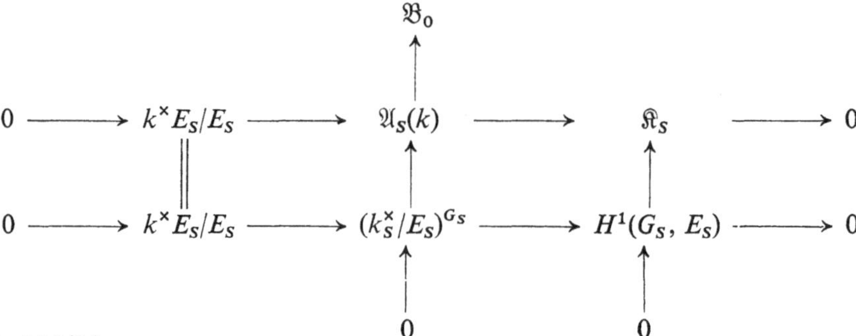

wobei die Abbildung

$$H^1(G_S, E_S) \to \mathfrak{K}_S \tag{13.5}$$

durch die übrigen Abbildungen induziert wird.

Die Abbildung (13.5) ist eine Injektion. Das Diagramm kann daher kommutativ und exakt zu

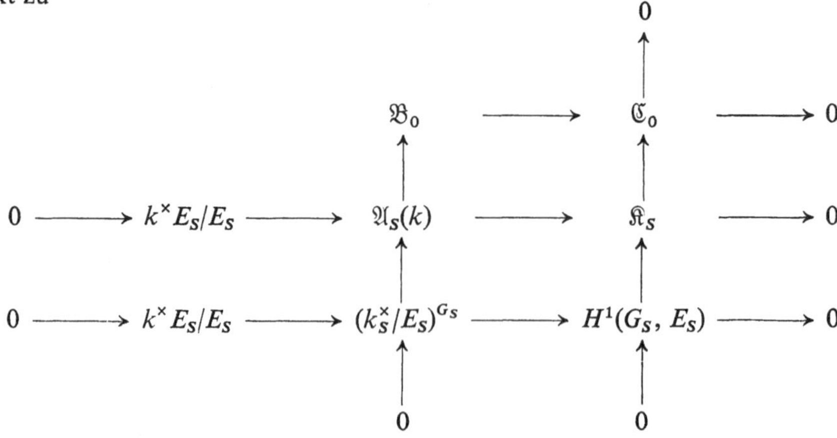

fortgesetzt werden. Mit $\mathfrak{B}_0$ ist auch $\mathfrak{C}_0$ eine p-prime Torsionsgruppe. Daraus folgt die Behauptung.□

Wir wollen nun unter gewissen Einschränkungen für S zeigen, daß $H^3(G_S, E_S)$ verschwindet. S soll einer der folgenden Bedingungen genügen:

A. S ist nicht leer und enthält für $\chi(k) = 0$ alle Primteiler von p sowie für $p = 2$ alle reellen Primstellen.

B. S enthält fast alle Primstellen $\mathfrak{p}$ mit $N(\mathfrak{p}) \equiv 1 \pmod p$ sowie für $p = 2$ alle reellen Primstellen.

Der Fall B liefert gegenüber dem Fall A nur für algebraische Zahlkörper k etwas Neues.

Wir beweisen zunächst den folgenden

Hilfssatz 13.4. *Ist S eine Primstellenmenge von k, die der Bedingung* A *oder* B *genügt, dann ist die Erweiterung $(k_S)_{\mathfrak{P}}/k_{\mathfrak{p}}$ für alle Primdivisoren $\mathfrak{P}|\mathfrak{p}$ von k_S/k unendlich.*

Beweis. Im Fall A, $\chi(k) = 0$ enthält k_S für $n \geqq 1$ den maximalen Teilkörper von $\boldsymbol{Q}(\zeta_{p^n})$ von p-Potenzgrad über $\boldsymbol{Q}$. Im Fall B, $\chi(k) = 0$ enthält k_S für fast alle Primzahlen $q \equiv 1 \pmod p$ die maximale p-Erweiterung von $\boldsymbol{Q}$, in der nur q verzweigt ist. Die Behauptung folgt in beiden Fällen aus der bekannten Primdivisorzerlegung in Kreisteilungskörpern.

Im Fall $\chi(k) \neq 0$ enthält k_S die maximale p-Erweiterung des endlichen Konstantenkörpers von k, die bereits die gewünschte unendliche Erweiterung der Vervollständigungen liefert.□

Satz 13.5. *Ist S eine Primstellenmenge von k, die der Bedingung* A *oder* B *genügt, dann ist $H^3(G_S, E_S) = \{0\}$.*

Beweis. Wir zeigen zunächst $H^3(G_S, k_S^\times) = \{0\}$. Sei α ein Element aus $H^3(G_S, k_S^\times)$ mit dem Vertreter α_L in $H^3(G(L/k), L^\times)$, wobei L/k eine endliche normale Teilerweiterung von k_S/k ist. Dann gibt es nach Hilfssatz 13.4 und § 8.10 immer eine größere Teilerweiterung K/k mit der Eigenschaft, daß α_L bei der Inflation

$$H^3(G(L/k), L^\times) \to H^3(G(K/k), K^\times)$$

auf 0 abgebildet wird, d. h. $\alpha = 0$.

Die Kohomologiesequenz für

$$1 \to E_S \to k_S^\times \to k_S^\times/E_S \to 1$$

liefert die exakte Sequenz

$$H^2(G_S, k_S^\times) \xrightarrow[\gamma]{} H^2(G_S, k_S^\times/E_S) \to H^3(G_S, E_S) \to 0.$$

Die Abbildung γ ist ein Epimorphismus: Dazu betrachten wir wie oben das (13.3) entsprechende kommutative Diagramm

$$\begin{array}{ccc} H^2(G_S, k_S^\times) & \xrightarrow[\gamma]{} & H^2(G_S, k_S^\times/E_S) \\ \downarrow & & \downarrow \\ H^2(\mathfrak{Z}_\mathfrak{P}, (k_S)_\mathfrak{P}^\times) & \longrightarrow & \sum\limits_{\mathfrak{p}\notin S} H^2(\mathfrak{Z}_\mathfrak{P}, \boldsymbol{Z}) \end{array}$$

Da $H^2(\mathfrak{Z}_\mathfrak{P}, (k_S)_\mathfrak{P}^\times)$ nach Hilfssatz 13.4 und § 8.9 zu $\boldsymbol{Q}_p/\boldsymbol{Z}_p$ isomorph ist, läßt sich die Surjektivität von γ aus (13.6) ablesen. Hieraus folgt die Behauptung.□

13.2. Der Fall $\delta(k) = 1$

Wir nehmen jetzt an, daß k die p-ten Einheitswurzeln enthält. Die von der primitiven p-ten Einheitswurzel ζ_p erzeugte Gruppe (ζ_p) wird mit $\boldsymbol{Z}/p\boldsymbol{Z}$ identifiziert. Das ist jedoch nur möglich, wenn die auf (ζ_p) wirkende Galoissche Gruppe trivial wirkt.

Wir betrachten die exakte „Kummer-Sequenz“

$$1 \to (\zeta_p) \to E_S \xrightarrow[p]{} E_S^p \to 1, \tag{13.7}$$

wobei $\xrightarrow[p]{}$ die Potenzierung mit p bedeutet.

Wenn S alle Primteiler von p enthält (für Funktionenkörper ist das keine Einschränkung), gilt nach der Theorie der zyklischen p-Erweiterungen $E_S^p = E_S$. Für das folgende genügt es, daß die Kohomologie-Gruppen $H^\nu(G_S, E_S/E_S^p)$ für $\nu \geqq 1$ verschwinden. Es gilt

Hilfssatz 13.6. *S enthalte fast alle Primstellen von k. Dann gilt für alle $\nu \geqq 1$*

$$H^\nu(G_S, E_S/E_S^p) = \{0\}.$$

Beweis. Wir können annehmen, daß k algebraischer Zahlkörper ist.

Es sei K/k eine endliche normale Erweiterung, $\mathfrak{P}$ ein Primteiler von p in K, für den K/k unverzweigt ist, und $\mathfrak{p}$ sei die Primstelle von k, über der $\mathfrak{P}$ liegt. Wir bezeichnen die Einheitengruppe von $K_\mathfrak{P}$ mit $E_\mathfrak{P}$ und die Untergruppe der primären Elemente, d. h. der $\alpha \in K_\mathfrak{P}$, für die $K_\mathfrak{P}(\sqrt[p]{\alpha})/K_\mathfrak{P}$ unverzweigt ist, mit $F_\mathfrak{P}$.

Weiter sei f der Restklassengrad und e der Verzweigungsexponent von $K_\mathfrak{P}/\boldsymbol{Q}_p$. Da $K_\mathfrak{P}/k_\mathfrak{p}$ unverzweigt ist, ist ein Primelement π von $k_\mathfrak{p}$ auch Primelement von $K_\mathfrak{P}$. Wir können eine Basis des Restklassenkörpers von $K_\mathfrak{P}$ über $\boldsymbol{Z}/p\boldsymbol{Z}$ mit Vertretern $\omega_1, \ldots, \omega_f$ im Ring der ganzen Elemente von $K_\mathfrak{P}$ wählen, die bezüglich der Erweiterung $K_\mathfrak{P}/k_\mathfrak{p}$ normal ist, d. h., durch einen Automorphismus von $K_\mathfrak{P}/k_\mathfrak{p}$ wird $\omega_1, \ldots, \omega_f$ nur permutiert. Nach dem Henselschen Struktursatz für $E_\mathfrak{P}$ (siehe H. Hasse [1], S. 229) ist $E_\mathfrak{P}/E_\mathfrak{P}^p F_\mathfrak{P}$ ein $\boldsymbol{Z}/p\boldsymbol{Z}$-Vektorraum mit der Basis

$$\left\{\overline{1 + \omega_i \pi^j} \,\middle|\, i = 1, \ldots, f,\ j = 1, \ldots, \frac{pe}{p-1},\ j \not\equiv 0 \pmod{p}\right\},$$

und wegen der Wahl der $\omega_1, \ldots, \omega_f$ ist klar, daß $E_{\mathfrak{P}}/E_{\mathfrak{P}}^p F_{\mathfrak{P}}$ als $G(K_{\mathfrak{P}}/k_{\mathfrak{p}})$-Modul frei ist. Weiter sieht man leicht, daß der $G(K/k)$-Modul

$$D_{\mathfrak{p}} = \sum_{\mathfrak{P}|\mathfrak{p}} E_{\mathfrak{P}}/E_{\mathfrak{P}}^p F_{\mathfrak{p}}$$

induziert ist, d. h.

$$H^\nu(G(K/k), D_{\mathfrak{p}}) = \{0\} \quad \text{für} \quad \nu \geqq 1. \tag{13.8}$$

Wir setzen nun

$$D(K) = \sum_{\mathfrak{p}} D_{\mathfrak{p}},$$

wobei die Summe über alle $\mathfrak{p}|p$, $\mathfrak{p} \notin S$, zu erstrecken ist, und bilden den induktiven Limes

$$D = \varinjlim D(K)$$

über alle endlichen Teilerweiterungen K/k von k_S/k. Wegen (13.6) ist

$$H^\nu(G_S, D) = \{0\} \quad \text{für} \quad \nu \geqq 1. \tag{13.9}$$

Wir konstruieren nun einen Morphismus φ von E_S/E_S^p in D. Für $\alpha \in E_S$ sei K/k eine endliche Teilerweiterung mit $\alpha \in K$. Für einen Primdivisor $\mathfrak{P}$ von K mit $\mathfrak{P}|\mathfrak{p}|p$, $\mathfrak{p} \notin S$, liegt α in $E_{\mathfrak{P}}$. Die Zuordnung

$$\alpha \to \alpha E_{\mathfrak{P}}^p F_{\mathfrak{P}}$$

induziert daher einen Morphismus

$$\varphi_K : K \cap E_S \to D(K).$$

Übergang zum induktiven Limes liefert einen Morphismus

$$\varphi' : E_S \to D.$$

Der Kern von φ' besteht nach Konstruktion aus allen $\alpha \in E_S$, die für eine endliche Teilerweiterung K/k mit $\alpha \in K$ die Eigenschaft haben, daß $K(\sqrt[p]{\alpha})/K$ für $\mathfrak{P}|\mathfrak{p} \notin S$ unverzweigt ist. Daher liegt $\sqrt[p]{\alpha}$ in E_S, d. h. α in E_S^p. Umgekehrt ist offensichtlich

$$E_S^p \subset \operatorname{Ker} \varphi'.$$

Wir haben daher einen Monomorphismus

$$\varphi : E_S/E_S^p \to D.$$

Unter den Voraussetzungen von Hilfssatz 13.6 ist φ surjektiv: Es sei nämlich

$$\sum_{\mathfrak{P}} \alpha_{\mathfrak{P}} E_{\mathfrak{P}}^p F_{\mathfrak{P}}$$

Vertreter eines Elements $\bar{\beta}$ von D in $D(K)$. Dann folgt aus dem Chinesischen Restklassensatz die Existenz eines ganzen $\alpha \in K$ mit

$$\alpha \equiv \alpha_{\mathfrak{P}} \,(\mathrm{mod}\, \mathfrak{P}^{e'}), \quad e' = \frac{pe}{p-1},$$

für die endlich vielen $\mathfrak{P}|\mathfrak{p}$, $\mathfrak{p} \notin S$. Dann liegt α in E_S, und die Klasse von α wird bei φ auf $\bar{\beta}$ abgebildet.

Also ist φ ein Isomorphismus. Aus (13.9) folgt nun die Behauptung. □

Wir können jetzt den folgenden Satz beweisen.

Satz 13.7. *Es sei* $\delta(k) = 1$ *und* S *eine Primstellenmenge von* k, *die der Bedingung* A *oder* B *genügt. Für* $p = 2$ *und* $\chi(k) = 0$ *sei* k *total komplex. Dann hat* G_S *eine kohomologische Dimension* $\leqq 2$.

Beweis. Wir haben $H^3(G_S) = \{0\}$ zu zeigen. Aus (13.7) folgt wegen Satz 13.5 die Exaktheit von

$$H^2(G_S, E_S) \to H^2(G_S, E_S^p) \to H^3(G_S) \to \{0\}. \qquad (13.10)$$

Da die Einlagerung $E_S^p \to E_S$ nach Hilfssatz 13.6 einen Isomorphismus $H^2(G_S, E_S^p) \to H^2(G_S, E_S)$ induziert, können wir (13.10) durch den Isomorphismus

$${}_pH^2(G_S, E_S) \to H^3(G_S)$$

ersetzen.

Es bleibt ${}_pH^2(G_S, E_S) = \{0\}$ zu zeigen. Das läßt sich aber unmittelbar aus Satz 13.2 ablesen unter Beachtung, daß alle $H^2(\mathfrak{Z}_{\mathfrak{P}}, (k_S)_{\mathfrak{P}}^{\times})$ zu $\boldsymbol{Q}_p/\boldsymbol{Z}_p$ isomorph sind. □

Die Struktur von $H^2(G_S)$ wird durch den folgenden Satz beschrieben.

Satz 13.8. *Ist* $\delta(k) = 1$ *und* S *eine Primstellenmenge von* k, *die der Bedingung* A *oder* B *genügt, dann ist die in* § 11.2 *konstruierte Injektion von* Ш$_S$ *in* Б$_S$ *surjektiv, und es gibt eine Abbildung*

$$\sum_{\mathfrak{p} \in S} H^2(G_{\mathfrak{p}}) \xrightarrow[\mathrm{inv}]{} \boldsymbol{Z}/p\boldsymbol{Z},$$

so daß die Sequenz

$$0 \to Б_S \to H^2(G_S) \to \sum_{\mathfrak{p} \in S} H^2(G_{\mathfrak{p}}) \to \boldsymbol{Z}/p\boldsymbol{Z} \to 0$$

exakt ist.

Beweis. Aus (13.7) erhält man im Fall A die exakte Sequenz

$$0 \to {}_pH^1(G_S, E_S) \to H^2(G_S) \to H^2(G_S, E_S)_p \to 0.$$

Im Fall B ist jedenfalls

$$H^2(G_S) \to H^2(G_S, E_S)_p \to 0 \qquad (13.11)$$

exakt, und wegen Б$_S = \{0\}$ ist nach Satz 11.3 auch Ш$_S = \{0\}$.

Wegen Satz 13.2 haben wir eine exakte Sequenz

$$H^2(G_S, E_S)_p \to \sum_{\mathfrak{p} \in S} H^2(\mathfrak{Z}_{\mathfrak{P}}, (k_S)_{\mathfrak{P}}^{\times})_p \to \boldsymbol{Q}/\boldsymbol{Z}. \tag{13.13}$$

Wie in § 11.1 hat man eine kanonische Isomorphie

$$H^2(\mathfrak{Z}_{\mathfrak{P}}, (k_S)_{\mathfrak{P}}^{\times})_p \xrightarrow{\sim} H^2(G_{\mathfrak{p}}, k_{\mathfrak{p}}^{\times})_p \xrightarrow{\sim} H^2(G_{\mathfrak{p}}), \tag{13.13}$$

wobei die Zusammensetzung

$$H^2(G_S) \to H^2(G_S, E_S)_p \to H^2(\mathfrak{Z}_{\mathfrak{P}}, (k_S)_{\mathfrak{P}}^{\times})_p \to H^2(G_{\mathfrak{p}}, k_{\mathfrak{p}}^{\times})_p$$

$$\to H^2(G_{\mathfrak{p}}, k_{\mathfrak{p}}^{\times}) \to H^2(G_{\mathfrak{p}})$$

die Lokalisierungsabbildung ist.

Mit Hilfe von (13.12) und (13.13) erhält man die gesuchte Abbildung

$$\sum_{\mathfrak{p} \in S} H^2(G_{\mathfrak{p}}) \xrightarrow[\text{inv}]{} \boldsymbol{Z}/p\boldsymbol{Z} \tag{13.14}$$

unter Benutzung der kanonischen Einbettung

$$\boldsymbol{Z}/p\boldsymbol{Z} \to \boldsymbol{Q}/\boldsymbol{Z}.$$

Offenbar ist (13.14) surjektiv, woraus mit (13.11) bis (13.13) die Exaktheit von

$$H^2(G_S) \to \sum_{\mathfrak{p} \in S} H^2(G_{\mathfrak{p}}) \to \boldsymbol{Z}/p\boldsymbol{Z} \to 0$$

folgt. Im Falle B ist damit der Beweis von Satz 13.8 erbracht. Im Falle A ist nur noch zu bemerken, daß ${}_pH^1(G_S, E_S)$ wegen Satz 13.3 zu ${}_p\mathfrak{K}_S$ und ${}_p\mathfrak{K}_S$ nach Satz 12.3 zu $Б_S$ isomorph ist.□

B e m e r k u n g. Im Falle A folgt aus Satz 13.8 bei endlichem S

$$\chi_2(G_S) = -r_2. \tag{13.15}$$

Daher kann man in diesem Fall Satz 13.7 auch mit Hilfe von Satz 11.9 und (13.15) beweisen.

13.3. Der Fall $\delta(k) = 0$

Wir wollen folgenden Satz beweisen.

S a t z 13.9. *Ist $\delta(k) = 0$ und S eine Primstellenmenge von k, die der Bedingung* B *genügt, dann ist die kohomologische Dimension von G_S kleiner oder gleich* 2.

Der Beweis erfolgt durch Reduktion auf den Fall $\delta(k) = 1$. Wir setzen $k(\zeta_n) = k'$ und bezeichnen mit S' die Menge aller Primteiler in k' von Primdivisoren $\mathfrak{p}$ von k

mit $\mathfrak{p} \in S$ oder $N(\mathfrak{p}) \not\equiv 1 \pmod{p}$. Für eine normale Erweiterung L/K setzen wir

$$H^\nu(G(L/K), \mathbf{Z}/p\mathbf{Z}) = H^\nu(L/K), \quad \nu = 0, 1, \ldots,$$

wobei $G(L/K)$ auf $\mathbf{Z}/p\mathbf{Z}$ trivial wirkt.

Zunächst beweisen wir zwei Hilfssätze.

Hilfssatz 13.10. *Die Voraussetzungen seien die gleichen wie in Satz* 13.9. *Dann gilt*

$$H^2(k'_{S'}/k_S k')^{G(k_S k'/k_S)} = \{0\}.$$

Beweis. Es seien $K_1 \subset K_2$ über k endliche normale Zwischenkörper von $k_S k'/k'$, und S_1 bzw. S_2 sei die Menge aller Primteiler in K_1 bzw. K_2 von Primdivisoren $\mathfrak{p}$ von k mit $\mathfrak{p} \in S$ oder $N(\mathfrak{p}) \not\equiv 1 \pmod{p}$. Dann ist $Б_{S_1} = Б_{S_2} = \{0\}$, und wir haben nach Satz 13.8 ein exaktes und kommutatives Diagramm

$$\begin{array}{ccccc} 0 & \longrightarrow & H^2(k'_{S'}/K_1) & \longrightarrow & \sum_{\mathfrak{p}_1 \in S_1} H^2(G_{\mathfrak{p}_1}) \\ & & \downarrow & & \downarrow \\ 0 & \longrightarrow & H^2(k'_{S'}/K_2) & \longrightarrow & \sum_{\mathfrak{p}_2 \in S_2} H^2(G_{\mathfrak{p}_2}) \end{array} \tag{13.14}$$

Wir gehen zum induktiven Limes über alle endlichen normalen Zwischenkörper K_1 von $k_S k'/k'$ über. Nach Hilfssatz 13.4 und Satz 9.3 ist

$$\varinjlim \sum_{\mathfrak{p}_1 \in S_1} H^2(G_{\mathfrak{p}_1}) = \{0\}.$$

Daraus folgt die Behauptung. □

Hilfssatz 13.11. *Die Voraussetzungen seien die gleichen wie in Satz* 13.9. *Dann gilt*

$$H^\nu(k'_{S'}/k_S) = \{0\} \quad \textit{für} \quad \nu = 1, 2.$$

Beweis. $H^1(k'_{S'}/k_S) = \{0\}$ wird ebenso gezeigt wie $H^1(\hat{k}'/\hat{k}) = \{0\}$ im Beweis von Satz 9.6. Weiter ist $H^2(k'_{S'}/k_S)$ nach Satz 3.16 isomorph zu $H^2(k'_{S'}/k_S k')^{G(k_S k'/k_S)}$ und verschwindet daher nach Hilfssatz 13.10. □

Wir kommen nun zum Beweis von Satz 13.9. Wegen Hilfssatz 13.11 und Satz 3.15 ist die Inflation

$$H^3(k_S/k) \to H^3(k'_{S'}/k)$$

injektiv. Andererseits ist $H^3(k'_{S'}/k)$ nach Satz 3.16 isomorph zu $H^3(k'_{S'}/k')^{G(k'/k)}$ und verschwindet daher wegen Satz 13.7. □

Weiter wollen wir ein Analogon zu Satz 13.8 beweisen. Dazu müssen wir zunächst die Sequenz

$$0 \to H^2(k'_{S'}/k') \to \sum_{\mathfrak{p}' \in S'} H^2(G_{\mathfrak{p}'}) \to \mathbf{Z}/p\mathbf{Z} \to 0 \tag{13.15}$$

als eine $G(k'/k)$-Modulsequenz betrachten. Zur Abkürzung setzen wir $G(k'/k) = H$.

Wir erklären zunächst $\sum_{\mathfrak{p}' \in S'} H^2(G_{\mathfrak{p}'})$ in Einklang mit der Lokalisierungsabbildung $\varphi_{S'}^*$ als H-Modul. Es sei $s \in H$ und $\tilde{s}$ eine Fortsetzung von s auf $k'_{S'}$, die k_S fest läßt. Weiter sei $\mathfrak{p} \in S$ und $\mathfrak{p}'$ bzw. $\mathfrak{P}'$ eine Fortsetzung von $\mathfrak{p}$ auf k' bzw. $k'_{S'}$ mit $\mathfrak{P}' | \mathfrak{p}'$. $\tilde{s}$ vermittelt einen Isomorphismus

$$(k'_{S'})_{\mathfrak{P}'} \to (k'_{S'})_{\tilde{s}\mathfrak{P}'},$$

dem der Isomorphismus

$$H^2((k'_{S'})_{\mathfrak{P}'}/k'_{\mathfrak{p}'}) \xrightarrow[\tilde{s}]{} H^2((k'_{S'})_{\tilde{s}\mathfrak{P}'}/k'_{s\mathfrak{p}'})$$

entspricht. Dabei ist das Diagramm

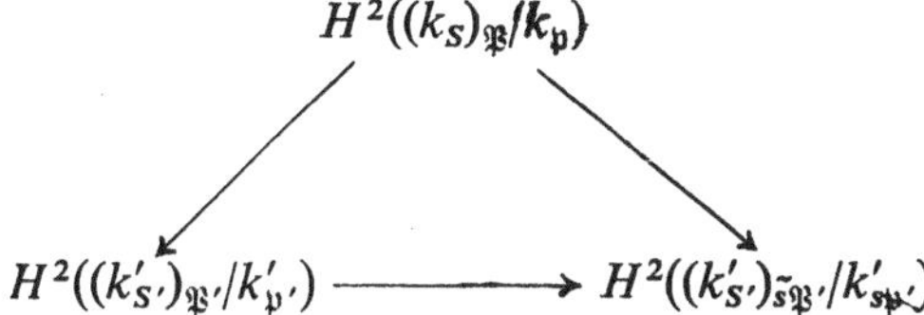

kommutativ ($\mathfrak{P}$ bezeichnet die Beschränkung von $\mathfrak{P}'$ auf k_S).

Es sei $\varphi_{\mathfrak{p}'}$ eine Einbettung von $(k'_{S'})_{\mathfrak{P}'}$ in $\hat{k}'_{\mathfrak{p}'}$. Nach den Betrachtungen im Beweis von Satz 11.1 und wegen Hilfssatz 13.4 ist die induzierte Abbildung

$$\varphi_{\mathfrak{p}'}^*: H^2((k'_{S'})_{\mathfrak{P}'}/k_{\mathfrak{p}'}) \to H^2(G_{\mathfrak{p}'})$$

ein Isomorphismus. Entsprechend werden $\varphi_{s\mathfrak{p}'}$ und $\varphi_{s\mathfrak{p}'}^*$ definiert.

Wir definieren jetzt s: $H^2(G_{\mathfrak{p}'}) \to H^2(G_{s\mathfrak{p}'})$ als den Isomorphismus, der das Diagramm

$$\begin{array}{ccc} H^2((k'_{S'})_{\mathfrak{P}'}/k'_{\mathfrak{p}'}) & \xrightarrow[\tilde{s}]{} & H^2((k'_{S'})_{\tilde{s}\mathfrak{P}'}/k'_{\mathfrak{p}'}) \\ \downarrow {\scriptstyle \varphi_{\mathfrak{p}'}*} & & \downarrow {\scriptstyle \varphi_{s\mathfrak{p}'}*} \\ H^2(G_{\mathfrak{p}'}) & \xrightarrow[s]{} & H^2(G_{s\mathfrak{p}'}) \end{array}$$

kommutativ macht.

Analog zu den Betrachtungen in § 11.1 überlegt man sich, daß s unabhängig von der Willkür in der Wahl von $\tilde{s}$, $\mathfrak{P}'$, $\varphi_{\mathfrak{p}'}$ und $\varphi_{s\mathfrak{p}'}$ ist.

Es sei $i_{\mathfrak{p}'}$ die Abbildung von $H^2(G_{\mathfrak{p}})$ in $H^2(G_{\mathfrak{p}'})$, die durch die Einbettung $\hat{k}_{\mathfrak{p}} \to \hat{k}_{\mathfrak{p}'}$ induziert wird. Nach (13.16) haben wir ein kommutatives Diagramm

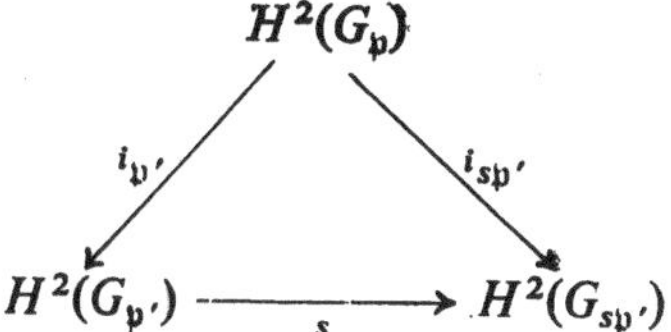

Die in (13.15) auftretende Abbildung

$$\psi_{\mathfrak{p}'}\colon H^2(G_{\mathfrak{p}'}) \to \boldsymbol{Z}/p\boldsymbol{Z}$$

ist definiert als Kompositum

$$H^2(G_{\mathfrak{p}'}) \xrightarrow{\sim} H^2(G_{\mathfrak{p}'}, (\zeta_p)) \xrightarrow{\sim} H^2(G_{\mathfrak{p}'}, \hat{k}_{\mathfrak{p}'})_p \xrightarrow[\mathrm{inv}_{k_{\mathfrak{p}'}}]{} \boldsymbol{Q}/\boldsymbol{Z} \to \boldsymbol{Z}/p\boldsymbol{Z}.$$

Entsprechend den Betrachtungen im zweiten Beweis von Satz 10.5 und dem Transformationsgesetz IV in § 8.9 von $\mathrm{inv}_{k_{\mathfrak{p}'}}$ haben wir ein kommutatives Diagramm

$$\begin{array}{ccc} H^2(G_{\mathfrak{p}'}) & \xrightarrow[s]{} & H^2(G_{s\mathfrak{p}'}) \\ \downarrow{\scriptstyle \psi_{\mathfrak{p}'}} & & \downarrow{\scriptstyle \psi_{s\mathfrak{p}'}} \\ \boldsymbol{Z}/p\boldsymbol{Z} & \xrightarrow[s]{} & \boldsymbol{Z}/p\boldsymbol{Z} \end{array} \qquad (13.18)$$

wobei die Wirkung von s auf $\boldsymbol{Z}/p\boldsymbol{Z}$ durch

$$s\bar{a} = \bar{a}\,\overline{a(s)}^{-1},$$

$$s\zeta_p = \zeta_p^{a(s)}, \quad a, a(s) \in \boldsymbol{Z},$$

gegeben ist.

Nach diesen Vorbemerkungen können wir nun den folgenden Satz beweisen.

Satz 13.12. *Ist $\delta(k) = 0$ und S eine Primstellenmenge von k, die der Bedingung* B *genügt, dann ist die Lokalisierungsabbildung*

$$\varphi_S^*\colon H^2(G_S) \to \sum_{\mathfrak{p}\in S} H^2(G_{\mathfrak{p}})$$

ein Isomorphismus.

Beweis. Wegen Satz 11.3 und $\text{Б}_S = \{0\}$ ist φ_S^* injektiv. Wir haben ein kommutatives Diagramm

$$\begin{array}{ccccc} H^2(G_S) & \longrightarrow & \sum\limits_{\mathfrak{p}\in S} H^2(G_{\mathfrak{p}}) & & \\ \downarrow & & \downarrow{\scriptstyle \gamma} & & \\ H^2(G_{S'}) & \longrightarrow & \sum\limits_{\mathfrak{p}'\in S'} H^2(G_{\mathfrak{p}'}) & \xrightarrow[\mathrm{inv}]{} & \boldsymbol{Z}/p\boldsymbol{Z} \end{array}$$

Es sei $\alpha_{\mathfrak{p}} \in H^2(G_{\mathfrak{p}})$, $\mathfrak{p} \in S$. Es genügt zu zeigen, daß $\alpha_{\mathfrak{p}}$ im Bild von φ_S^* liegt. Nach unseren allgemeinen Voraussetzungen über Primstellenmengen S in § 11.2 ist $N(\mathfrak{p}) \equiv 1 \pmod{p}$. Daher zerfällt $\mathfrak{p}$ in k'/k voll, und für einen festen Primteiler $\mathfrak{p}'$ von $\mathfrak{p}$ in k' durchläuft $s\mathfrak{p}'$ für $s \in H$ alle Primteiler von $\mathfrak{p}$ in k'.

Nach (13.17) gilt

$$t\Big(\sum_{s\in H} i_{s\mathfrak{p}'}\alpha_{\mathfrak{p}}\Big) = \sum_{s\in H} i_{ts\mathfrak{p}'}\alpha_{\mathfrak{p}} = \sum_{s\in H} i_{s\mathfrak{p}'}\alpha_{\mathfrak{p}},$$

d. h.

$$t\gamma\alpha_{\mathfrak{p}} = \gamma\alpha_{\mathfrak{p}} \quad \text{für} \quad t \in H, \tag{13.19}$$

und nach (13.17), (13.18) wird $\gamma\alpha_{\mathfrak{p}}$ bei inv auf

$$\sum_{s \in H} \psi_{s\mathfrak{p}'} i_{s\mathfrak{p}'} \alpha_{\mathfrak{p}} = \sum_{s \in H} \psi_{s\mathfrak{p}'} s i_{\mathfrak{p}'} \alpha_{\mathfrak{p}} = \sum_{s \in H} \overline{a(s)}^{-1} \psi_{\mathfrak{p}'} i_{\mathfrak{p}'} \alpha_{\mathfrak{p}} \tag{13.20}$$

abgebildet. Wie man leicht sieht, ist

$$\sum_{s \in H} \overline{a(s)}^{-1} = 0. \tag{13.21}$$

Aus (13.19) bis (13.21) folgt, daß es ein Element von $H^2(G_{S'})^H$ gibt, das bei $\varphi_{S'}^*$ auf $\gamma\alpha_{\mathfrak{p}}$ abgebildet wird. Da andererseits $H^2(G_S)$ isomorph zu $H^2(G_{S'})^H$ ist, folgt die Behauptung.□

QUELLENHINWEISE

Der § 1 gibt eine Zusammenstellung der einfachsten Eigenschaften von proendlichen Gruppen. Dabei verwenden wir die Sprache der Kategorientheorie, über die man sich z. B. in S. MacLane [1], chap. I, informieren kann.

Zu § 2: Zu einer Galoisschen Theorie der unendlichen Erweiterungen gibt es bereits Ansätze bei R. Dedekind [1]. Wir zitieren insbesondere die folgende Bemerkung auf Seite 288:

... hieraus folgt, daß der Inbegriff 𝔊 aller ε in gewissem Sinne eine stetige Mannigfaltigkeit bildet, worauf wir hier nicht weiter eingehen.

W. Krull [1] hat 1928 die exakte Definition der Topologie der Galoisschen Gruppe einer unendlichen normalen Erweiterung gegeben. Ein selbständiges Interesse fanden diese Gruppen jedoch erst durch die Arbeiten von K. Iwasawa [1], [2] und Y. Kawada [1], in denen zum ersten Mal eine rein gruppentheoretische Kennzeichnung von Galoisschen Gruppen komplizierterer unendlicher Erweiterungen in Angriff genommen wurde.

Eine von der hier gegebenen abweichende vollständige Darstellung der allgemeinen Galoisschen Theorie unendlicher Erweiterungen findet man in N. Bourbaki [1], eine weitere knappe Darstellung in K. Gruenberg [1].

Der § 3 gibt eine selbständige Darstellung des Kohomologie-Kalküls proendlicher Gruppen. Lediglich die Kohomologie der Komplexe, die man z. B. leicht bei S. Lang [1], chap. 4, nachliest, wird vorausgesetzt. Insbesondere vermeiden wir die Anwendung von Spektralsequenzen und machen weitestgehend Gebrauch von der Methode der Dimensionsverschiebung.

Die §§ 4 bis 6 enthalten vor allem Material aus J. P. Serre [3], chap. I. Die Theorie der freien Pro-p-Gruppen ist vollständig dargestellt unter Berücksichtigung von Überlegungen aus M. Lazard [1]. Satz 5.5 stammt von H. Koch [9] und Satz 6.14 von I. R. Šafarevič (siehe K. Höchsmann [1]).

§ 7 geht auf eine Reihe von Quellen zurück. Satz 7.7 findet sich, abgesehen von den Kriterien (II), (III), mit anderem Beweis bei A. Brumer [3], corollary 5.3, und Satz 7.16 geht auf M. Lazard [1] zurück. Der Beweis von Hilfssatz 7.19 stammt von E. B. Vinberg [1]. Der Beweis von Satz 7.20 geht in seiner Grundidee auf E. S. Golod und I. R. Šafarevič [1] zurück. Während jedoch dort ein Hilfssatz 7.19 entsprechender Hilfssatz im Ring der formalen Potenzreihen verarbeitet wird, gehen wir, P. Roquette [1] folgend, zu einer reellen Potenzreihe über. Der Zusammenhang von Relationenstruktur und Cup-Produkt (7.8) wurde von J. P. Serre [2] angegeben.

In § 8 sind die Sätze und Fakten der algebraischen Zahlentheorie, die zitiert werden, kursiv geschrieben. Der übrige Text soll vor allem dem Leser, der mit der Klassenkörpertheorie nicht vertraut ist, das Verständnis für Zusammenhänge erleichtern. Für Beweise zu den zitierten Sätzen verweisen wir auf folgende Literatur:

Zu § 8.1 bis § 8.4: E. Weiss [1], J. W. S. Cassels und A. Fröhlich [1], chap. I, II.

Zu § 8.5: H. Hasse [1], § 15.

Zu § 8.6, § 8.9: E. Artin und J. Tate [1], chap. 5–8, J. W. S. Cassels und A. Fröhlich [1], chap. 6–7, J. Neukirch [1], Teil II, J. P. Serre [1], chap. 11–14.

Zu § 8.7: E. Artin und J. Tate [1], chap. 9.

Zu § 8.8: E. Artin und J. Tate [1], chap. 13, H. Zassenhaus [1] (es gibt zahlreiche weitere Beweise des gruppentheoretischen Hauptidealsatzes).

Zu § 8.10: E. Artin und J. Tate [1], chap. 7.

§ 8.11 ist eine auf p-Erweiterungen zugeschnittene Darstellung von J. P. Serre [1], chap. 14, § 2.

Die Ergebnisse von § 9 waren, soweit sie die Struktur der Brauerschen Gruppe $H^2(G(\hat{k}/k), \hat{k}^\times)$ betreffen, in den dreißiger Jahren bekannt (siehe M. Deuring [1]). Satz 9.1 stammt im wesentlichen von I. R. Šafarevič [1], Satz 9.3 von K. Iwasawa [2] und Y. Kawada [1]. Während diese Arbeiten die Methode der Körpereinbettungen benutzen, haben wir hier die auf J. P. Serre [3], chap. II.2, zurückgehende Methode der exakten Kummersequenz angewandt. Der Reduktionssatz 9.6 stammt von K. Höchsmann [2].

Zu § 10: Satz 10.1 und Satz 10.2 sind in der Formulierung für endliche Erweiterungen seit langem bekannt. Die Aussage über den Relationenrang in Satz 10.3 stammt von Y. Kawada [1]. Weitere Beweise wurden von D. K. Faddejev und A. I. Skopin [1] und J. P. Serre [3], Théorème II.4, dem wir hier folgen, gegeben. Die Aussage über die kohomologische Dimension in Satz 10.3 wurde zuerst in J. P. Serre [3], Théorème II.4, über die Theorie der Poincaréschen Gruppen gegeben. Der hier dargestellte Beweis stammt von H. Koch [9]. Satz 10.5 wurde zum ersten Mal ebenfalls in einer Version für endliche Erweiterungen von I. R. Šafarevič [1] bewiesen. Seinem Beweis liegt die gleiche Idee wie dem hier dargestellten Beweis 1 zugrunde. Beweis 2 stammt von K. Höchsmann [2]. Weitere Beweise haben Y. Kawada [1] und J. P. Serre [3], Théorème II.3, gegeben. Satz 10.8 stammt von H. Koch [4]. Die genaue Struktur von G_k als Pro-p-Gruppe wurde durch die Arbeiten von A. I. Skopin [1], S. P. Demuškin [1], [2], [3], J. P. Serre [2] und J. Labute [1] aufgeklärt. Eine zusammenfassende Darstellung findet sich in J. Labute [1].

Zu § 11: § 11.1 haben wir K. Höchsmann [1] entnommen. Die Sätze 11.1 und 11.2 wurden in nicht kohomologischer Form zum ersten Mal von H. Koch [4] bewiesen. Satz 11.3 und Satz 11.4 werden hier erstmalig publiziert. Satz 11.5 wurde mit anderen Methoden zuerst von I. R. Šafarevič [5] bewiesen und bildete den Ausgangspunkt der Theorie der Gruppen G_S. § 11.3 enthält klassenkörpertheoretische Standardbetrachtungen. § 11.4 leitet über zu den Ergebnissen des Verf. [4], § 4, die in etwas anderer Form im Fall des Körpers der rationalen Zahlen als Grundkörper schon von A. Fröhlich [1] beweisen wurden (Beispiel 11.11, Beispiel 11.12). Beispiel 11.15 stammt von J. Browkin [1], siehe auch H. Koch [4], [5], [6]. Satz 11.16 wurde in schwächerer Form und nichtinvarianter Formulierung in H. Koch [4] bewiesen (Satz 6.1). Für $p = 2$, $k = Q$, $S = \{2, \infty\}$ wurde G_S von H. N. Markschaitis [1] berechnet. Das Ergebnis von Markschaitis läßt sich leicht aus Beispiel 11.18 ablesen. Weitere Beispiele finden sich bei A. Brumer [2] und I. R. Šafarevič [5].

Zu § 12: Satz 12.2 und Satz 12.6 können als Verallgemeinerung von Theorem 3 und Theorem 4 von A. Fröhlich [2] bzw. [3] verstanden werden. Insbesondere stammt Beispiel 12.5 aus A. Fröhlich [2]. Die Arbeiten [2], [4] von Fröhlich enthalten weitere Ergebnisse über die Struktur der p-Komponente von absolut abelschen Körpern. Beispiel 12.4 stammt von K. Iwasawa [3] und geht im Spezialfall $p = 2$ schon auf H. Weber zurück. Satz 12.9 ist eine Verallgemeinerung von Satz 1 aus H. Koch [2]. A. Brumer [1] hat als erster einen Satz bewiesen, der zeigt, daß der p-Klassenkörperturm unendlich ist, wenn der Grundkörper K über Q genügend viel passend verzweigte Primdivisoren hat. Das Ergebnis von Brumer folgt im Fall $p \neq 2$ leicht aus Satz 12.15. Siehe auch P. Roquette [1].

Zu § 13: Satz 13.7 und Satz 13.8 wurden unter der Bedingung A für algebraische Zahlkörper von A. Brumer [2] bewiesen. Bezüglich des Satzes 13.12 siehe H. Koch [7] und K. Höchsmann [2], wo der Spezialfall der maximalen p-Erweiterung behandelt ist.

Anmerkung bei der Korrektur: L. W. Kuzmin hat nach mündlicher Mitteilung an den Verfasser weitergehende Ergebnisse über die kohomologische Dimension der Gruppen G_S erzielt, die in Izv. Akad. nauk SSSR erscheinen werden.

LITERATUR

ARTIN, E., and J. TATE

[1] Class field theory, Harvard 1961.

BOREVIČ, Z. I.

[1] Über Erweiterungen ohne zahme Verzweigung von regulären lokalen Körpern, Vestnik Leningradskogo Universiteta, ser. mat., **19** (1956), 41–47 (russ.).

BOURBAKI, N.

[1] Algèbre, Paris. Chap. V. (Russ. Übers. Moskau 1965.)

BROWKIN, J.

[1] On the generalized class field tower, Bull. Acad. Polon. Sci., Ser. Math., **11** (1963), 143–145.

BRUMER, A.

[1] Ramification and class towers of number fields, Mich. math. J. **12** (1965), 129–131.

[2] Galois groups of extensions of number fields with given ramification. Mich. math. J. **13** (1966), 33–40.

[3] Pseudocompact algebras, profinite groups and class formations, J. Algebra **4** (1966), 442–470.

CASSELS, J. W. S., and A. FRÖHLICH

[1] Algebraic number theory, London 1967.

DEDEKIND, R.

[1] Über die Permutationen des Körpers aller algebraischen Zahlen, Ges. Werke, Bd. 2, Braunschweig 1931, S. 272–292.

DEMUŠKIN, S. P.

[1] Über die maximale p-Erweiterung eines lokalen Körpers, Izv. Akad. nauk SSSR, mat. ser., **25** (1961), 329–346 (russ.).

[2] Über 2-Erweiterungen eines lokalen Körpers, Mat. Sibirsk. Ž. **4** (1963), 951–955 (russ).

[3] Topologische 2-Gruppen mit gerader Erzeugendenzahl und einer definierenden Relation, Izv. Akad. nauk SSSR **29** (1965), 3–10 (russ.).

DEURING, M.

[1] Algebren, Berlin 1935.

FADDEJEW, D. K., und A. I. SKOPIN

[1] Zum Beweis eines Satzes von Kawada, Dokl. Akad. nauk SSSR **127** (1959), 529–530 (russ.).

FRÖHLICH, A.

[1] On fields of class two, Proc. London Math. Soc. (3) **4** (1954), 235–256.

[2] On the absolute class-group of Abelian fields, J. London Math. Soc. **29** (1954), 211–217.

[3] The generalisation of a theorem of L. Redei's, Quart. J. Math. Oxford (2) **5** (1954), 130–140.

[4] On the absolute class-group of Abelian fields (II), J. London Math. Soc. **30** (1955), 72–80.

Golod, E. S., und I. R. Šafarevič
[1] Über Klassenkörpertürme, Izv. Akad. nauk SSSR **28** (1964), 261–272 (russ.).

Gruenberg, K.
[1] Profinite groups. Siehe J. W. S. Cassels und A. Fröhlich [1], S. 116–127.

Hall, M.
[1] The theory of groups, New York 1959. (Russ. Übers. Moskau 1962.)

Höchsmann, K.
[1] Über die Gruppe der maximalen l-Erweiterung eines globalen Körpers, J. reine angew. Math. **219** (1965), 142–147.
[2] l-Extensions. Siehe J. W. S. Cassels und A. Fröhlich [1], S. 297–300.

Iwasawa, K.
[1] On solvable extensions of algebraic number fields, Ann. Math., II. Ser., **58** (1953), 548–572.
[2] On Galois groups of local fields, Trans. Amer. Math. Soc. **80** (1955), 448–469.
[3] A note on class numbers of algebraic number fields, Abh. Math. Sem. Univ. Hamburg **20** (1956), 257–258.

Jakovlev, A. V.
[1] Die Galoissche Gruppe der algebraischen Abschließung eines lokalen Körpers, Izv. Akad. nauk SSSR, ser. mat., **32** (1968), 1283–1322 (russ.).

Kawada, Y.
[1] On the structure of the Galois group of some infinite extensions, J. Fac. Sci., Univ. Tokyo, Sec. I, **7** (1954), 1–18.

Koch, H.
[1] Über Darstellungsräume, Math. Nachr. **26** (1963), 67–100.
[2] Über den 2-Klassenkörperturm eines quadratischen Zahlkörpers, J. reine angew. Math. **214/215** (1964), 201–206.
[3] Über Galoissche Gruppen von $\mathfrak{p}$-adischen Zahlkörpern, Math. Nachr. **29** (1965), 77–111.
[4] l-Erweiterungen mit vorgegebenen Verzweigungsstellen, J. reine angew. Math. **219** (1965), 30–61.
[5] l-Erweiterungen mit zwei Verzweigungsstellen, Monatsber. DAW **7** (1965), 616–623.
[6] Über beschränkte Gruppen, J. Algebra **3** (1966), 206–224.
[7] Über eine Vermutung von Höchsmann, J. reine angew. Math. **225** (1967), 203–206.
[8] Über die Hochschild-Serre-Sequenz, Monatsber. DAW **8** (1966), 865–869.
[9] Über die Dimension der Galoisschen Gruppen maximaler p-Erweiterungen, Monatsber. DAW **10** (1968), 5–8.
[10] Zum Satz von Golod–Šafarevič, Math. Nachr. **42** (1969), 321–333.

Koch, H., und W. Zink
[1] Über die 2-Komponente der Klassengruppe quadratischer Zahlkörper, Erscheint demnächst in der Wiss. Z. d. Humboldt-Universität, Berlin.

Krull, W.
[1] Galoissche Theorie der unendlichen algebraischen Erweiterungen, Math. Ann. **100** (1928), 687–698.

Labute, J.
[1] Classification of Demushkin groups, Can. J. Math. **19** (1966), 106–132.

Lang, S.
[1] Algebra, Reading (Mass.) 1965. (Russ. Übers. Moskau 1968.)

LAZARD, M.
[1] Sur les groupes nilpotents et les anneaux de Lie, Ann. ENS **71** (1954), 101–190.

MACLANE, S.
[1] Homology, Berlin-Göttingen-Heidelberg 1963. (Russ. Übers. Moskau 1966.)

MARKSCHAITIS, H. N.
[1] Über p-Erweiterungen mit einer kritischen Primzahl, Izv. Akad. nauk SSSR, ser. mat., **27** (1963), 463–466 (russ.).

NEUKIRCH, J.
[1] Klassenkörpertheorie, Bonner Math. Schriften **23** (1967).

PONTRJAGIN, L. S.
[1] Topologische Gruppen, 2. Aufl., Moskau 1954 (russ.). (Deutsche Übers. der 1. Aufl. Leipzig 1957; englische Übers. Princeton 1946.)

REICHARDT, H.
[1] Konstruktion von Zahlkörpern mit gegebener Galoisgruppe von Primzahlpotenzordnung, J. reine angew. Math. **177** (1937), 1–5.

ROQUETTE, P.
[1] On class field towers. Siehe J. W. S. CASSELS und A. FRÖHLICH [1], S. 231–249.

ŠAFAREVIČ, I. R.
[1] Über p-Erweiterungen, Mat. sbornik, nov. ser., **20** (62) (1947), 351–363 (russ.).
[2] Konstruktion von Körpern mit gegebener Galoisscher Gruppe der Ordnung l^a, Izv. Akad. nauk SSSR **18** (1954), 261–296 (russ.).
[3] Konstruktion algebraischer Zahlkörper mit gegebener auflösbarer Galoisscher Gruppe, Izv. Akad. nauk SSSR **18** (1954), 525–578 (russ.).
[4] Algebraische Zahlkörper, Proc. Congr. Stockholm 1962, S. 163–176 (russ.).
[5] Erweiterungen mit vorgegebenen Verzweigungsstellen, Publ. Mathem. IHES **18** (1964), 71–95 (russ.).

SCHOLZ, A.
[1] Konstruktion algebraischer Zahlkörper mit beliebiger Gruppe von Primzahlpotenzordnung, Math. Z. **42** (1937), 161–188.

SERRE, J. P.
[1] Corps locaux, Paris 1962.
[2] Structure de certains pro-p-groups, Sem. Bourbaki 1962-1963, exposé 252.
[3] Cohomologie galoisienne, Lecture notes in Mathematics 5, Berlin-Heidelberg-New York 1964. (Russ. Übers. Moskau 1968.)

SKOPIN, A. I.
[1] Über p-Erweiterungen lokaler Körper, welche die p^M-ten Einheitswurzeln enthalten, Izv. Akad. nauk SSSR **19** (1955), 445–470 (russ.).
[2] Das Relationenideal, Trudy Mat. Inst. Steklova **80** (1964), 117–128 (russ.).

VINBERG, E. B.
[1] Zum Dimensionssatz assoziativer Algebren, Izv. Akad. nauk SSSR **29** (1965), 209–214 (russ.).

WEISS, E.
[1] Algebraic number theory, New York 1963.

ZASSENHAUS, H.
[1] Lehrbuch der Gruppentheorie, Leipzig 1937.

BEZEICHNUNGEN EINIGER BENUTZTER SYMBOLE

$\boldsymbol{N}$	Menge der natürlichen Zahlen
$\boldsymbol{Q}$	Körper der rationalen Zahlen
$\boldsymbol{Z}$	Ring der ganzen rationalen Zahlen
$\boldsymbol{R}$	Körper der reellen Zahlen
$\boldsymbol{C}$	Körper der komplexen Zahlen
$\chi(K)$	Charakteristik des Körpers K
K^+	additive Gruppe des Körpers K
$K^\times$	multiplikative Gruppe des Körpers K
$\boldsymbol{R}_+$	multiplikative Gruppe der positiven reellen Zahlen
$G(L/K)$	Galoissche Gruppe der normalen Körpererweiterung L/K
ζ_s	primitive s-te Einheitswurzel
p	Primzahl
K'	Körper, der durch Adjunktion der p-ten Einheitswurzeln zum Körper K entsteht
$\hat{K}$	maximale p-Erweiterung des Körpers K
$\hat{K}'$	maximale p-Erweiterung des Körpers K'
$\boldsymbol{Z}_p$	Ring der ganzen rationalen p-adischen Zahlen
$\boldsymbol{Q}_p$	Körper der rationalen p-adischen Zahlen
$\dim A$	Für eine fixierte Primzahl p und eine Gruppe A mit p^s Elementen ist $\dim A = s$. Für einen diskreten $\boldsymbol{Z}/p\boldsymbol{Z}$-Vektorraum A ist $\dim A$ die Dimension von A.
$\delta(K)$	Bei fixierter Primzahl p ist $\delta(K)$ gleich 0 oder 1, je nachdem, ob die Anzahl der p-ten Einheitswurzeln in dem Körper K gleich 1 oder p ist.
A_q, ${}_qA$	Für eine abelsche Gruppe A und eine natürliche Zahl q bezeichnet A_q die Gruppe aller Elemente von A, die von q annulliert werden, und ${}_qA$ die Faktorgruppe von A nach der Gruppe ${}_qA$ aller q-fachen.
$\bar{a}$	Für ein a aus einer Gruppe A bezeichnet $\bar{a}$ die Restklasse von a nach einem aus dem Zusammenhang ersichtlichen Normalteiler von A.

NAMEN- UND SACHVERZEICHNIS

Berichtigungen

Seite	*Zeile*	*statt*	*lies*
VII	3 v. u.	REICHARTD	REICHARDT
102	10 v. o.	$\sigma_{2\nu}^{\binom{q}{2}a_{2\nu-1}}$	$\sigma_{2\nu}^{\binom{q}{2}a_{2\nu}}$
104	2 v. o.	$\sigma_m^{-\binom{q}{2}\frac{q-1}{q}}$	$\sigma_m^{-\binom{q}{2}\frac{g-1}{q}}$
	7 v. o.	$t_1^{\binom{q}{2}q}$	$t_1^{\binom{q}{2}q'}$
		$t_0^{\binom{q}{2}\frac{q-1}{q}}$	$t_0^{\binom{q}{2}\frac{g-1}{q}}$
126	4 v. u.	E_g	$E_{\mathfrak{p}}$
131	3 v. o.	t^p	t_1^p

Satz 12.2 auf S. 127 ist in der angegebenen Form falsch. Die Bedingungen 1. und 2. sind zu ergänzen durch

3. *Es gibt keine echte abgeschlossene Untergruppe X' von X von endlichem Index mit $k_{\mathfrak{p}}^{\times} \cap X' = k_{\mathfrak{p}}^{\times} \cap X$ für alle Primstellen $\mathfrak{p}$ von k.*

Zeile 13 v. o. auf S. 128 ist zu ersetzen durch

dann, wenn $G(K_\emptyset/k)$ kommutativ und die dementsprechend klassenkörpertheoretisch zu $K_\emptyset$ gehörige Untergruppe von $\mathfrak{C}_k$ gleich X ist. $G(K_\emptyset/k)$ ist genau dann kommutativ, wenn $[F, F]$ in R_1 liegt.